普通高等教育机械类系列教材

机械原理学习指导与习题精解

李纯金 赵磊 主编

电子工业出版社
Publishing House of Electronics Industry
北京·BEIJING

内 容 简 介

本书依据教育部高等学校机械基础课程教学指导分委员会制定的"机械原理课程教学基本要求"和"机械原理课程教学改革建议"的精神,以及近二十几年教学改革实践的经验编写而成。

本书共 11 章,包括机构的结构分析、平面机构的运动分析、平面机构力分析及效率与自锁、机械的平衡、机械的运转及其速度波动的调节、平面连杆机构及其设计、凸轮机构及其设计、齿轮机构及其设计、轮系及其设计、其他常用机构及其设计和计算机编程在机构分析与设计中的应用。除第 11 章外,每章由内容提要、本章重点、典型例题、复习思考题、习题精解等模块构成。最后,附录给出了第 11 章典型例题的源程序。

本书可作为高等工科院校机械类、机电类、近机类等专业师生学习"机械原理""机械设计基础"等课程的辅助教材,可供机械工程技术人员和自学机械原理与设计课程的人员参考,对考研人员具有很好的辅导作用,对青年教师备课也有所帮助。

未经许可,不得以任何方式复制或抄袭本书之部分或全部内容。
版权所有,侵权必究。

图书在版编目（CIP）数据

机械原理学习指导与习题精解 / 李纯金, 赵磊主编.
北京 : 电子工业出版社, 2024. 6. -- ISBN 978-7-121-48939-6

Ⅰ. TH111

中国国家版本馆 CIP 数据核字第 2024DL6337 号

责任编辑：张天运
印　　刷：北京雁林吉兆印刷有限公司
装　　订：北京雁林吉兆印刷有限公司
出版发行：电子工业出版社
　　　　　北京市海淀区万寿路 173 信箱　邮编：100036
开　　本：787×1092　1/16　印张：13.75　字数：352 千字
版　　次：2024 年 6 月第 1 版
印　　次：2024 年 6 月第 1 次印刷
定　　价：49.00 元

凡所购买电子工业出版社图书有缺损问题,请向购买书店调换。若书店售缺,请与本社发行部联系,联系及邮购电话：(010) 88254888, 88258888。
质量投诉请发邮件至 zlts@phei.com.cn,盗版侵权举报请发邮件至 dbqq@phei.com.cn。
本书咨询联系方式：(010) 88254172, zhangty@phei.com.cn。

前　　言

"机械原理"课程是高等院校机械类专业普遍开设的一门重要的技术基础课程,在培养机械类高级技术人才中起着十分重要的作用,具有很强的理论性、基础性和延续性,本课程在机械类各个专业教学计划中都占有十分重要的地位。学生在学习中应注重理论联系实际,在扎实掌握本课程的基本理论、基本知识和基本技能的基础上,提高解决基本理论问题和工程实践问题的能力,掌握计算机软件等现代工具的应用能力。

本书内容丰富,实用性强。为帮助学生更好地学习本课程,掌握知识和提高能力,编者根据多年的教学经验编写本书,引导学生深入地了解和掌握各章主要内容、要求、特点和难点,形成行之有效的学习方法,取得更好的学习效果。本书共11章,除第11章外,每章内容包括内容提要、本章重点、典型例题、复习思考题、习题精解5部分。本书总结说明了本课程中学生应掌握的有关基本概念、基本理论和典型机构分析与设计的基本方法。通过若干典型例题的详细分析和求解,使学生掌握不同类型题目的解题方法和解题技巧,培养学生分析问题和解决问题的能力。书中还安排了一定数量的复习思考题和习题,目的在于帮助学生巩固所学知识,进一步加深对本课程内容的理解。本书答案仅供参考,学生在解题过程中量取的尺寸有误差容许。最后,附录给出了第11章典型例题的源程序。

本书可作为教师组织辅导课、习题课的依据,同时可作为本科、专科大学生学习"机械原理"课程的主要参考书,也可作为报考研究生者的复习资料。

参加本书编写工作的有李纯金(第2、3、5、6、7章)、赵磊(第4、10章)、王磊(第8章)、田桂中(第9章)、刘志强(第11章,附录)和张思(第1章)。全书由李纯金和王磊统稿。

由于编者水平所限,疏漏之处在所难免,恳请广大读者批评指正。

编　者
2024年5月

目 录

第1章 机构的结构分析 ··· 1
  一、内容提要 ··· 1
  二、本章重点 ··· 1
    （一）机构的组成 ·· 1
    （二）机构运动简图 ·· 2
    （三）平面机构的自由度 ·· 2
    （四）平面机构的组成原理及结构分析 ·· 3
  三、典型例题 ··· 4
  四、复习思考题 ··· 8
  五、习题精解 ··· 8
    （一）判断题 ··· 8
    （二）填空题 ··· 9
    （三）选择题 ··· 9
    （四）分析与计算题 ·· 11

第2章 平面机构的运动分析 ··· 18
  一、内容提要 ··· 18
  二、本章重点 ··· 18
    （一）速度瞬心法 ··· 18
    （二）机构运动分析的矢量方程图解法 ·· 19
    （三）机构运动分析的解析法 ··· 22
  三、典型例题 ··· 22
  四、复习思考题 ··· 33
  五、习题精解 ··· 33
    （一）判断题 ··· 33
    （二）填空题 ··· 35
    （三）选择题 ··· 36
    （四）分析与计算题 ··· 39

第3章 平面机构力分析及效率与自锁 ·· 50
  一、内容提要 ··· 50
  二、本章重点 ··· 50
    （一）运动副的摩擦 ··· 50
    （二）机械效率 ··· 52
    （三）机械的自锁 ·· 52
  三、典型例题 ··· 53
  四、复习思考题 ··· 57

五、习题精解 ... 57
   （一）判断题 ... 57
   （二）填空题 ... 58
   （三）选择题 ... 59
   （四）分析与计算题 ... 61

第4章 机械的平衡 ... 76
一、内容提要 ... 76
二、本章重点 ... 76
   （一）机械平衡的概念 ... 76
   （二）刚性转子的平衡计算 ... 76
   （三）刚性转子的平衡试验 ... 77
三、典型例题 ... 78
四、复习思考题 ... 80
五、习题精解 ... 80
   （一）判断题 ... 80
   （二）填空题 ... 81
   （三）选择题 ... 82
   （四）分析与计算题 ... 83

第5章 机械的运转及其速度波动的调节 ... 86
一、内容提要 ... 86
二、本章重点 ... 86
   （一）机械的运转过程和外力 ... 86
   （二）机械系统的等效动力学模型 ... 87
   （三）机械运动方程式 ... 88
   （四）机械运转的速度波动及其调节方法 ... 89
三、典型例题 ... 90
四、复习思考题 ... 94
五、习题精解 ... 94
   （一）判断题 ... 94
   （二）填空题 ... 95
   （三）选择题 ... 95
   （四）计算题 ... 97

第6章 平面连杆机构及其设计 ... 105
一、内容提要 ... 105
二、本章重点 ... 105
   （一）平面四杆机构的基本型式及其演化 ... 105
   （二）平面四杆机构的主要工作特性 ... 106
   （三）平面四杆机构的设计 ... 107
三、典型例题 ... 108
四、复习思考题 ... 113
五、习题精解 ... 113
   （一）判断题 ... 113
   （二）填空题 ... 114

　　　　（三）选择题 ··· 115
　　　　（四）分析与计算题 ·· 116
第 7 章　凸轮机构及其设计 ·· 126
　　一、内容提要 ··· 126
　　二、本章重点 ··· 126
　　　　（一）凸轮机构的应用和分类 ·· 126
　　　　（二）推杆的运动规律 ·· 127
　　　　（三）凸轮轮廓曲线的设计 ··· 127
　　　　（四）凸轮机构基本尺寸的确定 ·· 128
　　三、典型例题 ··· 130
　　四、复习思考题 ·· 133
　　五、习题精解 ··· 133
　　　　（一）判断题 ·· 133
　　　　（二）填空题 ·· 134
　　　　（三）选择题 ·· 135
　　　　（四）分析与计算题 ··· 136
第 8 章　齿轮机构及其设计 ·· 149
　　一、内容提要 ··· 149
　　二、本章重点 ··· 149
　　　　（一）渐开线直齿圆柱齿轮机构 ··· 149
　　　　（二）平行轴斜齿圆柱齿轮机构 ··· 153
　　　　（三）蜗杆传动机构 ··· 154
　　　　（四）圆锥齿轮机构 ··· 155
　　三、典型例题 ··· 155
　　四、复习思考题 ·· 159
　　五、习题精解 ··· 160
　　　　（一）判断题 ·· 160
　　　　（二）填空题 ·· 161
　　　　（三）选择题 ·· 162
　　　　（四）分析与计算题 ··· 163
第 9 章　轮系及其设计 ··· 175
　　一、内容提要 ··· 175
　　二、本章重点 ··· 175
　　　　（一）轮系的分类 ·· 175
　　　　（二）轮系传动比的计算 ·· 176
　　　　（三）行星轮系各轮齿数的确定 ··· 177
　　三、典型例题 ··· 178
　　四、复习思考题 ·· 182
　　五、习题精解 ··· 182
　　　　（一）判断题 ·· 182
　　　　（二）填空题 ·· 183
　　　　（三）选择题 ·· 183
　　　　（四）轮系传动比计算 ·· 184

VII

第 10 章 其他常用机构及其设计 ································ 190

- 一、内容提要 ································ 190
- 二、本章重点 ································ 190
  - （一）棘轮机构 ································ 190
  - （二）槽轮机构 ································ 191
  - （三）不完全齿轮机构 ································ 191
  - （四）螺旋机构 ································ 191
  - （五）万向铰链机构 ································ 192
  - （六）组合机构 ································ 192
- 三、典型例题 ································ 193
- 四、复习思考题 ································ 194
- 五、习题精解 ································ 195
  - （一）判断题 ································ 195
  - （二）填空题 ································ 195
  - （三）选择题 ································ 196
  - （四）分析与计算题 ································ 197

第 11 章 计算机编程在机构分析与设计中的应用 ································ 199

- 一、内容提要 ································ 199
- 二、本章重点 ································ 199
  - （一）平面连杆机构的运动分析 ································ 199
  - （二）凸轮机构轮廓曲线的设计 ································ 200
- 三、典型例题 ································ 201
- 四、习题 ································ 208

附录 ································ 210

第 1 章　机构的结构分析

一、内容提要

（一）机构的组成
（二）机构运动简图
（三）平面机构的自由度
（四）平面机构的组成原理及结构分析

二、本章重点

（一）机构的组成

1．构件

机器是由零件装配成的构件的组合体。构件是机器中独立的运动单元体，是组成机构的基本要素，而零件则是机器中的基本单元体。构件可能是一个零件。考虑到结构和工艺性，构件也可能由几个零件刚性联接在一起。

2．运动副

两个构件直接接触形成的可动联接部分称为运动副，它是组成机构的又一个基本要素。两个构件接触的几何元素称为运动副元素（点、线、面）。两个构件用运动副联接后至少会失去一个相对运动形式，也至少保留一个相对运动形式。至于失去与保留的运动形式和数目，要看运动副的类型。

运动副的分类如下。

（1）按运动副所引入的约束数目分。引入一个约束的运动副称为Ⅰ级副，引入两个约束的运动副称为Ⅱ级副，依此类推，还有Ⅲ级副、Ⅳ级副和Ⅴ级副。

（2）按运动副元素分。凡两个构件通过点或线接触而构成的运动副统称为高副；而两个构件通过面接触而构成的运动副称为低副。

（3）按保留的相对运动形式分。可分为转动副（或称回转副、铰链）、移动副（或称棱柱副）、螺旋副和球面副。

此外，把构成运动副的两个构件之间的相对运动为平面运动的运动副统称为平面运动副，把两个构件之间的相对运动为空间运动的运动副统称为空间运动副。

3. 运动链

运动链是两个或两个以上的构件通过运动副联接而成的相对可动的系统。根据运动链中各个构件的相对运动形式可分为空间运动链和平面运动链。若系统是首尾封闭的则称为闭链，否则称为开链。若构成的是相对不可动的系统，则称为桁架或结构体，可视为一个构件。

4. 机构

机构是用来传递运动和动力的构件系统。若将运动链中某一个构件加以固定，则该运动链变成机构。机构中固定的构件或相对固定的构件称为机架，按给定的已知运动规律独立运动的构件称为原动件，而其余随原动件运动的活动构件称为从动件。

（二）机构运动简图

用简单的线条和规定的符号来代表构件和运动副，并且按一定的比例定出各运动副的相对位置，以表示机构运动传递情况的简化图形称为机构运动简图。由于机构的运动仅与机构中运动副的类型和各运动副的相对位置有关，而与各构件的形状大小无关，因此机构运动简图能够准确表达机构的运动特性，并可进行力分析。设计机构就是确定其运动方案和定出各构件的运动尺寸，即设计机构运动简图。

只是为了表明机构的结构特性和工作原理而简单绘制的图（没有按比例绘）称为机构示意图。

机构运动简图的绘制步骤和方法如下：

（1）首先弄清所要绘制机械的结构和动作原理；

（2）从原动件开始，按运动传递的顺序，分析各构件之间相对运动性质，确定运动副的类型和数目；

（3）合理选择视图平面，通常选择与大多数构件的运动平面相平行的平面；

（4）选取适当的比例尺 [μ_l=实际尺寸（m）/图上长度（mm）] 进行绘图。

（三）平面机构的自由度

机构的自由度是指机构中各构件相对于机架独立运动的数目（或能够确定机构位置的广义坐标数目）。

机构具有确定运动的条件是机构的自由度要大于零，并且原动件数等于机构的自由度数。

平面机构的自由度计算式为

$$F = 3n - (2P_l + P_h)$$

式中：F——机构的自由度；

n——机构的活动构件数；

P_l——机构中的低副数；

P_h——机构中的高副数。

正确计算机构的自由度，必须正确判断机构中的 n、P_l 和 P_h，因此，计算平面机构的自由度时应注意的事项如下。

1. 正确计算运动副的数目

（1）m（$m>2$）个构件在一处以转动副联接时，则构成复合铰链，其转动副数目应为$m-1$个。

（2）若两个构件在多处接触而构成移动副，且移动方向彼此平行或重合，则只能算一个移动副。

（3）若两个构件在多处相配合而构成转动副，且转动轴线重合，则只能算一个转动副。

（4）若两个构件在多处相接触而构成平面高副，且各接触点处的公法线彼此重合，则只能算一个平面高副。若各接触点处的公法线方向并不彼此重合，则应算两个高副（相当于一个低副）。

2. 除去局部自由度

在机构中，若某些构件所产生的局部运动并不影响其他构件的运动，则称这种局部运动的自由度为局部自由度。含有局部自由度的机构自由度应为

$$F = 3n - (2p_l + p_h) - F'$$

式中，F'为机构的局部自由度数目。

3. 除去虚约束

在机构中，有些运动副带入的约束，对机构的运动起重复约束作用，称之为虚约束。虚约束常出现于以下几种情况。

（1）若两个构件上某两点之间的距离始终保持不变，又用双转动副杆将此两点相联，这样就带入一个虚约束。

（2）用转动副联接的是两个构件上运动轨迹相重合的点，则该转动副引入一个虚约束。

（3）在机构中，当输入构件和输出构件之间用多组完全相同的运动链来传递运动时，只有一组起独立传递运动作用，其余各组重复部分带入虚约束。

需要注意的是，虚约束都是在一些特定的几何条件下出现的，如果加工及安装误差太大，破坏了特定的几何条件，虚约束就变为实际约束，从而改变机构的自由度，导致机构无法运动。而机构设计引入虚约束是为了增加构件的刚性，改善其受力状况。

（四）平面机构的组成原理及结构分析

1. 平面机构中的高副低代

为了使对平面低副机构的研究适合所有平面机构，根据一定条件把机构中的高副虚拟地以低副代替，这样所有对平面机构的研究，可归结为对平面低副机构的研究。高副低代必须满足的条件如下：

（1）代替前后机构的自由度不变；

（2）代替前后机构的瞬时速度和瞬时加速度不变。

代替方法是用两个转动副和一个构件来代替一个高副，这两个转动副分别处在高副两轮廓接触点的曲率中心处。如果两个接触轮廓之一为点，因为点可看成半径无穷小的圆，所以该轮廓曲率中心就是该点。如果两个接触轮廓之一为直线，因为直线的曲率中心在无穷远处，所以该转动副演化成移动副。

2. 平面机构的组成原理

不可再分的、自由度为零的运动链称为基本杆组。杆组的级别是由杆组中包含的最高级别封闭多边形来确定的，常见的有Ⅱ级杆组和Ⅲ级杆组。任何机构都可以看成是由若干个基本杆组依次联接于原动件和机架上而构成的，这就是机构的组成原理。

3. 平面机构的结构分析

进行机构结构分析的目的是了解机构的组成，并确定机构的级别，便于对机构进行运动分析和力分析。

结构分析的过程与由杆组依次组成机构的过程正好相反，因此通常也把它称为拆杆组。拆分步骤如下：

（1）机构中的高副全部低代，计算机构自由度，确定原动件（用箭头标出）；
（2）从远离原动件的构件开始拆杆组，先拆Ⅱ级杆组，若不成，再拆Ⅲ级杆组。

机构的级别是由拆分下的最高级别杆组决定的。同一机构因所取的原动件不同，有可能成为不同级别的机构。

三、典型例题

【例1-1】图1-1（a）所示为牛头刨床的一个机构设计方案简图。设计者的意图是动力由曲柄1输入，通过滑块2使摆动导杆3做往复摆动，并带动滑枕4往复移动以达到刨削的目的。试分析该方案有无结构组成原理上的错误（需说明理由）。若有请提出修改方案。

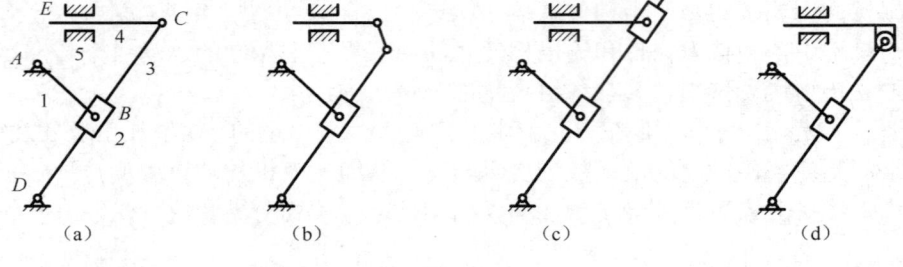

图 1-1

解：

由图1-1（a）知，活动构件数 $n=4$，低副数 $P_l=6$，机构无高副，则该机构的自由度为

$$F = 3n - (2P_l + P_h) = 3 \times 4 - (2 \times 6 + 0) = 0$$

计算结果表明该牛头刨床机构的初拟设计方案无自由度，机构根本就不能动，蜕变为一个结构件。

为了使机构能运动，需增加一个自由度，有两种方案：一种是通过添加一个构件和一个低副，如图1-1（b）和图1-1（c）所示；一种是把原方案中的 C 转动副用一个高副代替，如图1-1（d）所示。

【例1-2】绘制图1-2（a）所示的液压泵机构的运动简图，并判断该机构是否具有确定的运动。图中偏心轮1绕固定轴心 A 转动。

解：

由图 1-2（a）可知该机构是由 4 个构件组成的，构件 1 为偏心轮，它的几何中心 B 为构件 1 和 2 的相对回转中心，A 为构件 1 和机架 4 的绝对回转中心，构件 2 和构件 3 在 C 处用回转副联接，构件 3 和机架 4 相对移动形成移动副。

选择合适的比例尺，从图 1-2（a）中量取尺寸后绘制的机构运动简图如图 1-2（b）所示。

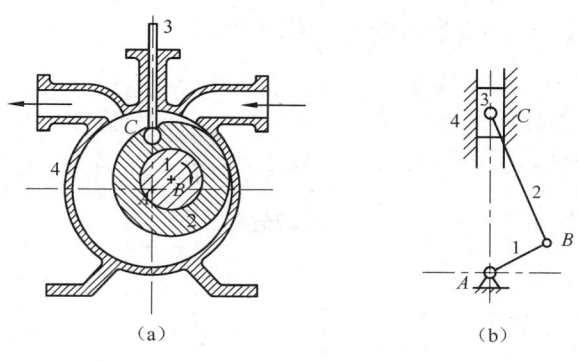

图 1-2

此机构为曲柄滑块机构。由图 1-2（a）可知，活动构件数 $n=3$，低副数 $P_l=4$，机构无高副，则该机构的自由度为 $F=3n-(2P_l+P_h)=3\times3-(2\times4+0)=1$，又因该机构只有一个原动件，所以此机构具有确定的运动。

【例 1-3】在图 1-3 所示的对称八杆机构中，已知导路 $EG \perp FH$，构件 1、2、3 和 4 的长度相等，试计算该机构的自由度。

解：

构件 1、2、3 和 4 的长度相等，因此在构件 5、6、7 和 8 中，除原动件外，在计算自由度时还应从其余三个构件中去掉一个。这是因为联接点和被联接点的轨迹相重合而引入一个虚约束。例如，假设构件 5 为原动件，则应从构件 6、7 或 8 中去掉任意一个。假设去掉构件 8，由于构件 8 上各点运动轨迹均为直线，而构件 3 与 4 组成转动副 D，其运动轨迹也是直线，且和构件 8 的运动轨迹重合，所以在 D 处形成一个虚约束。这样，该机构自由度为
$$F=3n-(2P_l+P_h)=3\times7-(2\times10+0)=1。$$

【例 1-4】如图 1-4 所示直线运动机构，已知 $AB=AC=AO$。试证明铰链 C 因轨迹重合而产生虚约束。将铰链 C 改为高副之后，计算此机构的自由度。

解：

因为齿轮 2 和齿轮 4 的相对运动可以看成是一对节圆之间的纯滚动，所以图中 B 点即它们的瞬心（绝对瞬心）。构件 2 在 C 点的速度 v_{C2} 垂直于 CB，由已知几何条件知，△OCB 为直角三角形，所以 v_{C2} 平行于 OC，所以构件 2 上 C 点的轨迹始终在过 O 点的铅垂线上（OC 始终为铅垂线）。而构件 3 上 C 点的轨迹也始终在 OC 线上。若用铰链把两个构件在 C 点铰接，则带来一个虚约束，也就是说铰链 C 相当于一个高副。若将铰链 C 改为高副之后，机构的自由度为
$$F=3n-(2P_l+P_h)=3\times3-(2\times3+2)=1$$

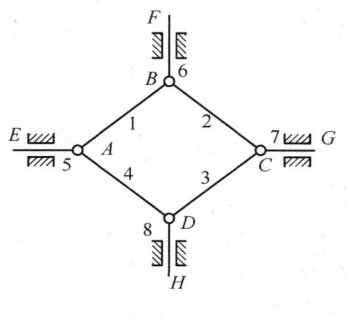

图 1-3

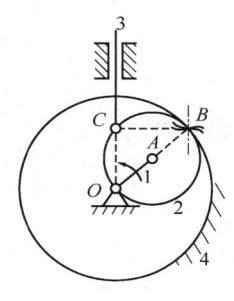

图 1-4

【例 1-5】计算图 1-5 所示的齿轮连杆组合机构的自由度。

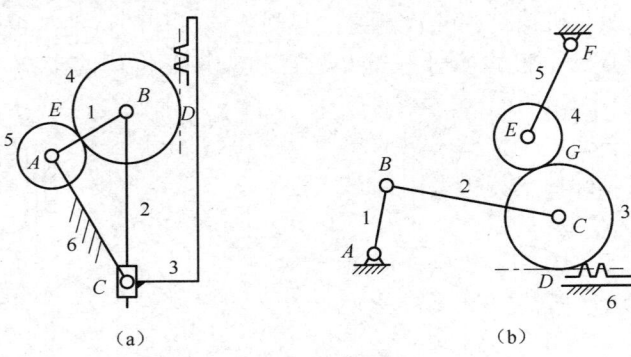

图 1-5

解：

本题涉及的机构属于含有齿轮副的机构，齿轮副根据两个齿轮相对位置的关系，有时只提供一个约束，有时提供两个约束（相当于一个低副）。

（1）在图 1-5（a）所示的齿轮连杆机构中，齿轮 4 和齿轮 5 的回转中心都铰接在构件 1 上，两齿轮的相对位置被约束，齿轮 4 和齿条 3 的相对位置被构件 3 和 2 形成的移动副约束，所以两对齿轮啮合处都是只有一侧齿廓接触（有侧隙安装）。又因无论有几对轮齿进入啮合，各对轮齿的公法线（基圆的内共切线的某一条）是重合的。因此 D、E 处只提供一个约束。另外，需注意的是机构在 A、B 两处为复合铰链。通过以上分析可知，机构的活动构件数 $n=5$，低副数 $P_l=6$，高副数 $P_h=2$，则该机构的自由度为

$$F = 3n - (2P_l + P_h) = 3 \times 5 - (2 \times 6 + 2) = 1$$

（2）在图 1-5（b）所示的齿轮连杆机构中，齿轮 3 和齿条 6 的相对位置未被约束（是通过重力保持的），齿轮 4 和齿轮 3 的相对位置也是通过重力来保持的，所以两对齿轮啮合处都是两侧齿廓接触（无侧隙）的。又因两侧齿廓接触处的公法线为基圆的两条内共切线，所以公法线不重合。因此 D、G 处各提供两个约束。通过以上分析可知，机构的活动构件数 $n=5$，低副数 $P_l=5$，高副数 $P_h=4$，则该机构的自由度为

$$F = 3n - (2P_l + P_h) = 3 \times 5 - (2 \times 5 + 4) = 1$$

【例 1-6】计算图 1-6 所示刨床机构的自由度。若以构件 1 为原动件，机构为几级机构？若以构件 4 为原动件，机构为几级机构？

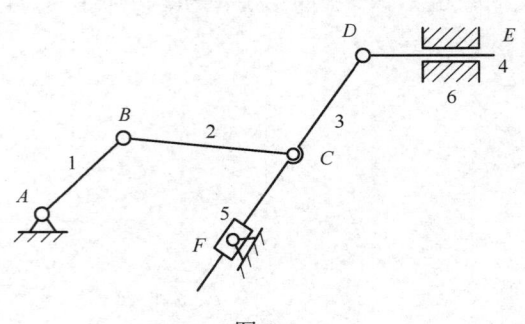

图 1-6

解：

（1）计算机构的自由度。

在图 1-6 所示的机构中，机构的活动构件数 $n=5$，低副数 $P_l=7$，高副数 $P_h=0$，则该机构的自由度为

$$F = 3n - (2P_l + P_h) = 3 \times 5 - (2 \times 7 + 0) = 1$$

（2）机构的结构分析。

若以构件 1 为原动件，机构只能拆分出一个Ⅲ级杆组，所以机构属于Ⅲ级机构。若以构件 4 为原动件，机构能拆分出两个Ⅱ级杆组 1-2、3-5，所以机构属于Ⅱ级机构。

此题说明：同一运动链因所取的原动件不同，有可能成为不同级别的机构。

【例 1-7】计算图 1-7（a）所示机构的自由度，并判断该机构的运动是否确定。然后将机构中的高副转化为低副，并确定机构所含杆组的数目和级别及机构的级别。机构中的原动件用箭头表示。

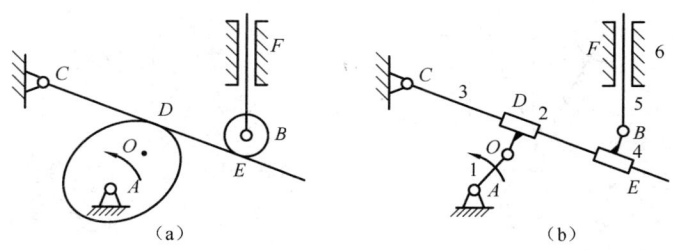

图 1-7

解：

（1）计算机构的自由度。

在图 1-7（a）所示的机构中，B 处滚子的局部回转运动为局部自由度，对整个机构的运动无影响。机构的活动构件数 $n=3$，低副数 $P_l=3$，高副数 $P_h=2$，则该机构的自由度为

$$F = 3n - (2P_l + P_h) = 3 \times 3 - (2 \times 3 + 2) = 1$$

机构的自由度等于原动件数（因机构中只标出一个原动件），因此该机构具有确定运动。

（2）高副低代。

该机构含有两个高副，低代后需引入两个构件和四个低副，高副接触处的摆杆的曲率中心在无穷远处，引入构件和摆杆以移动副相联。代替后的低副机构如图 1-7（b）所示。

（3）机构的结构分析。

机构拆分从远离原动件的构件开始，并先从 Ⅱ 级杆组开始。最后拆分结果为两个杆组：构件 5 和 4 及一个转动副和两个移动副组成 PRP 型 Ⅱ 级杆组；构件 3 和 2 及两个转动副和一个移动副组成的 RPR 型 Ⅱ 级杆组。该机构拆分的最高级别杆组为 Ⅱ 级，所以机构的级别为 Ⅱ 级。

【例 1-8】计算图 1-8（a）所示机构的自由度，并判断该机构的运动是否确定。然后将机构中的高副转化为低副，并确定机构所含杆组的数目和级别及机构的级别。机构中的原动件用箭头表示。

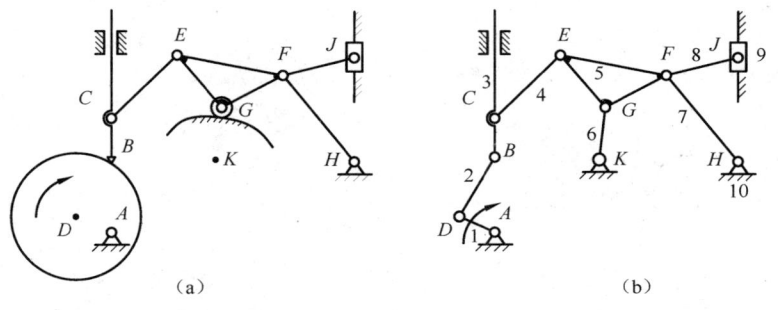

图 1-8

解：

（1）计算机构的自由度。

在图 1-8（a）所示的机构中，F 处为 3 个构件形成的复合铰链，G 处滚子的局部回转运

动为局部自由度，对整个机构的运动无影响。通过以上分析可知，机构的活动构件数 $n=7$，低副数 $P_l=9$，高副数 $P_h=2$，则该机构的自由度为

$$F = 3n - (2P_l + P_h) = 3 \times 7 - (2 \times 9 + 2) = 1$$

机构自由度数等于原动件数（因机构中只标出一个原动件），因此该机构具有确定运动。

（2）高副低代。

该机构含有两个高副，低代后需引入 2 个构件和 4 个低副，在 B 处为点接触，所以构件 3 的曲率中心就在 B 点，代替后的低副机构如图 1-8（b）所示。

（3）机构的结构分析。

机构拆分从远离原动件的构件开始，并先从Ⅱ级杆组开始。最后拆分结果为 3 个杆组：构件 8 和 9 及转动副 F、J 和移动副组成 RRP 型Ⅱ级杆组；构件 4、5、6 和 7 及转动副 C、E、F、G、K 和 H 组成Ⅲ级杆组；构件 2 和 3 及转动副 B、D 和移动副组成 RRP 型Ⅱ级杆组。该机构拆分的最高级别杆组为Ⅲ级，所以机构的级别为Ⅲ级。

四、复习思考题

1．螺旋副属于几级副？Ⅳ级副和Ⅴ级副是否一定属于平面运动副？
2．机构运动简图与示意图有何区别？各有何用处？实际机器哪些尺寸应反映在机构运动简图中？
3．机构具有确定运动的条件是什么？当机构的原动件数少于或多于机构的自由度时，机构的运动将发生什么情况？
4．计算平面机构的自由度时，应该注意哪些事项？
5．平面机构高副低代的目的是什么？必须满足哪些条件？
6．"杆组"这一概念，对机构分析和综合有何现实意义？
7．如何进行平面机构的结构分析？如何确定机构的级别？机构的级别与原动件的选择有无关系？

五、习题精解

（一）判断题

1．机器中独立运动的单元体，称为零件。（　　）
2．具有局部自由度和虚约束的机构，在计算机构的自由度时，应当首先除去局部自由度和虚约束。（　　）
3．如果制造、安装精度不够，机构中的虚约束会成为真约束。（　　）
4．任何具有确定运动的机构中，除机架、原动件及其相联的运动副外的所有从动件系统的自由度都等于零。（　　）
5．6 个构件组成同一回转轴线的转动副，该处共有 3 个转动副。（　　）
6．若机构的自由度 $F>0$，且等于原动件数，则该机构具有确定的相对运动。（　　）
7．运动链要成为机构，必须使运动链中原动件数目大于或等于自由度。（　　）

8．在平面机构中，一个高副引入 2 个约束。（　　）

9．平面机构高副低代的条件是代替机构与原机构的自由度、瞬时速度和瞬时加速度必须完全相同。（　　）

10．任何具有确定运动的机构都是由机架加原动件再加自由度为零的杆组组成的。（　　）

【答案】

（二）填空题

1．机器是由_____、_____、_____所组成的。

2．机器和机构的主要区别在于_____。

3．运动副元素是指_____。

4．构件的自由度是指_____；机构的自由度是指_____。

5．两个构件之间以线接触所组成的平面运动副，称为____副，它产生____个约束，而保留了____个自由度。

6．机构中的运动副是指_____。

7．在平面机构中若引入一个高副将引入____个约束，而引入一个低副将引入____个约束，构件数、约束数与机构自由度的关系是_____。

8．平面运动副的最大约束数为____，最小约束数为____。

9．当两个构件构成运动副后，仍需保证能产生一定的相对运动，故在平面机构中，每个运动副引入的约束至多为____，至少为____。

10．划分机构的杆组时应先按_____的杆组级别考虑，机构的级别按杆组中的_____级别确定。

11．机构具有确定运动的条件是原动件数_____机构的自由度。

12．计算机构自由度的目的是_____。

13．在平面机构中，具有两个约束的运动副是_____副，具有一个约束的运动副是_____副。

14．计算平面机构自由度的公式为 $F=$_____，应用此公式时应注意判断：（A）_____铰链，（B）_____自由度，（C）____约束。

15．机构中的复合铰链是指_____；局部自由度是指_____；虚约束是指_____。

【答案】

（三）选择题

1．一种相同的机构_____组成不同的机器。

（A）可以；　　　　　（B）不能。

9

2. 机构中的构件是由一个或多个零件所组成的，这些零件间______产生任何相对运动。

（A）可以；　　（B）不能。

3. 有两个平面机构的自由度都等于 1，现用一个带有两个铰链的运动构件将它们串成一个平面机构，则其自由度等于______。

（A）0；　　（B）1；　　（C）2。

4. 原动件的自由度应为______。

（A）–1；　　（B）+1；　　（C）0。

5. 基本杆组的自由度应为______。

（A）–1；　　（B）+1；　　（C）0。

6. 在机构中，原动件数目______机构的自由度时，该机构具有确定的运动。

（A）小于；　　（B）等于；　　（C）大于。

7. 计算机构的自由度时，若计入虚约束，则机构的自由度就会______。

（A）增多；　　（B）减少；　　（C）不变。

8. 高副低代中的虚拟构件及其运动副的自由度应为______。

（A）–1；　　（B）+1；　　（C）0；　　（D）6。

9. 渐开线齿轮的高副低代机构是一个铰链四杆机构，在齿轮传动过程中，该四杆机构的______。

（A）两个连架杆的长度是变化的；　　（B）连杆长度是变化的；

（C）所有杆件的长度均变化；　　（D）所有杆件的长度均不变。

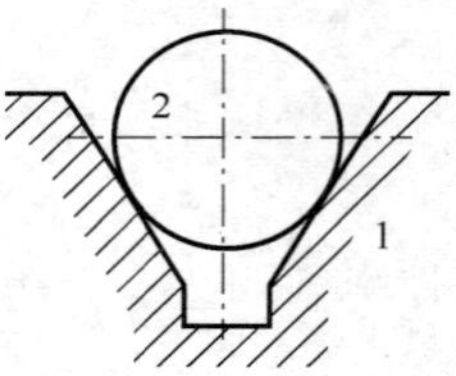
2
1

图 1-9

10. 如图 1-9 所示，轴 2 搁置在 V 形铁 1 上，根据它们在图 1-9 所示平面内能实现的相对运动，可判别它们之间组成的运动副是______。

（A）转动副；

（B）移动副；

（C）纯滚动型平面高副；

（D）滚动兼滑动型平面高副。

11. 图 1-10 所示的 4 个分图中，图______所示构件系统是不能运动的。

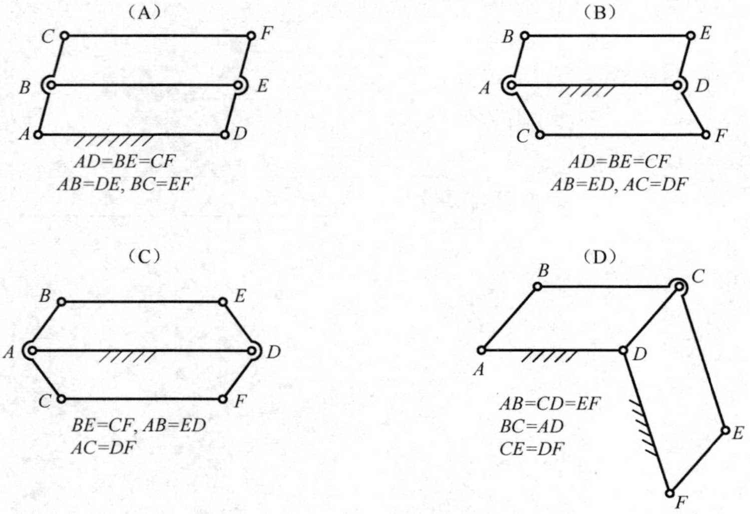
（A）
C
F
B
E
A
D
AD=BE=CF
AB=DE, BC=EF
（B）
B
E
A
D
C
F
AD=BE=CF
AB=ED, AC=DF
（C）
B
E
A
D
C
F
BE=CF, AB=ED
AC=DF
（D）
B
C
A
D
AB=CD=EF
BC=AD
CE=DF
E
F

图 1-10

（四）分析与计算题

1．机构运动简图绘制

【01401】画出图 1-11（a）所示机构的运动简图。

解：

机构运动简图如图 1-11（b）所示。

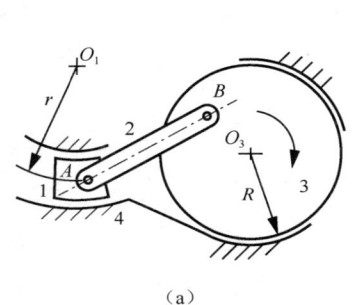

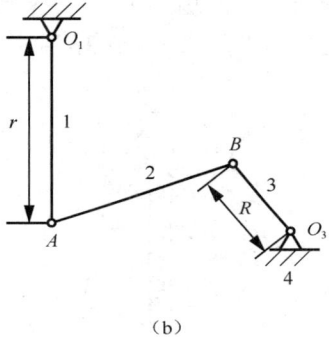

图 1-11

【01402】图 1-12（a）中 1 是偏心安置的圆柱，半径为 R；2 是月牙形柱体，其外圆柱半径为 r；3 与 2，2 与 1 的表面由零件外形保证其紧密接触，图示比例尺为 $\mu_l = 0.002 \text{m/mm}$，试绘出其运动简图，并注出构件长度 l（长度尺寸从图上量出）。

解：

（1）机构的运动简图如图 1-12（b）所示。

（2）比例尺为 μ_l，$l_{OA} = \mu_l \cdot OA$，$l_{AB} = \mu_l \cdot AB$。

【01403】图 1-13（a）所示机构中偏心盘 2 和杆 3 组成何种运动副？弧形滑块 4 与机架 1 组成何种运动副？按图 1-13 所示尺寸画出该机构的运动简图。其中，O_2 为偏心盘的几何中心，O_1 为圆弧导轨的圆心。

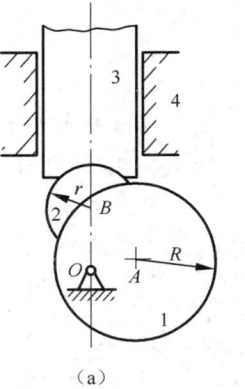

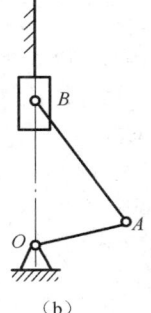

图 1-12

解：

（1）偏心盘 2 和杆 3 组成转动副，转动中心为 O_2。弧形滑块 4 和机架 1 组成转动副，转动中心为 O_1。

（2）机构的运动简图如图 1-13（b）所示。

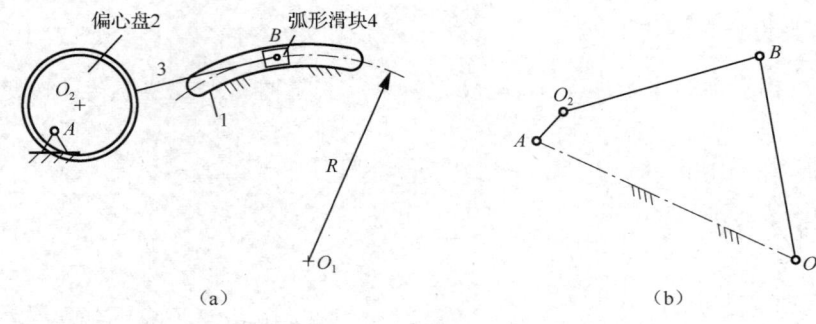

图 1-13

【01404】试画出图 1-14（a）所示机构的运动简图，并计算其自由度。

解：

（1）机构的运动简图如图 1-14（b）所示。

（2）机构的自由度为 $F = 3n - 2p_l - p_h = 3 \times 3 - 2 \times 4 - 0 = 1$。

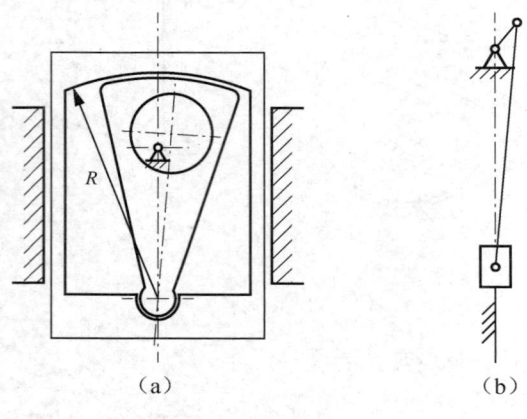

图 1-14

【01405】画出图 1-15（a）所示机构的运动简图，并计算该机构的自由度。构件 3 为在机器的导轨中做滑移的整体构件，构件 2 在构件 3 的导轨中滑移，圆盘 1 的固定轴位于偏心处。

解：

（1）机构的运动简图如图 1-15（b）所示。

（2）机构的自由度为 $F = 3 \times n - 2p_l - p_h = 3 \times 3 - 2 \times 4 = 1$。

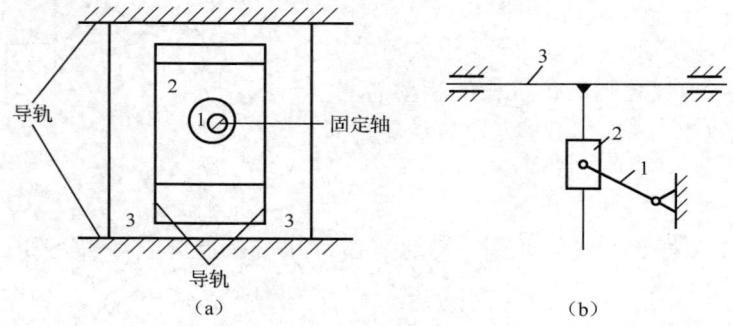

图 1-15

2．机构方案设计与评价

【01406】初拟机构运动方案，如图 1-16（a）所示，欲将构件 1 的连续转动转变为构件 4 的往复移动。

（1）试计算其自由度，分析该设计方案是否合理。

（2）如不合理，可如何改进？提出修改措施并用简图表示。

解：

（1）E 或 F 为虚约束，去掉后 $n=4$，$P_l=6$，$P_h=0$，故

$$F = 3n - 2P_l - P_h = 3 \times 4 - 2 \times 6 - 0 = 0$$

不能动，表明设计不合理。

（2）增加一个构件和一个转动副，如图 1-16（b）所示。

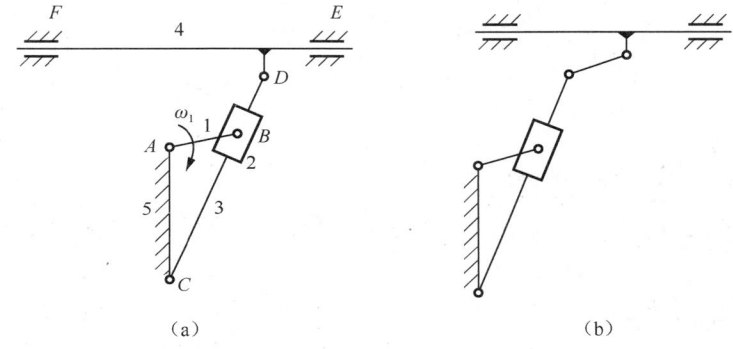

图 1-16

【01407】设以图 1-17（a）所示的机构实现凸轮对滑块 E 的控制。

（1）该机构能否运动？试做分析说明。

（2）若需改进，试画出改进后的机构运动简图。

解：

（1）机构的自由度 $F=3\times3-2\times4-1=0$，不能运动。

（2）将 E 处改成图 1-17（b）所示结构，即可运动。改后 $F=3\times4-2\times5-1=1$，且机构具有确定运动。

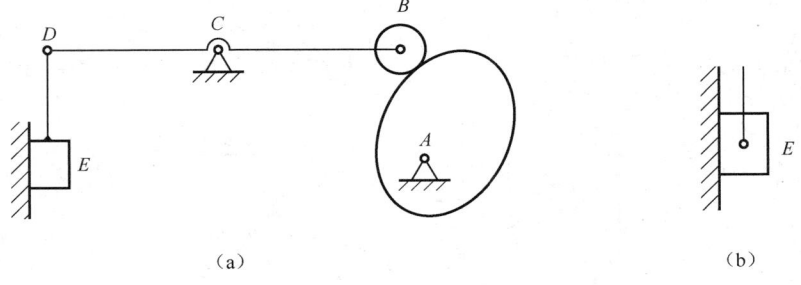

图 1-17

【01408】计算图 1-18（a）所示机构的自由度，并判断是否具有确定运动；若不能，试绘出改进后的机构运动简图。修改后的原动构件仍为 AC 杆（图中有箭头的构件）。

13

解：
(1) 原机构的自由度为
$$F = 3n - 2P_l - P_h = 3\times 6 - 2\times 8 - 0 = 2$$
原动件数为 1，故运动不确定，设计不合理。
(2) 改进措施为取消 D 点处铰链，使它刚化，如图 1-18（b）所示。

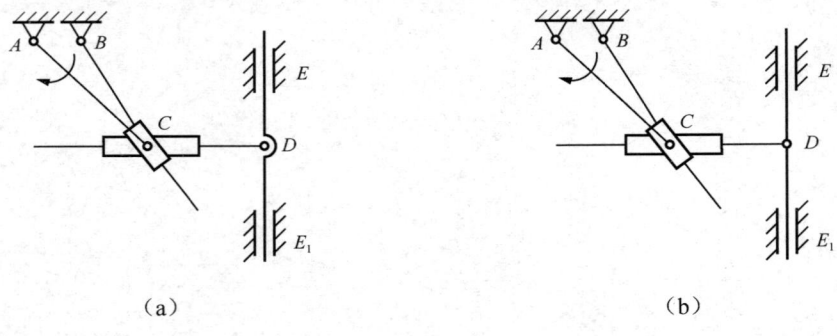

图 1-18

3. 机构自由度计算与级别判断

【01409】计算图 1-19 所示机构的自由度，若有复合铰链、局部自由度或虚约束，需明确指出。

解：
E 为复合铰链，机构的自由度为
$$F = 3n - 2p_l - p_h = 3\times 9 - 2\times 13 - 0 = 1$$

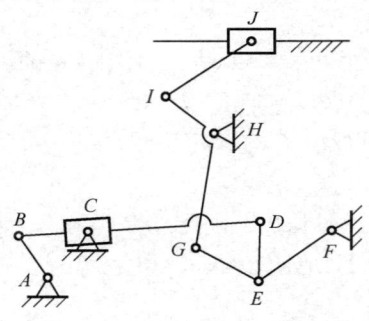

图 1-19

【01410】计算图 1-20 所示机构的自由度，并在图上指出其中的复合铰链、局部自由度和虚约束。

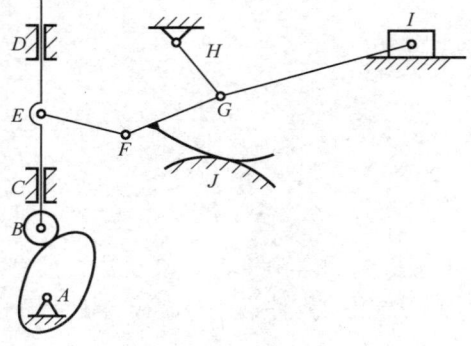

图 1-20

解：

B 为局部自由度；C（或 D）为虚约束；G 为复合铰链。机构的自由度为

$$F = 3n - 2p_l - p_h = 3 \times 7 - 2 \times 9 - 1 \times 2 = 1$$

【01411】试画出图 1-21（a）所示高副机构的低副代替机构。

解：

高副低代后的机构运动简图如图 1-21（b）所示。

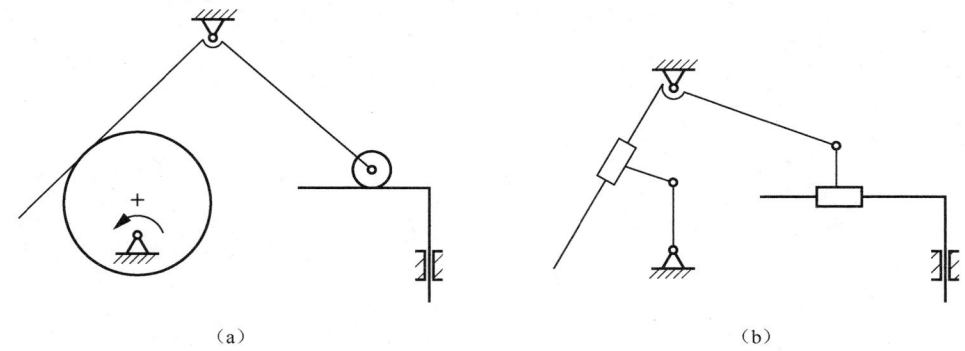

图 1-21

【01412】图 1-22（a）所示为一个平底摆动从动件盘型凸轮机构，试画出机构在高副低代后的瞬时代替机构，并计算代替前和代替后的机构自由度。

解：

（1）代替机构如图 1-22（b）所示。

（2）原高副机构 $n=2$，$p_l=2$，$p_h=1$，则

$$F = 3n - 2p_l - p_h = 3 \times 2 - 2 \times 2 - 1 = 1$$

低代后机构 $n=3$，$p_l=4$，$p_h=0$，则

$$F = 3n - 2p_l - p_h = 3 \times 3 - 2 \times 4 - 0 = 1$$

高副低代后机构自由度不变，瞬时运动特性不变。

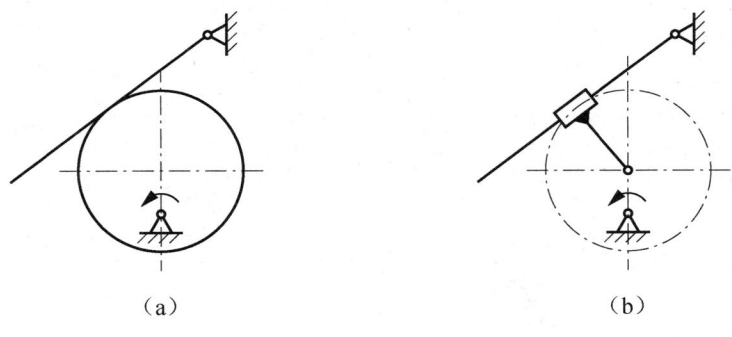

图 1-22

【01413】计算图 1-23（a）所示机构的自由度，将高副用低副代替，并选择原动件。

解：

（1）$n=6$，$p_l=7$，$p_h=2$，则机构的自由度为

$$F = 3n - 2p_l - p_h = 3 \times 6 - 2 \times 7 - 2 = 2$$

（2）高副低代后的机构运动简图如图 1-23（b）所示。

（3）选择 1 和 6 为原动件。

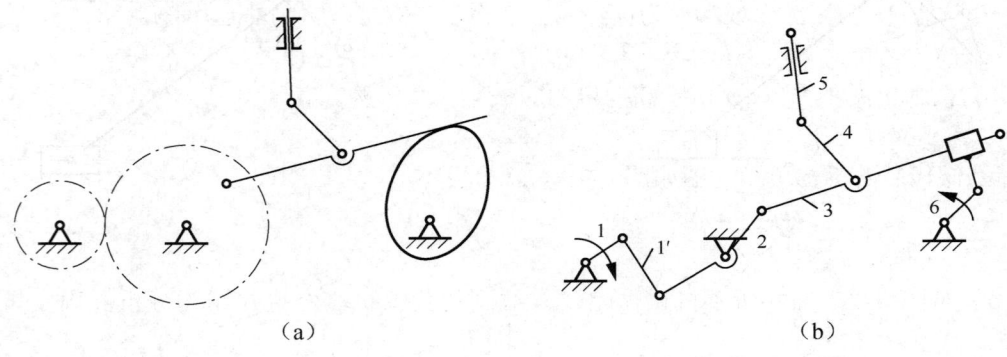

图 1-23

【01414】对图 1-24（a）所示机构进行高副低代，并做结构分析，确定机构级别。点 P_1、P_2 为在图示位置时凸轮廓线在接触点处的曲率中心。

解：

（1）高副低代后的机构运动简图如图 1-24（b）所示。

（2）结构分析如图 1-24（c）所示，共有 3 个Ⅱ级组和一个主动件，一个机架，故为Ⅱ级机构。

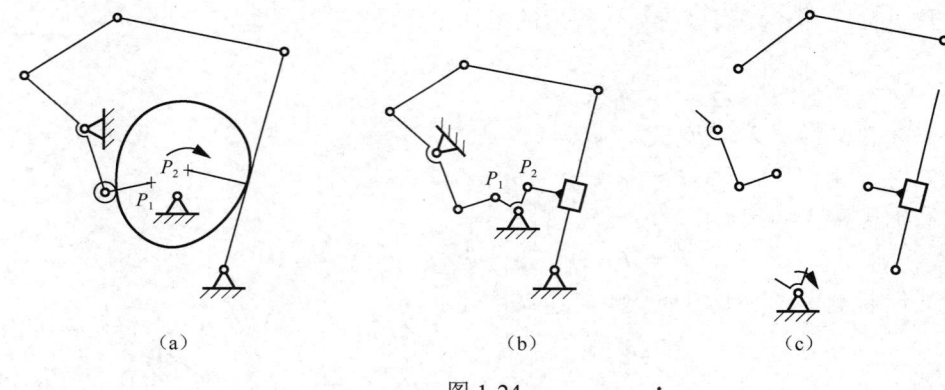

图 1-24

【01415】将图 1-25 所示机构进行高副低代、拆分杆组，并说明各个杆组的级别及该机构的级别。图中 n—n 线为齿轮机构节点的公切线。

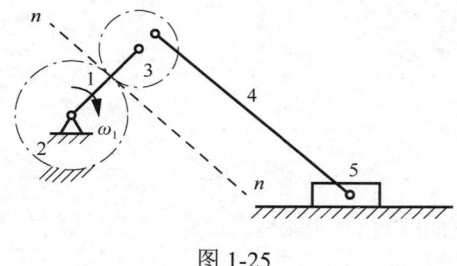

图 1-25

解：

（1）高副低代后的机构运动简图如图 1-26（a）所示。

（2）如图 1-26（b）所示，可拆成 2 个Ⅱ级组、主动件 1 及机架，因此该机构为Ⅱ级机构。

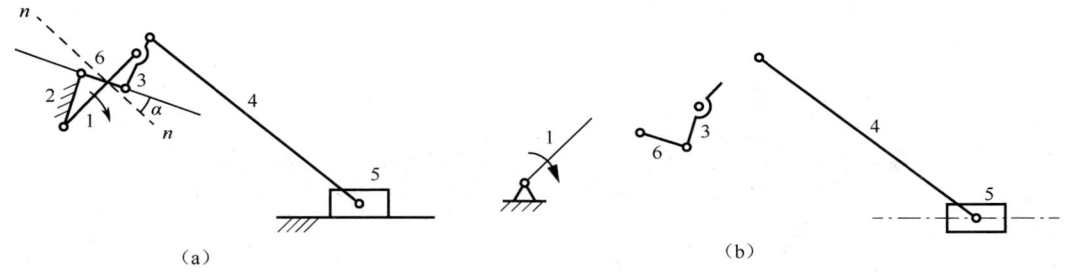

图 1-26

【01416】对图 1-27（a）所示机构做出仅含低副的代替机构，进行结构分析并确定机构的级别。

解：

（1）代替后的低副机构如图 1-27（b）所示。

（2）机构可分为原动件、2 个Ⅱ级组及机架，故为Ⅱ级机构。

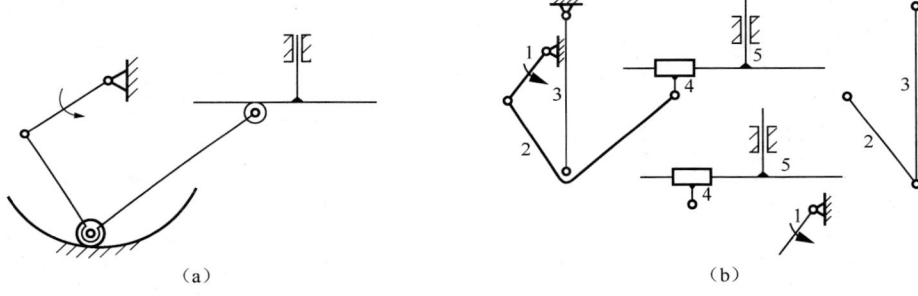

图 1-27

第 2 章　平面机构的运动分析

一、内容提要

（一）速度瞬心法
（二）机构运动分析的矢量方程图解法
（三）机构运动分析的解析法

二、本章重点

（一）速度瞬心法

1．速度瞬心

机构中任意两个构件上具有相同速度（包括速度等于零）的重合点，称为两个构件的速度瞬心（简称瞬心或同速点）。显然，两个构件在瞬心处的相对速度为零。若该点的绝对速度为零，称为绝对瞬心；若该点的绝对速度不为零，称为相对瞬心。

2．机构的瞬心总数

机构中每两个构件（不论它们是否直接形成运动副）就有一个瞬心，故由 N 个构件（含机架）组成的机构的瞬心总数 K 为

$$K = N(N-1)/2$$

3．瞬心的位置

1）由瞬心定义确定瞬心位置

（1）以转动副相联接的两个构件的瞬心就在转动副的中心处。
（2）以移动副相联接的两个构件的瞬心位于垂直于导路方向的无穷远处。
（3）以平面高副相联接的两个构件的瞬心，当高副的两个元素做纯滚动时，就在高副接触点处，当高副的两个元素间有相对滑动时，则在过高副接触点的公法线上。

2）借助三心定理确定瞬心位置

不通过运动副直接相联接的两个构件的瞬心位置，可借助三心定理来确定。
三心定理：三个彼此做平面平行运动的构件的三个瞬心必位于同一直线上。

4．用速度瞬心法对机构进行速度分析

通过已知构件上某一点的速度或某一构件的角速度，只要求出所需的瞬心，利用速度瞬心法就可求出该机构中任一构件上任一点的速度或任一构件的角速度，以及定轴转动的两个构件的角速度之比，而无须考虑机构的级别。

速度瞬心法属于图解法，因而必须严格按照所选定的比例尺作图，才能得到较准确的结果。速度瞬心法只能用来求解机构的速度和角速度问题，不能用来解决加速度和角加速度问题（这是该方法的最大缺点）。另外，瞬心的位置随着机构位置的变化而常常有很大的变化，超出图纸范围的情况是经常发生的，这将给作图带来困难。

（二）机构运动分析的矢量方程图解法

矢量方程图解法（又称相对运动图解法）的基本原理是理论力学中的刚体的平面运动（基点法）和点的复合运动（重合点法）这两个原理。其方法是利用机构中构件上各点之间的相对运动关系列出它们之间的速度或加速度矢量方程，然后按选定的比例尺根据矢量方程式作矢量多边形来进行求解。

1．同一构件上两点间的速度、加速度的矢量关系

在图 2-1（a）所示的机构中，设原动件 1 以 ω_1 匀速转动，构件 2 上 B、C 两点间的运动关系为

速度关系

	$\vec{v}_C$	=	$\vec{v}_B$	+	$\vec{v}_{CB}$
方向	//AC		⊥AB		⊥BC
大小	?		$\omega_1 l_{AB}$		?

加速度关系

	$\vec{a}_C$	=	$\vec{a}_B$	+	$\vec{a}_{CB}^n$	+	$\vec{a}_{CB}^t$
方向	//AC		B→A		C→B		⊥BC
大小	?		$\omega_1^2 l_{AB}$		$\omega_2^2 l_{BC}$		?

上述两个矢量方程中，未知要素都是两个，故均可求解。这种方法（基点法）只能用来分析同一构件上两点之间的运动关系，不同构件上的两点之间不能用这种方法来建立速度或加速度矢量方程式。

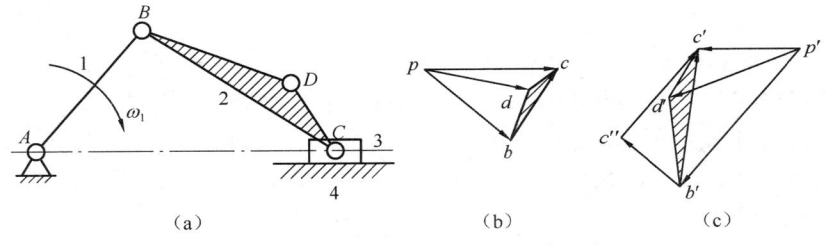

图 2-1

2．两个构件上重合点间的速度、加速度的矢量关系

在图 2-2(a)所示的机构中，设原动件 1 以 ω_1 匀速转动，则构件 2、3 上的重合点 $B(B_2、B_3)$

间的运动关系为

速度关系

	$\vec{v}_{B3}$	=	$\vec{v}_{B2}$	+	$\vec{v}_{B3B2}$
方向	$\perp BC$		$\perp AB$		$//BC$
大小	?		$\omega_1 l_{AB}$		?

加速度关系

	$\vec{a}_{B3}^n$	+	$\vec{a}_{B3}^t$	=	$\vec{a}_{B2}$	+	$\vec{a}_{B3B2}^k$	+	$\vec{a}_{B3B2}^r$
方向	$B_3 \to C$		$\perp B_3C$		$B_2 \to A$		$\perp B_3C$		$//B_3C$
大小	$\omega_3^2 l_{B3C}$		?		$\omega_1^2 l_{AB}$		$2\omega_2 v_{B3B2}$		?

上述两个矢量方程式中，未知要素都是两个，故均可求解。对于这种方法（重合点法），重合点的位置选取和哥氏加速度问题是难点。

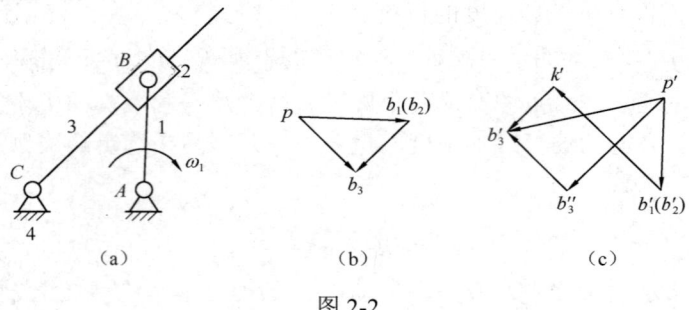

图 2-2

3. 重合点的位置选取

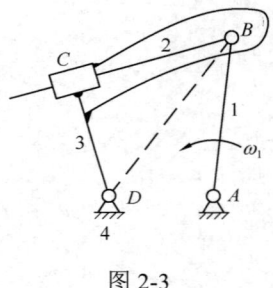

图 2-3

重合点的位置选取原则：应该使所列出的速度和加速度矢量方程式中含有尽可能多的已知要素。若选取不当，有时会使所列出的矢量方程式中含有的未知要素超过两个，从而难以求解；有时虽然可用建立联立方程的方法求解，但解题过程比较复杂。

例如，在图 2-3 所示的机构中，设原动件 1 以 ω_1 匀速转动，这里应该用重合点法来进行运动分析。

若选 C 为重合点，则构件 2、3 上的重合点 $C(C_2、C_3)$ 间的速度关系为

	$\vec{v}_{C2}$	=	$\vec{v}_{C3}$	+	$\vec{v}_{C2C3}$
方向	?		$\perp CD$		$//BC$
大小	?		?		?

上述矢量方程式中，未知要素较多，无法求解，故选 C 为重合点是不适宜的。这里应用构件扩大的方法，将构件向运动已知的基本运动副扩大，以求得合适的重合点。将构件 3 向 B 点扩大，选 B 为重合点，则构件 2、3 上的重合点 $B(B_2、B_3)$ 间的运动关系为

速度关系

	$\vec{v}_{B2}$	=	$\vec{v}_{B3}$	+	$\vec{v}_{B2B3}$
方向	$\perp AB$		$\perp BD$		$//BC$
大小	$\omega_1 l_{AB}$		?		?

加速度关系	$\vec{a}_{B2}^n$ =	$\vec{a}_{B3}^n$ +	$\vec{a}_{B3}^t$ +	$\vec{a}_{B2B3}^k$ +	$\vec{a}_{B2B3}^r$
方向	$B \to A$	$B \to D$	$\perp BD$	$\perp BC$	$//BC$
大小	$\omega_1^2 l_{AB}$	$\omega_3^2 l_{BD}$	?	$2\omega_3 v_{B2B3}$	?

上述两个矢量方程式中，未知要素都是两个，故均可求解。

4．哥氏加速度

哥氏加速度出现在动系所在的构件做定轴转动（或含有转动成分）的场合。哥氏加速度的大小等于牵连角速度与动点对牵连运动点的相对速度乘积的 2 倍，其方向是将相对速度的指向顺着牵连角速度的转向（顺时针或逆时针）转过 90°。

在机构处于某些特殊位置上时，要特别注意其哥氏加速度的分析。如图 2-4（a）所示，这是一个在一般位置含有哥氏加速度的机构。

当构件 1 与构件 3 处于垂直位置时，其速度多边形 pb_2b_3 为一条直线，b_3 与极点 p 重合，如图 2-4（b）所示，则 $v_{B3} = \overline{pb_3}\mu_v = 0 \times \mu_v = 0$，因而 $\omega_3 = \dfrac{v_{B3}}{l_{BC}} = 0$，所以 $a_{B2B3}^k = 2\omega_3 v_{B2B3} = 0$。

当构件 1 与构件 3 处于重合位置时，其速度多边形 pb_2b_3 也为一条直线，b_2 与 b_3 两点重合，如图 2-4（c）所示，则相对速度 $v_{B2B3} = \overline{b_3b_2}\mu_v = 0 \times \mu_v = 0$，因而也使得 $a_{B2B3}^k = 2\omega_3 v_{B2B3} = 0$。

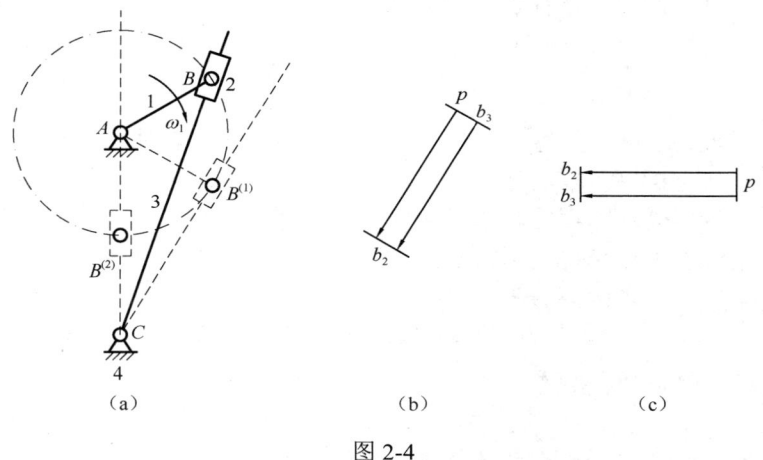

图 2-4

5．速度多边形及速度影像、加速度多边形及加速度影像

由速度矢量方程式按一定比例尺作出的由各速度矢量构成的图形称为速度多边形（或速度图），如图 2-1（b）所示。其作图起点 p 称为速度多边形极点。速度多边形具有以下特性：在速度多边形中，由极点 p 向外发出的矢量代表构件上同名点的绝对速度；连接速度多边形中两个绝对速度矢端的矢量，代表构件上同名两点间的相对速度，比如，在图 2-1（b）中，$\overline{bc}$ 代表 $\vec{v}_{CB}$，方向是由 b 指向 c。

在速度多边形图 2-1（b）中，$\triangle bcd$ 与构件 $\triangle BCD$ 具有相似关系，且字母绕行顺序一致，故称 $\triangle bcd$ 为 $\triangle BCD$ 的速度影像。利用速度影像原理，当已知同一构件上两点的速度（如两点 B、C），可求得此构件上任一点（如点 D）的速度，即作速度图形 $\triangle bcd \backsim \triangle BCD$，且字母绕行顺序一致，便可求得点 D 的速度。但应注意：速度影像原理只能用于同一构件的速度求解。

由加速度矢量方程式按一定比例尺作出的由各加速度矢量构成的图形称为加速度多边形

（或加速度图），如图 2-1（c）所示。其作图起点 p' 称为加速度多边形极点。加速度多边形也具有以下特性：在加速度多边形中，由极点 p' 向外发出的矢量代表构件上同名点的绝对加速度；连接加速度多边形中两个绝对加速度矢端的矢量，代表构件上同名两点间的相对加速度，相对加速度又可用其法向加速度和切向加速度矢量和表示，比如，图 2-1（c）中，$\overrightarrow{b'c'}$ 代表 $\vec{a}_{CB}$，方向是由 b' 指向 c'，其中 $\overrightarrow{b'c''}$ 代表 $\vec{a}_{CB}^n$，$\overrightarrow{c''c'}$ 代表 $\vec{a}_{CB}^t$。

在加速度多边形图 2-1（c）中，$\Delta b'c'd'$ 与构件 ΔBCD 也具有相似关系，且字母绕行顺序一致，故称 $\Delta b'c'd'$ 为 ΔBCD 的加速度影像。同样，利用加速度影像原理，当已知同一构件上两点的加速度（如两点 B、C），可求得此构件上任一点（如点 D）的加速度，即作加速度图形 $\Delta b'c'd' \backsim \Delta BCD$，且字母绕行顺序一致，便可求得点 D 的加速度。也应注意：加速度影像原理也只能用于同一构件的加速度求解。

6．平面机构运动分析问题

平面机构运动分析问题常有以下几种情况。

1）Ⅱ级机构和高副机构

用矢量方程图解法可直接进行Ⅱ级机构的运动分析，求解机构的速度和加速度。

用矢量方程图解法分析高副机构的运动时，一般先高副低代，以求出高副机构的代替机构，然后再对代替机构进行运动分析。应特别注意代替的瞬时性，即高副机构一般在不同位置有不同的瞬时代替机构。只需做速度分析时，最好采用瞬心法。

2）组合机构和Ⅲ级机构

组合机构一般较为复杂，其速度分析一般是将矢量方程图解法与瞬心法结合起来（称为综合法）求解。也可直接采用瞬心法。

对Ⅲ级机构直接用矢量方程图解法求解速度和加速度是不可解的。若对Ⅲ级机构只做速度分析，则可采用综合法或直接采用瞬心法。若对Ⅲ级机构做加速度分析，则需应用特殊点法，它是Ⅲ级机构运动分析的一般方法。

（三）机构运动分析的解析法

用解析法对机构进行运动分析的关键是建立机构的位置方程式，即列出各运动量与机构运动尺寸之间的关系式，然后将位置方程式对时间求一次导数和二次导数，即可求得机构的速度方程和加速度方程。常用的解析法有矢量法、复数矢量法及矩阵法等。

三、典型例题

【例 2-1】 找出图 2-5 所示机构在图示位置时的所有瞬心。

解：

对直接组成运动副的相邻构件，可用观察法确定瞬心的位置；对未构成运动副的两个构件，可由三心定理来确定瞬心。在确定瞬心时，可借助瞬心多边形，以免遗漏瞬心。

对图 2-5（a），可用观察法确定瞬心 P_{12}、P_{23}、P_{34} 和 P_{14} 的位置，再由三心定理确定 P_{13} 和 P_{24}

的位置。机构在图示位置时的所有瞬心如图 2-5（a）所示，其瞬心多边形如图 2-5（c）所示。

对图 2-5（b），可用观察法确定瞬心 P_{14}、P_{24} 和 P_{34} 的位置，再由三心定理和观察法确定 P_{12} 和 P_{23} 的位置，然后由三心定理确定瞬心 P_{13} 的位置。机构在图示位置时的所有瞬心如图 2-5（b）所示，其瞬心多边形亦如图 2-5（c）所示。

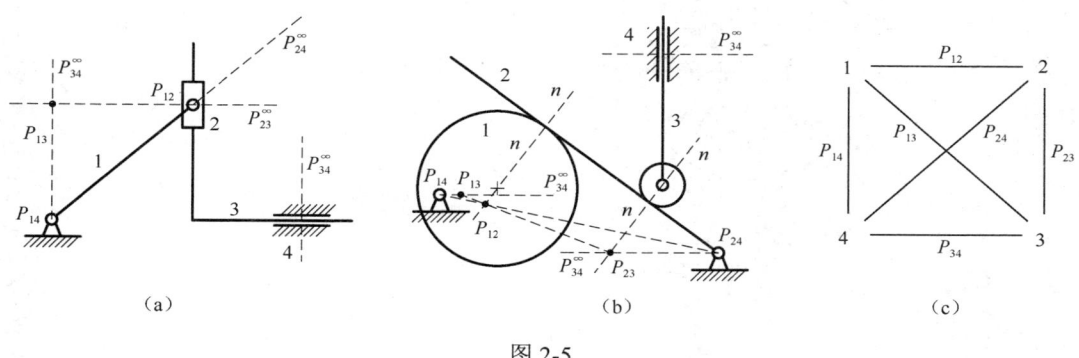

图 2-5

【例 2-2】如图 2-6（a）所示，已知凸轮 1 的角速度 ω_1 =20rad/s，半径 R =50mm，$\angle ACB$ =60°，$\angle CAO$ =90°，试用瞬心法及矢量方程图解法求构件 2 的角速度 ω_2。

解：

（1）瞬心法。

由图 2-6（a）可知转动副中心 A、C 为瞬心 P_{13}、P_{23}，构件 1 和 2 的相对瞬心 P_{12} 应在过接触点 B 的公法线 n—n 上，同时由三心定理可知 P_{12} 又应位于 AC 的连线上（P_{13} 和 P_{23} 的连线上），因此两条直线的交点就是相对瞬心 P_{12}，故

$$v_{P12} = \omega_1 \overline{P_{13}P_{12}} \mu_l = \omega_2 \overline{P_{23}P_{12}} \mu_l$$

$$\omega_2 = \omega_1 \frac{\overline{P_{13}P_{12}}}{\overline{P_{23}P_{12}}}$$

由几何关系可知 $\overline{P_{23}P_{12}} = 2\overline{P_{13}P_{12}}$，则

$$\omega_2 = \omega_1 \times \frac{1}{2} = 20 \times \frac{1}{2} = 10\,\text{rad/s}，方向为逆时针$$

（2）矢量方程图解法。

构件 1 上 B 点的速度为

$$v_{B1} = \omega_1 l_{AB} = \omega_1 \sqrt{3} R = 20\sqrt{3} \times 0.05 = \sqrt{3}\,\text{m/s}$$

构件 1、2 瞬时重合点 B（B_1、B_2）的速度关系为

	$\vec{v}_{B2}$	=	$\vec{v}_{B1}$	+	$\vec{v}_{B2B1}$
方向	$\perp BC$		$\perp AB$		//BC
大小	?		$\omega_1 l_{AB}$		?

取速度比例尺 $\mu_v = 0.05\,\text{ms}^{-1}/\text{mm}$，作速度图，如图 2-6（b）所示，可得

$$\omega_2 = \frac{v_{B2}}{l_{BC}} = \frac{\overline{pb_2}\mu_v}{\sqrt{3}R} = \frac{17.3 \times 0.05}{\sqrt{3} \times 0.05} = 10\,\text{rad/s}，方向为逆时针$$

23

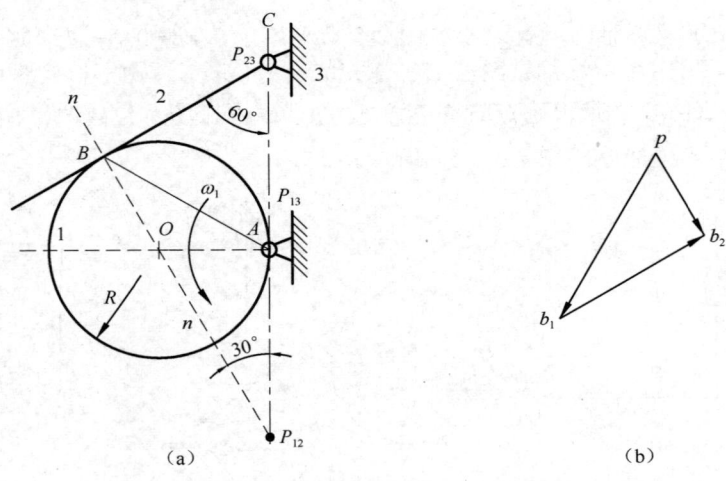

图 2-6

【例 2-3】如图 2-7 所示,机构尺寸:$l_{AC}=l_{BC}=l_{CD}=l_{CE}=l_{DF}=l_{EF}=20\text{mm}$,两个滑块以匀速且 $v_1=v_2=0.002\text{m/s}$ 做反方向移动,求图 2-7 所示位置($\theta=45°$)时的速度之比 v_F/v_1 的大小。

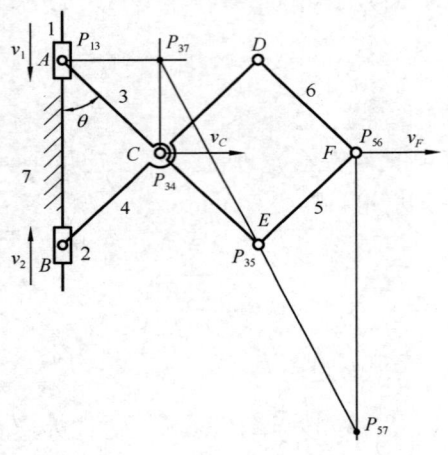

图 2-7

解:

取 μ_l 作机构的运动简图,如图 2-7 所示。由于机构具有对称性且 $v_1=v_2$,所以可判定 C 点和 F 点的速度方向为水平方向。用观察法确定瞬心 P_{13}、P_{34}、P_{35} 和 P_{56} 的位置。过 A 点作速度 v_1 方向的垂线,过 C 点作速度 v_C 方向的垂线,两条线交点即绝对瞬心 P_{37}。过 P_{37} 和 P_{35} 两点连直线,与过 F 点作速度 v_F 的垂线交于 P_{57} 点,则 P_{57} 是绝对速度瞬心。

由 $v_{P13}=v_1=\omega_3 \overline{P_{13}P_{37}}\mu_l$,得

$$\omega_3=\frac{v_1}{\overline{P_{13}P_{37}}\mu_l}, \text{方向为逆时针}$$

由 $v_{P35}=v_E=\omega_3 \overline{P_{37}P_{35}}\mu_l=\omega_5\overline{P_{35}P_{57}}\mu_l$,得

$$\omega_5=\frac{\overline{P_{37}P_{35}}}{\overline{P_{35}P_{57}}}\omega_3=\frac{\overline{P_{37}P_{35}}}{\overline{P_{35}P_{57}}}\cdot\frac{v_1}{\overline{P_{13}P_{37}}\mu_l}$$

因为 $\overline{P_{37}P_{35}} = \overline{P_{35}P_{57}}$，所以

$$\omega_5 = \frac{v_1}{\overline{P_{13}P_{37}}\mu_l}，方向为顺时针$$

由 $v_F = \omega_5 \overline{P_{56}P_{57}}\mu_l = \frac{\overline{P_{56}P_{57}}}{\overline{P_{13}P_{37}}}v_1$，得

$$\frac{v_F}{v_1} = \frac{\overline{P_{56}P_{57}}}{\overline{P_{13}P_{37}}} = 3$$

【例 2-4】 在图 2-8（a）所示的齿轮连杆机构中，三个齿轮的节圆分别切于点 E 和点 F，试用矢量方程图解法求齿轮 2、3 的角速度 ω_2、ω_3 及构件 4、5 的角速度 ω_4、ω_5。

解：
取 $\mu_l = 0.001 \text{m/mm}$，作机构的运动简图（本题已给出），如图 2-8（a）所示。

（1）确定 ω_4、ω_5。

DC、AB 延长线的交点即绝对瞬心 P_{46}，由此可知 $\vec{v}_C$ 方向垂直于 CD。

	$\vec{v}_C$	=	$\vec{v}_B$	$\vec{v}_{CB}$
方向	$\perp CD$		$\perp AB$	$\perp BC$
大小	?		$\omega_1 l_{AB}$	?

取 $\overline{pb} = 16 \text{mm}$，代表 v_B 的大小，其速度比例尺 $\mu_v = \frac{\omega_1 l_{AB}}{pb} = \frac{8}{16}\omega_1 = 0.5\omega_1$，作速度图，如图 2-8（b）所示，可求得点 C 的速度，则

$$v_C = \overline{pc}\mu_v = 9 \times 0.5\omega_1 = 4.5\omega_1 \text{ mm/s}$$

$$\omega_5 = \frac{v_C}{l_{CD}} = \frac{4.5\omega_1}{24} = 0.1875\omega_1 \text{ rad/s}，方向为顺时针$$

$$\omega_4 = \frac{v_{CB}}{l_{BC}} = \frac{\overline{bc}\mu_v}{l_{BC}} = \frac{12 \times 0.5\omega_1}{23} \approx 0.261\omega_1 \text{ rad/s}，方向为逆时针$$

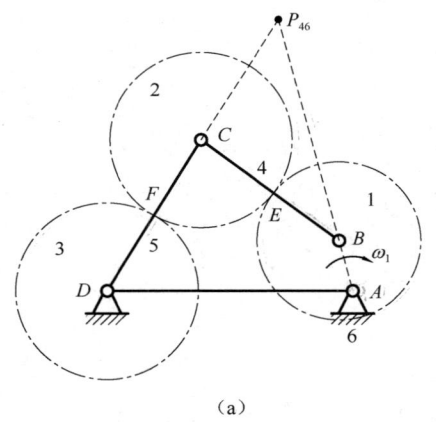
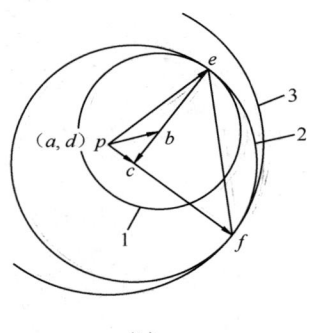

图 2-8

（2）确定 ω_2、ω_3。

根据速度影像原理，在速度图上作 $\triangle pbe \sim \triangle ABE$，求得 $\overline{pe}$。作 $\triangle ecf \sim \triangle ECF$，求得 $\overline{pf}$。分别以 b、c、p 为圆心，以 be、ce、pf 为半径作圆 1、圆 2、圆 3，三个圆便是齿轮 1、2、3

的速度影像，得

$$\omega_2 = \frac{v_2}{l_{CE}} = \frac{\overline{pe}\mu_v}{l_{CE}} = \frac{35 \times 0.5}{12}\omega_1 \approx 1.46\omega_1 \text{ rad/s}，方向为逆时针$$

$$\omega_3 = \frac{v_3}{l_{DF}} = \frac{\overline{pf}\mu_v}{l_{DF}} = \frac{41 \times 0.5}{12}\omega_1 \approx 1.71\omega_1 \text{ rad/s}，方向为顺时针$$

【例 2-5】图 2-9（a）所示为一个六杆机构。已知机构的尺寸和原动件 1 的匀角速度 ω_1，试用矢量方程图解法求解图示位置时 F 点的速度。

解：

过点 D、点 F 分别作导轨的垂线，交点 P_{36} 即构件 3 的绝对瞬心，如图 2-9（a）所示。点 C 的速度为

	$\vec{v}_C$	$=$	$\vec{v}_B$	$+$	$\vec{v}_{CB}$
方向	$\perp CP_{36}$		$\perp AB$		$\perp BC$
大小	?		$\omega_1 l_{AB}$		?

取长度 $\overline{pb}$ 代表 $\omega_1 l_{AB}$，其速度比例尺 $\mu_v = \dfrac{\omega_1 l_{AB}}{\overline{pb}}$，作速度图，如图 2-9（b）所示，可得 $\overline{pc}$，则 $v_C = \overline{pc}\mu_v$。

	$\vec{v}_F$	$=$	$\vec{v}_C$	$+$	$\vec{v}_{FC}$
方向	//xx		$\perp CP_{36}$		$\perp CF$
大小	?		$\overline{pc}\mu_v$		?

根据速度图 2-9（b），可得 $\overline{pf}$，则 $v_F = \overline{pf}\mu_v$。

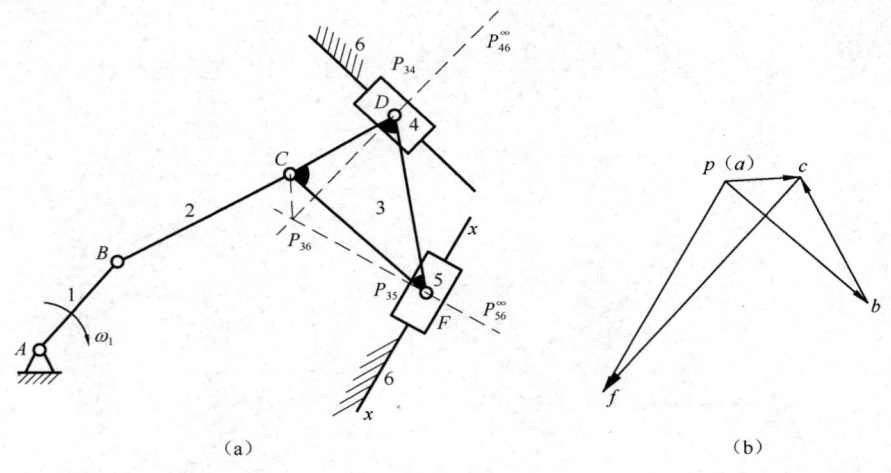

图 2-9

【例 2-6】有一个四杆机构，已知按长度比例尺 $\mu_l = 0.001 \text{ m/mm}$ 所绘出的机构位置图及各杆的尺寸如图 2-10（a）所示。设 $\omega_1 = 1 \text{ rad/s}$，方向为顺时针，用矢量方程图解法求构件 3 的角速度及角加速度。

解:

(1) 构件 3 的角速度 ω_3。

	$\vec{v}_{B3}$	=	$\vec{v}_{B2}$	+	$\vec{v}_{B3B2}$
方向	$\perp BC$		$\perp AB$		$//BD$
大小	?		$\omega_1 l_{AB}$		?

式中，$l_{AB} = \sqrt{40^2 + 30^2} = 50\,\text{mm}$，取长度 $\overline{pb_2} = 20\,\text{mm}$ 代表 v_{B2}，其速度比例尺 $\mu_v = \dfrac{v_{B2}}{\overline{pb_2}} = \dfrac{1 \times 0.05}{20} = 0.0025\,\text{ms}^{-1}/\text{mm}$，作速度图，如图 2-10（b）所示，求得 $\overline{pb_3}$。

$$v_{B3} = \overline{pb_3}\mu_v = 20 \times 0.0025 = 0.05\,\text{m/s}$$

$$\omega_3 = \dfrac{v_{B3}}{l_{BC}} = \dfrac{0.05}{0.05} = 1\,\text{rad/s}，\text{方向为顺时针}$$

(2) 构件 3 的角加速度 ε_3。

	$\vec{a}_{B3}$	=	$\vec{a}_{B2}$	+	$\vec{a}^r_{B3B2}$	+	$\vec{a}^k_{B3B2}$	=	$\vec{a}^n_{B3}$	+	$\vec{a}^t_{B3}$
方向			$B \to A$		$//BD$		$\perp BD$		$B \to C$		$\perp BC$
大小			$\omega_1^2 l_{AB}$		?		$2\omega_2 \vec{v}_{B3B2}$		$\omega_3^2 l_{BC}$		?

式中，$v_{B3B2} = \overline{b_2 b_3}\mu_v = 24 \times 0.0025 = 0.06\,\text{m/s}$，取长度 $\overline{p'b'_2} = 22\,\text{mm}$ 代表 a_{B2}，其加速度比例尺 $\mu_a = \dfrac{a_{B2}}{\overline{p'b'_2}} = \dfrac{1^2 \times 0.05}{22} = 0.0023\,\text{ms}^{-1}/\text{mm}$，作加速度图，如图 2-10（c）所示，可求得点 b'_3，则

$$a^t_{B3} = \overline{b''_3 b'_3}\mu_a = 26 \times 0.0023 \approx 0.06\,\text{m/s}^2$$

$$\varepsilon_3 = \dfrac{a^t_{B3}}{l_{BC}} = \dfrac{0.06}{0.05} = 1.2\,\text{rad/s}^2，\text{方向为顺时针}$$

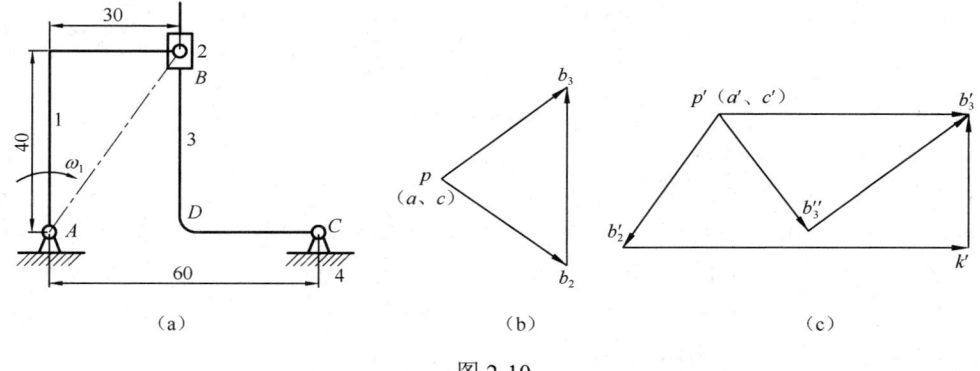

图 2-10

【例 2-7】 在图 2-11（a）所示的机构中，已知各构件的尺寸及原动件 1 的匀角速度 ω_1，试用矢量方程图解法求 $\varphi_1 = 90°$ 时，构件 3 的角速度 ω_3 及角加速度 ε_3。

解:

(1) 速度分析。

取重合点 B（B_2、B_3），有

	$\vec{v}_{B3}$	=	$\vec{v}_{B2}$	+	$\vec{v}_{B3B2}$
方向	$\perp BD$		$\perp AB$		//CD
大小	?		$\omega_1 l_{AB}$		?

取 μ_v 作其速度图，如图2-11（b）所示，由图可得

$$v_{B3} = \overline{pb_3}\mu_v$$

$$\omega_3 = \overline{pb_3}\mu_v / \overline{BD}\mu_l，方向为逆时针$$

（2）加速度分析。

由重合点 $B(B_2、B_3)$，有

	$\vec{a}_{B3}^n$	+	$\vec{a}_{B3}^t$	=	$\vec{a}_{B2}$	+	$\vec{a}_{B3B2}^k$	+	$\vec{a}_{B3B2}^r$
方向	$B \rightarrow D$		$\perp BD$		$B \rightarrow A$		$\perp CD$		//CD
大小	$\omega_3^2 l_{BD}$		?		$\omega_1^2 l_{AB}$		$2\omega_2 v_{B3B2}$		?

其中，$\omega_2 = \omega_3$。取 μ_a 作其加速度图，如图2-11（c）所示，由图可得

$$a_{B3}^t = \overline{b_3''b_3'}\mu_a$$

$$\varepsilon_3 = a_{B3}^t / l_{BD} = a_{B3}^t / \overline{BD}\mu_l = \frac{\overline{b_3''b_3'}\mu_a}{\overline{BD}\mu_l}，方向为顺时针$$

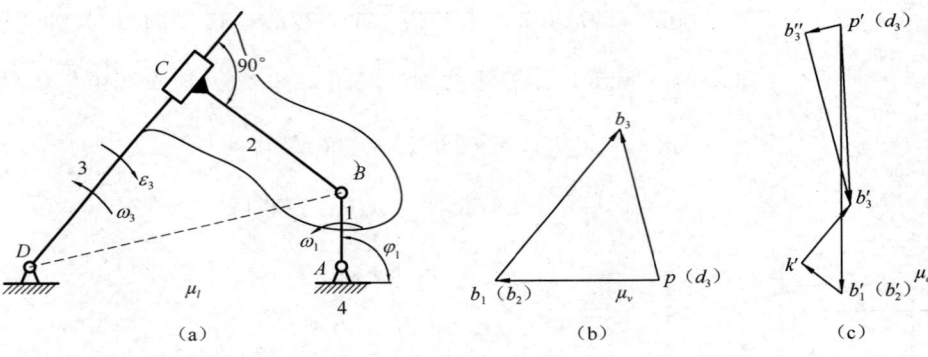

图 2-11

【例2-8】在图2-12（a）所示的机构中，已知 $l_{AE} = 60 \text{mm}$，$l_{AB} = 24 \text{mm}$，$l_{EF} = 50 \text{mm}$，$l_{DE} = 20 \text{mm}$，$l_{CD} = 60 \text{mm}$，$l_{BC} = 28 \text{mm}$，原动件1以匀角速度 $\omega_1 = 10 \text{rad/s}$ 转动，试用矢量方程图解法求点 C 在 $\varphi_1 = 50°$ 时的速度 $\vec{v}_C$ 和加速度 $\vec{a}_C$。

解：

取 $\mu_l = 0.002 \text{m/mm}$ 作机构运动简图，如图2-12（a）所示。

（1）速度分析。

取重合点 $F(F_1、F_5、F_4)$，有

	$\vec{v}_{F4}$	=	$\vec{v}_{F5}$	=	$\vec{v}_{F1}$	+	$\vec{v}_{F5F1}$
方向	$\perp EF$		$\perp EF$		$\perp AF$		//AF
大小	?		?		$\omega_1 l_{AB}$		?

取 μ_v 作速度图，如图 2-12（b）所示，得点 $f_4(f_5)$，再利用速度影像原理，求得点 b 及点 d，则 $v_B = \overline{pb}\mu_v$，$v_D = \overline{pd}\mu_v$。

又

	$\vec{v}_C$	=	$\vec{v}_B$	+	$\vec{v}_{CB}$	=	$\vec{v}_D$	+	$\vec{v}_{CD}$
方向	?		$\perp AB$		$\perp BC$		$\perp DE$		$\perp CD$
大小	?		$\overline{pb}\mu_v$		?		$\overline{pd}\mu_v$		?

继续作速度图，则 $v_C = \overline{pc}\mu_v$。

（2）加速度分析。

根据

	$\vec{a}_{F4}$	=	$\vec{a}_{F4}^n$	+	$\vec{a}_{F4}^t$	=	$\vec{a}_{F1}$	+	$\vec{a}_{F5F1}^k$	+	$\vec{a}_{F5F1}^r$
方向			$F \to E$		$\perp EF$		$F \to A$		$\perp AF$		$\perp CD$
大小			$\omega_4^2 l_{EF}$		?		$\omega_1^2 l_{AF}$		$2\omega_1 v_{F5F1}$		?

取 μ_a 作加速度图，如图 2-12（c）所示，得点 $f_4'(f_5')$，再利用加速度影像原理，求得点 b' 及点 d'，则 $a_B = \overline{p'b'}\mu_a$，$a_D = \overline{p'd'}\mu_a$。

又

	$\vec{a}_C$	=	$\vec{a}_B$	+	$\vec{a}_{CB}^n$	+	$\vec{a}_{CB}^t$	=	$\vec{a}_D$	+	$\vec{a}_{CD}^n$	+	$\vec{a}_{CD}^t$
方向			$B \to A$		$C \to B$		$\perp BC$		$p' \to d'$		$C \to D$		$\perp CD$
大小			$\overline{p'b'}\mu_a$		$\omega_2^2 l_{BC}$		?		$\overline{p'd'}\mu_a$		$\omega_3^2 l_{CD}$		?

继续作加速度图，则 $\overline{p'c'}$ 代表 a_C，则 $a_C = \overline{p'c'}\mu_a$。

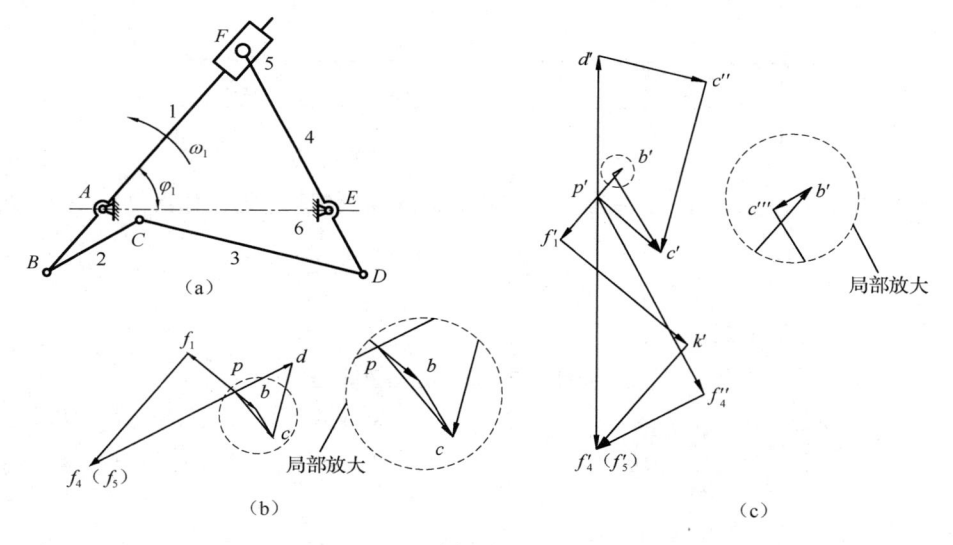

图 2-12

【例 2-9】如图 2-13（a）所示，已知凸轮 1 以等角速度 $\omega_1 = 20\,\text{rad/s}$ 转动，其半径 $R = 50\,\text{mm}$，试用矢量方程图解法求机构在图示时，从动件 2 的瞬时速度及加速度。

解：

由图可知，其长度比例尺为 $\mu_l = \dfrac{l_{AO}}{AO} = \dfrac{0.05}{12.5} = 0.004\,\text{m/mm}$。

（1）从动件 2 的速度。

解法一。高副低代求解，如图 2-13（b）所示。

$$v_O = \omega_1 R = 20 \times 0.05 = 1 \text{m/s}$$

B_4 点的速度为

$$\vec{v}_{B4} = \vec{v}_{B2} + \vec{v}_{B4B2} = \vec{v}_O + \vec{v}_{B4O}$$

	$\vec{v}_{B2}$	=	$\vec{v}_O$	+ $(\vec{v}_{B4O} - \vec{v}_{B4B2})$
方向	//CE		$\perp AO$	//BE
大小	?		$\omega_1 R$	?

取 $\mu_v = 0.048 \text{ms}^{-1}/\text{mm}$，则

$$\overline{po} = \frac{v_O}{\mu_v} = 1/0.048 = 21 \text{mm}$$

作速度图，如图 2-13（c）所示，则

$$v_2 = v_{B2} = \overline{pb_2}\mu_v = 17 \times 0.048 = 0.816 \text{m/s}$$

解法二。直接按高副求解，如图 2-13（d）所示。

$$l_{AB} = \sqrt{(BO+OD)^2 + AD^2} = \sqrt{\left(R+\frac{1}{2}R\right)^2 + \left(\frac{\sqrt{3}}{2}R\right)^2}$$

$$= \sqrt{3}R = \sqrt{3} \times 0.05 = 0.0866 \text{m}$$

则

$$v_{B1} = \omega_1 l_{AB} = 20 \times 0.0866 = 1.732 \text{m/s}$$

取重合点 $B(B_1、B_2)$，有

	$\vec{v}_{B2}$	=	$\vec{v}_{B1}$	+	$\vec{v}_{B2B1}$
方向	//CE		$\perp AB$		$\perp BO$
大小	?		$\omega_1 l_{AB}$		?

取 $\mu_v = 0.048 \text{ms}^{-1}/\text{mm}$，则 $\overline{pb_1} = \dfrac{v_{B1}}{\mu_v} = \dfrac{1.732}{0.048} \approx 36 \text{mm}$，作速度图，如图 2-13（e）所示，则

$$v_2 = v_{B2} = \overline{pb_2}\mu_v = 17 \times 0.048 = 0.816 \text{m/s}$$

（2）从动件 2 的加速度。

$$a_O = \omega_1^2 R = 20^2 \times 0.05 = 20 \text{m/s}^2$$

由图 2-13（b）可知，B_4 点的加速度为

$$\vec{a}_{B4} = \vec{a}_O + \vec{a}_{B4O}^n + \vec{a}_{B4O}^t = \vec{a}_{B2} + \vec{a}_{B4B2}^k + \vec{a}_{B4B2}^r$$

因为 $a_{B4O}^n = 0$，$a_{B4B2}^k = 0$（构件 2 仅作移动），

所以

	$\vec{a}_{B2}$	=	$\vec{a}_O$	+ $(\vec{a}_{B4O}^t - \vec{a}_{B4B2}^r)$
方向	//CE		$O \rightarrow A$	$\perp BO$
大小	?		$\omega_1^2 R$	?

取 $\mu_a = 1 \text{ms}^{-2}/\text{mm}$，则 $\overline{p'o'} = \dfrac{a_O}{\mu_a} = \dfrac{20}{1} = 20 \text{mm}$，作加速度图，如图 2-13（f）所示，则

$$a_2 = a_{B2} = \overline{p'b_2'}\mu_a = 10 \times 1 = 10 \text{m/s}^2$$

图 2-13

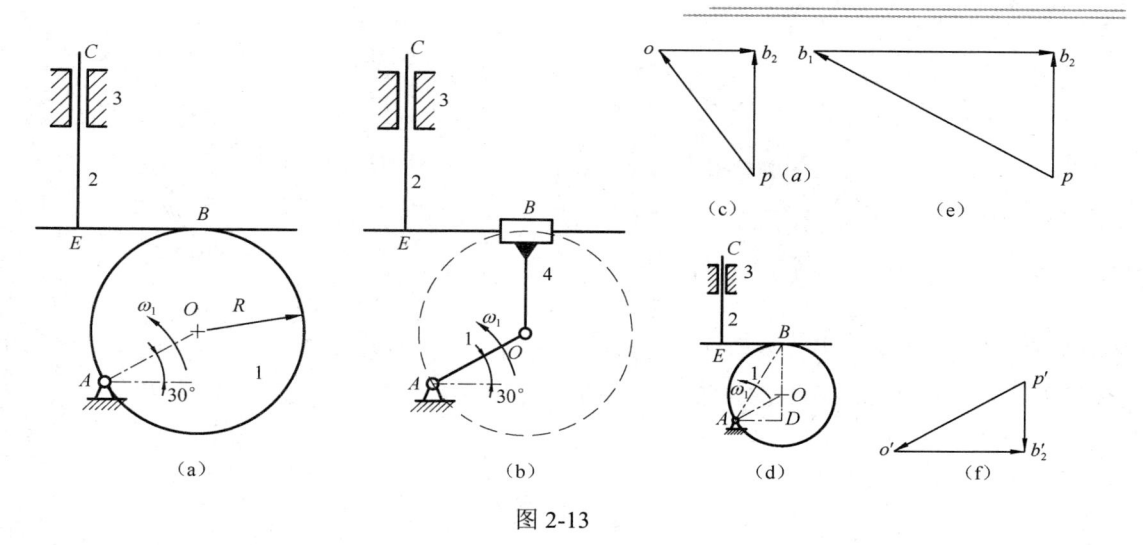

【例 2-10】在图 2-14（a）所示的机构中，设已知各构件的尺寸，原动件 1 以等角速度 ω_1 顺时针方向转动。试用矢量方程图解法求机构在图示位置时构件 3 的角速度和角加速度。

解：

取 μ_l 作机构的运动简图，如图 2-14（a）所示。

（1）速度分析。

取重合点 $B(B_2、B_3)$，有

	$\vec{v}_{B3}$	=	$\vec{v}_{B2}$	+	$\vec{v}_{B3B2}$
方向	$\perp BD$		$\perp AB$		$//BC$
大小	?		$\omega_1 l_{AB}$		?

取 μ_v 作速度图，如图 2-14（b）所示，再根据速度影像原理，求得点 c（点 C）的速度，由图 2-14（b）可得

$$\omega_3 = \omega_2 = \frac{v_{B3}}{l_{BD}} = \frac{\overline{pb_3}\mu_v}{l_{BD}}, \quad \text{方向为逆时针}$$

$$v_{B3B2} = \overline{b_2 b_3}\mu_v = 0 \times \mu_v = 0$$

（2）加速度分析。

	$\vec{a}_{B3}$	=	$\vec{a}_{B3}^n$	+	$\vec{a}_{B3}^t$	=	$\vec{a}_{B2}$	+	$\vec{a}_{B3B2}^k$	+	$\vec{a}_{B3B2}^r$
方向			$B \to D$		$\perp BD$		$B \to A$		$//BC$		$//BC$
大小			$\omega_2^2 l_{BD}$		?		$\omega_1^2 l_{AB}$		0		?

取 μ_a 作加速度图，如图 2-14（c）所示，再根据加速度影像原理，求得点 c'（点 C）的加速度，由图 2-14（c）可知

$$\varepsilon_3 = \varepsilon_2 = \frac{a_{B3}^t}{l_{BD}} = \frac{\overline{b_3''' b_3'}\mu_a}{l_{BD}}, \quad \text{方向为顺时针}$$

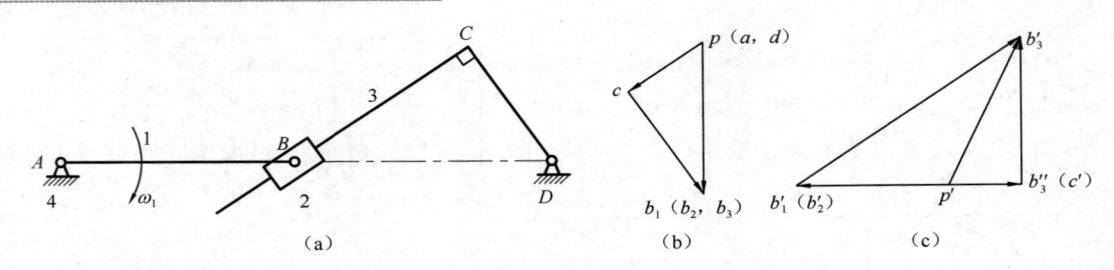

图 2-14

【例 2-11】图 2-15 所示为一个摆动导杆机构，已知各杆长度 l_1、l_3 和 l_4，原动件 1 以匀角速度 ω_1 转动，用解析法求导杆 3 的角速度 ω_3 和角加速度 ε_3。

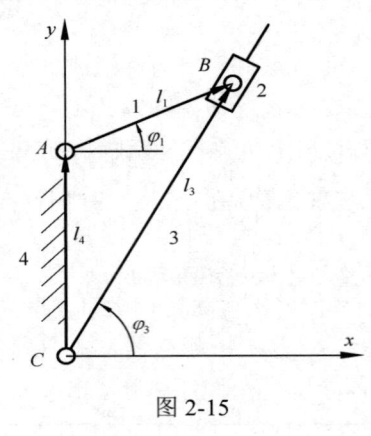

图 2-15

解：

原动件 1 和导杆 3 连同固定件 4 构成一个封闭环。把各个长度视为矢量，则可写出下列矢量关系式：

$$\vec{l}_4 + \vec{l}_1 = \vec{l}_3$$

把各矢量对 x 轴和 y 轴投影，得如下位置关系式：

$$l_1 \cos\varphi_1 - l_3 \cos\varphi_3 = 0$$
$$l_1 \sin\varphi_1 - l_3 \sin\varphi_3 + l_4 = 0$$

把上列方程组对时间 t 求导数，注意 l_3 是变量，得如下速度关系式：

$$-\omega_1 l_1 \sin\varphi_1 - \dot{l}_3 \cos\varphi_3 + \omega_3 l_3 \sin\varphi_3 = 0$$
$$\omega_1 l_1 \cos\varphi_1 - \dot{l}_3 \sin\varphi_3 - \omega_3 l_3 \cos\varphi_3 = 0$$

上式写成矩阵形式为

$$\begin{bmatrix} l_3 \sin\varphi_3 & -\cos\varphi_3 \\ -l_3 \cos\varphi_3 & -\sin\varphi_3 \end{bmatrix} \begin{bmatrix} \omega_3 \\ v_{B2B3} \end{bmatrix} = \omega_1 \begin{bmatrix} l_1 \sin\varphi_1 \\ -l_1 \cos\varphi_1 \end{bmatrix}$$

式中，$v_{B2B3} = \dot{l}_3$，是滑块 2 的铰链点 B_2 对导杆 3 上重合点 B_3 的相对速度。由此式可求得 ω_3 和 v_{B2B3}。

把上述方程组或其矩阵形式对时间 t 再求导数，得如下加速度关系式：

$$\begin{bmatrix} l_3 \sin\varphi_3 & -\cos\varphi_3 \\ -l_3 \cos\varphi_3 & -\sin\varphi_3 \end{bmatrix} \begin{bmatrix} \varepsilon_3 \\ a^r_{B2B3} \end{bmatrix}$$

$$= \begin{bmatrix} -\omega_3 l_3 \cos\varphi_3 - \dot{l}_3 \sin\varphi_3 & -\omega_3 \sin\varphi_3 \\ -\omega_3 l_3 \sin\varphi_3 + \dot{l}_3 \cos\varphi_3 & \omega_3 \cos\varphi_3 \end{bmatrix} \begin{bmatrix} \omega_3 \\ v_{B2B3} \end{bmatrix} + \omega_1^2 \begin{bmatrix} l_1 \cos\varphi_1 \\ l_1 \sin\varphi_1 \end{bmatrix}$$

式中，$a_{B2B3}^{\mathrm{r}} = \dot{v}_{B2B3}^{\mathrm{r}}$，是滑块 2 的铰链点 B_2 对导杆 3 上重合点 B_3 的相对加速度。由此式可求得 ε_3 和 a_{B2B3}^{r}。

四、复习思考题

1. 为什么要进行机构的运动分析？进行机构运动分析的方法有几种？
2. 何谓速度瞬心？绝对瞬心和相对瞬心区别何在？
3. 何谓"三心定理"？若一个机构由 6 个构件组成，那么它共有多少个瞬心？
4. 当速度瞬心法用于机构的运动分析时，有什么优缺点？
5. 同一构件上任意两点的速度和加速度关系如何？组成移动副的两个构件的瞬时重合点的速度和加速度关系如何？
6. 何谓速度多边形和加速度多边形？何谓速度影像和加速度影像？应用影像原理求点的速度或加速度时必须具备什么条件？要注意哪些问题？
7. 机构是否有其速度影像及加速度影像？机构中机架的速度影像及加速度影像在何处？
8. 在哪种情况下有哥氏加速度？其大小如何计算？方向如何确定？
9. 在哪些情况下哥氏加速度为零？试举例说明之。
10. 解析法与矢量方程图解法各有哪些特点？各应用在什么场合下比较适宜？

五、习题精解

（一）判断题

1. 当高副的两个元素之间的相对运动有滚动和滑动时，其瞬心就在两个元素的接触点。（   ）
2. 平面连杆机构的活动构件数为 n，则可构成的机构瞬心数是 $n(n-1)/2$。（   ）
3. 如图 2-16 所示，在讨论杆 2 和杆 3 上的瞬时重合点的速度和加速度关系时，可以选择任意点作为瞬时重合点。（   ）

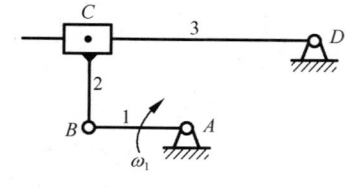

图 2-16

4. 在平面机构中，不与机架直接相联的构件上任一点的绝对速度均不为零。（   ）
5. 当两个构件组成一般情况的高副（非纯滚动高副）时，其瞬心就在高副接触点处。（   ）

6. 如图 2-17 所示，车轮在地面上纯滚动并以常速 v 前进，则轮缘上 K 点的绝对加速度 $a_K = a_K^n = v_K^2 / l_{KP}$。　　　　　　　　　　　　　　　　　　　　　（　　）

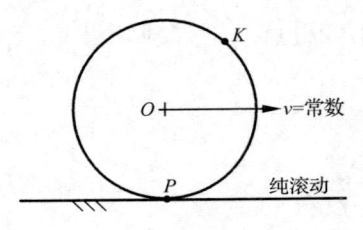

图 2-17

7. 在图 2-18 所示的机构中，已知 ω_1 及机构尺寸，为求解 C_2 点的加速度，只要列出一个矢量方程 $\vec{a}_{C2} = \vec{a}_{B2} + \vec{a}_{C2B2}^n + \vec{a}_{C2B2}^t$ 就可以用图解法将 a_{C2} 求出。　　（　　）

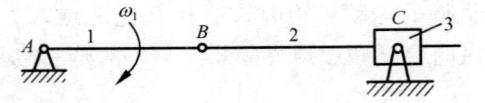

图 2-18

8. 给定图 2-19 所示机构的位置图和速度多边形，则图 2-20 所示的 $\vec{a}_{B2B3}^k$ 的方向是对的。
　　　　　　　　　　　　　　　　　　　　　　　　　　　　　　　　　　　　　（　　）

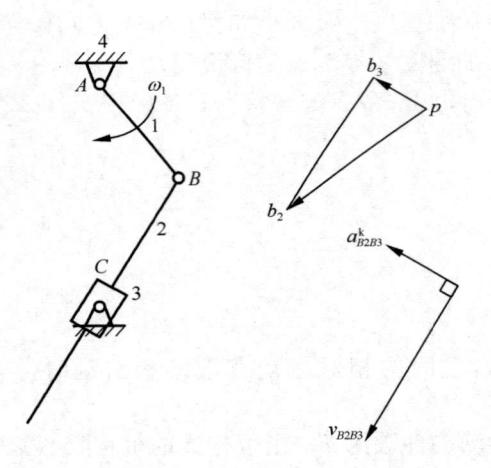

图 2-19

9. 在图 2-20 所示的机构中，因为 $v_{B1} = v_{B2}$，$a_{B1} = a_{B2}$，所以 $a_{B3B2}^k = a_{B3B1}^k = 2\omega_1 v_{B3B1}$。（　　）

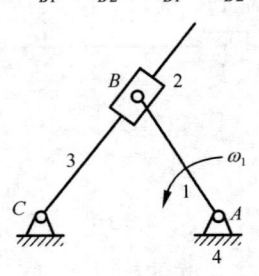

图 2-20

10. 在同一构件上，任意两点绝对加速度间的关系式中不包含哥氏加速度。　　（　　）

11. 当牵连运动为转动，相对运动是移动时，一定会产生哥氏加速度。（　　）

【答案】

（二）填空题

1. 当两个构件组成移动副时，其瞬心位于_____处。当两个构件组成纯滚动的高副时，其瞬心就在_____。当求机构不互相直接联接构件间的瞬心时，可应用_____来求。

2. 三个彼此做平面运动的构件间共有____个速度瞬心，位于_____上。含有6个构件的平面机构，速度瞬心共有_____个，其中有____个是绝对瞬心，有____个是相对瞬心。

3. 相对瞬心与绝对瞬心的相同点是_____，不同点是_____。

4. 速度比例尺的定义是_____，在比例尺单位相同的条件下，它的绝对值越大，绘制出的速度多边形图形越小。

5. 当两个构件组成转动副时，其速度瞬心在_____处；组成移动副时，其速度瞬心在_____；组成兼有相对滚动和滑动的平面高副时，其速度瞬心在_____上。

6. 当两个构件组成转动副时，其瞬心就是_____。

7. 机构瞬心的数目 N 与机构的活动构件数 k 的关系是_____。

8. 速度瞬心是两个刚体上_____为零的重合点。

9. 铰链四杆机构共有____个速度瞬心，其中_____个是绝对瞬心，_____个是相对瞬心。

10. 做相对运动的三个构件的三个瞬心必_____。

11. 相对运动瞬心是相对运动两个构件上_____为零的重合点。

12. 速度影像的相似原理只能应用于_____的各点，而不能应用于机构的_____的各点。

13. 在摆动导杆机构中，当导杆和滑块的相对运动为____动，牵连运动为____动时，两个构件的重合点之间将有哥氏加速度。哥氏加速度的大小为____；方向与_____的方向一致。

14. 图2-21所示平面六杆机构的速度多边形中矢量 $\overrightarrow{ed}$ 代表_____，杆4角速度 ω_4 的方向为_____时针方向。图中矢量 $\overrightarrow{cb}$ 代表_____，杆3角速度 ω_3 的方向为_____时针方向。

图 2-21

15．在机构运动分析的矢量方程图解法中，影像原理只适用于_____。

【答案】

（三）选择题

1．在两个构件的相对速度瞬心处，瞬时重合点间的速度应有_____。
（A）两点间相对速度为零，但两点绝对速度不等于零；
（B）两点间相对速度不等于零，但其中一点的绝对速度等于零；
（C）两点间相对速度不等于零且两点的绝对速度也不等于零；
（D）两点间的相对速度和绝对速度都等于零。

2．两个构件做相对运动时，其瞬心是指_____。
（A）绝对速度等于零的重合点；
（B）绝对速度和相对速度都等于零的重合点；
（C）绝对速度不一定等于零但绝对速度相等或相对速度等于零的重合点。

3．给定导杆机构在图 2-22 所示位置的速度多边形。该瞬时 a_{B2B3}^k 和 v_{B2B3} 的正确组合应是图_____。

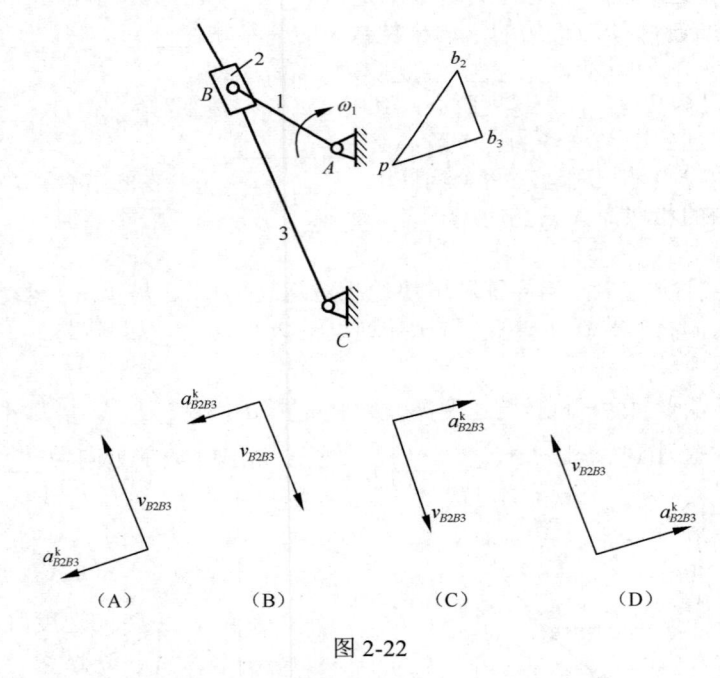

图 2-22

4．给定图 2-23 所示六杆机构的加速度多边形，可得出_____。
（A）矢量 $\overline{c'd'}$ 代表 a_{CD}，α_5 是顺时针方向；　　（B）矢量 $\overline{c'd'}$ 代表 a_{CD}，α_5 是逆时针方向；
（C）矢量 $\overline{c'd'}$ 代表 a_{DC}，α_5 是顺时针方向；　　（D）矢量 $\overline{c'd'}$ 代表 a_{DC}，α_5 是逆时针方向。

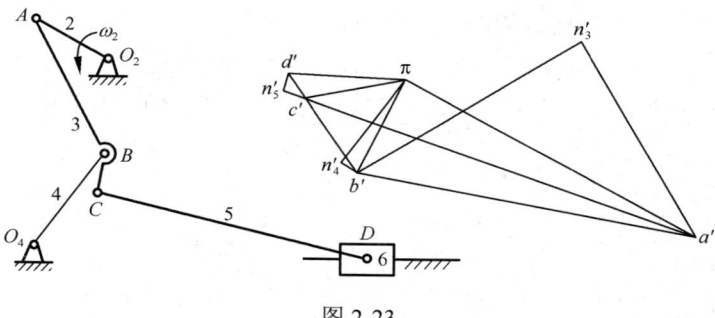

图 2-23

5．利用矢量方程图解法求解图 2-24 所示机构中滑块 2 上点 D_2 的速度 v_{D2}，解题过程的恰当步骤和利用的矢量方程可选择_____。

（A）$v_{B3} = v_{B2} + v_{B3B2}$，速度影像 $\Delta pb_2d \sim \Delta CBD$；

（B）$v_{B3} = v_{B2} + v_{B3B2}$，速度影像 $\Delta pb_3d \sim \Delta CBD$；

（C）$v_D = v_B + v_{DB}$，$v_{DB} = l_{BD} \times \omega_1$；

（D）$v_{C2} = v_{C3} + v_{C2C3} = v_{B2} + v_{C2B2}$，速度影像 $\Delta c_2b_2d_2 \sim \Delta CBD$。

6．做连续往复移动的构件，在行程的两端极限位置处，其运动状态必定是_____。

（A）$v = 0$，$a = 0$；　　　　　　　（B）$v = 0$，$a = \max$；

（C）$v = 0$，$a \neq 0$；　　　　　　　（D）$v \neq 0$，$a \neq 0$。

7．在图 2-25 所示的连杆机构中，滑块 2 上点 E 的轨迹应是_____。

（A）直线；　　　　　　　　　　　（B）圆弧；

（C）椭圆；　　　　　　　　　　　（D）复杂平面曲线。

8．如图 2-26 所示，构件 2 和构件 3 组成移动副，则有关系_____。

（A）$v_{B2B3} = v_{C2C3}$，$\omega_2 = \omega_3$；　　（B）$v_{B2B3} \neq v_{C2C3}$，$\omega_2 = \omega_3$；

（C）$v_{B2B3} = v_{C2C3}$，$\omega_2 \neq \omega_3$；　　（D）$v_{B2B3} \neq v_{C2C3}$，$\omega_2 \neq \omega_3$。

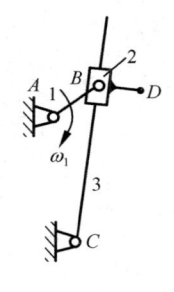

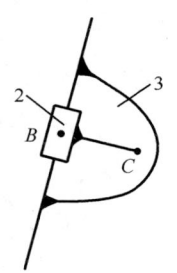

图 2-24　　　　图 2-25　　　　图 2-26

9．当用速度影像原理求图 2-27 所示杆 3 上与点 D_2 重合的点 D_3 的速度时,可以使_____。

（A）$\Delta ABD \sim \Delta pb_2d_2$；　　　　　（B）$\Delta CBD \sim \Delta pb_2d_2$；

（C）$\Delta CBD \sim \Delta pb_3d_3$；　　　　　（D）$\Delta CBD \sim \Delta pb_2d_3$。

10．在图 2-28 所示的凸轮机构中，P_{12} 是凸轮 1 和从动件 2 的相对速度瞬心。O 为凸轮廓线在接触点处的曲率中心，则计算式_____是正确的。

（A）$a^n_{B2B1} = v^2_{B2}/l_{BP12}$；　　　　　（B）$a^n_{B2B1} = v^2_{B2}/l_{BO}$；

（C）$a_{B2B1}^n = v_{B2B1}^2 / l_{BP12}$； (D) $a_{B2B1}^n = v_{B2B1}^2 / l_{BO}$。

11．在图 2-29 所示的连杆机构中，连杆 2 的运动是_____。

（A）平动； (B）瞬时平动；

（C）瞬时绕轴 B 转动； (D）一般平面复合运动。

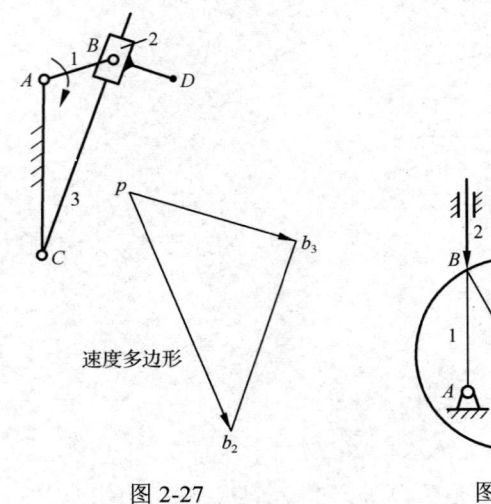

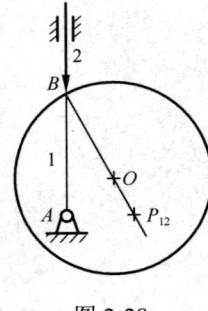

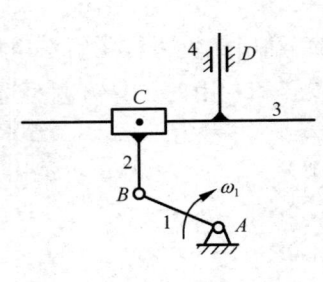

图 2-27　　　　　图 2-28　　　　　图 2-29

12．将机构位置图按实际杆长放大一倍绘制，选用的长度比例尺 μ_l 应是_____。

（A）0.5mm/mm； （B）2mm/mm； （C）0.2mm/mm； （D）5mm/mm。

13．图 2-30 所示是 4 种机构在某一瞬时的位置图。在图 2-30 所示位置，哥氏加速度不为零的机构为_____。

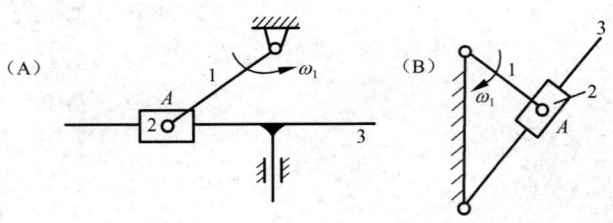

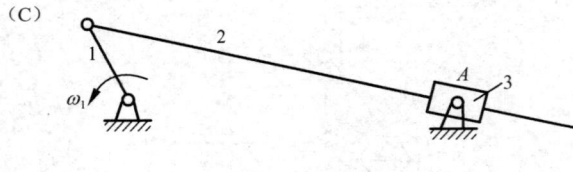

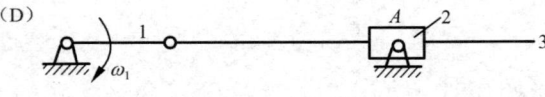

图 2-30

【答案】

（四）分析与计算题

1. 速度瞬心

【02401】在图 2-31（a）所示的机构中，已知原动件 1 以匀角速 ω_1 沿逆时针方向转动，试确定：
（1）机构的全部瞬心；
（2）构件 3 的速度 v_3（需写出表达式）。

解：
（1）求出瞬心数：

$$N = \frac{k(k-1)}{2} = \frac{4 \times 3}{2} = 6$$

瞬心如图 2-31（b）所示。
（2）$v_3 = v_{P13} = \overline{P_{14}P_{13}} \cdot \omega_1 \mu_l$，方向向上。

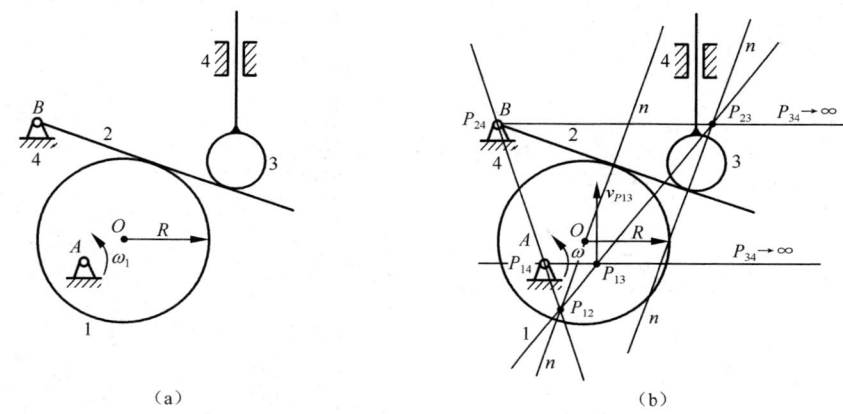

图 2-31

【02402】在图 2-32（a）所示机构中，尺寸已知（$\mu_l = 0.05$ m/mm）机构 1 沿构件 4 做纯滚动，其上点 S 的速度为 v_S，取 $\mu_v = 0.6$ ms^{-1}/mm。
（1）在图上作出所有瞬心；
（2）用瞬心法求出点 K 的速度 v_K。

解：（1）画出 6 个瞬心，如图 2-32（b）所示。

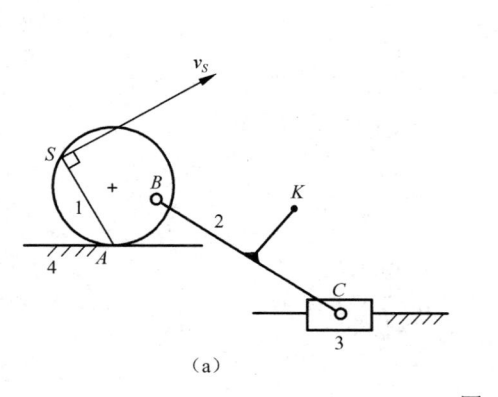

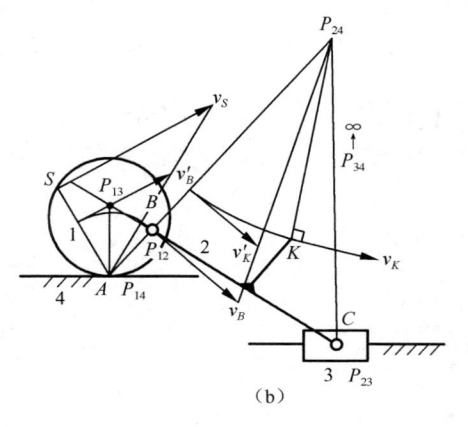

图 2-32

（2）因为v_S已知，利用绝对瞬心P_{14}，v_S与v'_B线性分布，求得v'_B，将v'_B移至点B，$v'_B \perp \overline{BP_{14}}$；因为$v_B$已求得，利用$P_{24}$求$v'_K$，$v_B$与$v'_K$线性分布，得$v'_K$，然后将$v'_K$移至点$K$，且垂直于$\overline{KP_{24}}$，所以所求$v_K$=图示长度×$\mu_v$=12×0.6=7.2m/s。

【02403】 在图2-33（a）所示的机构中，已知滚轮2与地面做纯滚动，构件3以已知速度v_3向左移动，试用瞬心法求滑块5的速度v_5的大小和方向，以及轮2的角速度ω_2的大小和方向。

解：

（1）$\vec{v}_{P23} = \vec{v}_3$；$\omega_2 = \dfrac{v_3}{\overline{AB} \cdot \mu_l}$，方向为逆时针。

（2）机构共有10个瞬心，有$P_{13\infty}$、$P_{15\infty}$、$P_{35\infty}$，其余瞬心如图2-33（b）所示；
具体解法有以下三种。
① $v_5 = \overline{P_{25}P_{12}}\mu_l\omega_2$，方向向左。
② $v_{D5} = v_{D3} + v_{D5D3}$，方向向左。
③ $v_{D5D3} = \overline{P_{23}P_{25}}\mu_l\omega_2$，方向向左。
利用瞬心P_{14}，得

$$v_C = \omega_2 \overline{AC}, \quad v_5 = v_C \dfrac{\overline{P_{14}D}}{\overline{P_{14}C}}$$

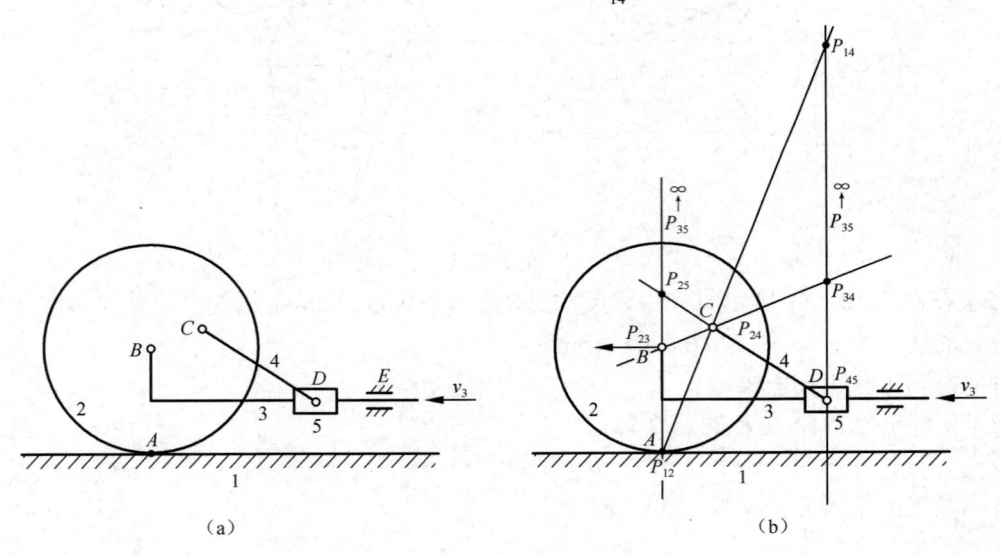

图2-33

【02404】 在图2-34（a）所示的机构中，比例尺为μ_l，已知原动件1以ω_1沿顺时针方向转动，试用瞬心法求构件2的角速度ω_2和构件4的线速度v_4的大小及方向。

解：

机构所有瞬心如图2-34（b）所示。

$$\omega_2 = \omega_1 \dfrac{\overline{P_{15}P_{12}}}{\overline{P_{25}P_{12}}}, \quad \text{方向为顺时针}$$

$$v_4 = v_{P14} = \omega_1 \overline{P_{15}P_{14}} \mu_l, \quad \text{方向向下}$$

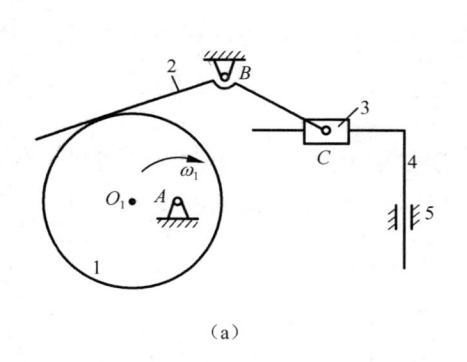

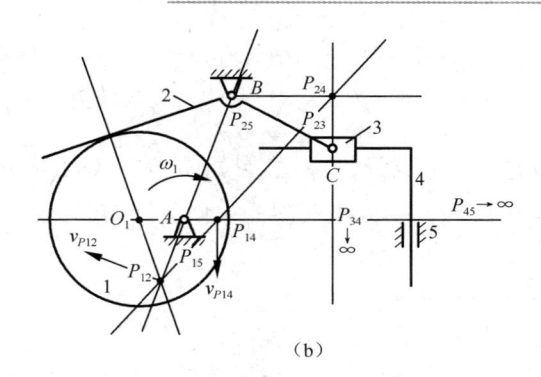

图 2-34

2. 矢量方程图解法

【02405】如图 2-35（a）所示，已知机构所有构件的几何尺寸且 ω_1 为常数，按图示位置，用矢量方程图解法求 ω_2、ω_4。

注：在答题纸上写出矢量方程并分析各矢量方向大小，绘出速度多边形，比例尺任取，用速度多边形上线段表示 ω_2、ω_4，不需要求出具体的数值。

解：

（1）

	$\vec{v}_B$ =	$\vec{v}_A$ +	$\vec{v}_{BA}$
方向	//导路	$\perp O_1A$	$\perp AB$
大小	?	$v_A = \omega_1 l_{O_1A}$	?

取速度比例尺 $\mu_v = \dfrac{v_A}{pa}$，p 点任取，线段 pa 任作，速度多边形如图 2-35（b）所示。

利用速度影像原理求 C_2（C_4）点速度及 $v_{BA} = \overline{ab}\mu_v$，则

$$\omega_2 = \frac{v_{BA}}{l_{AB}}，方向为逆时针$$

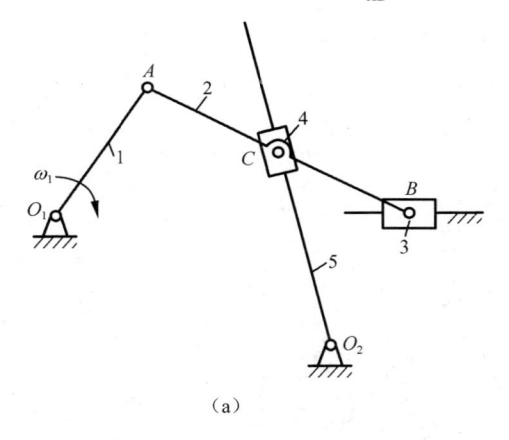

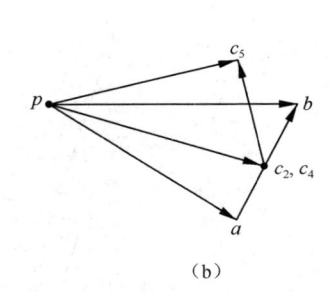

图 2-35

（2）

	$\vec{v}_{C5}$ =	$\vec{v}_{C4}$ +	$\vec{v}_{C5C4}$
方向	$\perp CO_2$	√	$//CO_2$
大小	?	√	?

$$v_{C5} = \overline{pc_5}\mu_v$$
$$\omega_4 = \omega_5 = \frac{v_{C5}}{l_{CO2}}, \text{方向为顺时针}$$

【02406】 已知各杆长度及位置如图 2-36（a）所示，主动件 1 以等角速度 ω_1 运动，求（用矢量方程图解法，并列出必要的求解矢量方程式）：

（1）v_3、a_3；

（2）v_5、a_5。

解：

（1）$\vec{v}_C = \vec{v}_B + \vec{v}_{CB}$，选 μ_v 作速度多边形，如图 2-36（b）所示，可求得 $v_3 = v_C = \overline{pc}\mu_v$，方向如图 2-36（b）所示，根据速度影像原理求出 v_{D2}：

$$\vec{v}_{D4} = \vec{v}_{D2} + \vec{v}_{D4D2}$$

$v_5 = v_{D4} = \overline{pd_4}\mu_v$，方向如图 2-36（b）所示。

（2）$\vec{a}_C = \vec{a}_B + \vec{a}_{CB}^n + \vec{a}_{CB}^t$，选 μ_a 作加速度多边形，如图 2-36（c）所示，可求得 $a_3 = a_C = \overline{\pi c'}\mu_a$，方向如图 2-38（c）所示。根据加速度影像原理求出 a_{D2}：

$$\vec{a}_{D4} = \vec{a}_{D2} + \vec{a}_{D4D2}^k + \vec{a}_{D4D2}^r$$

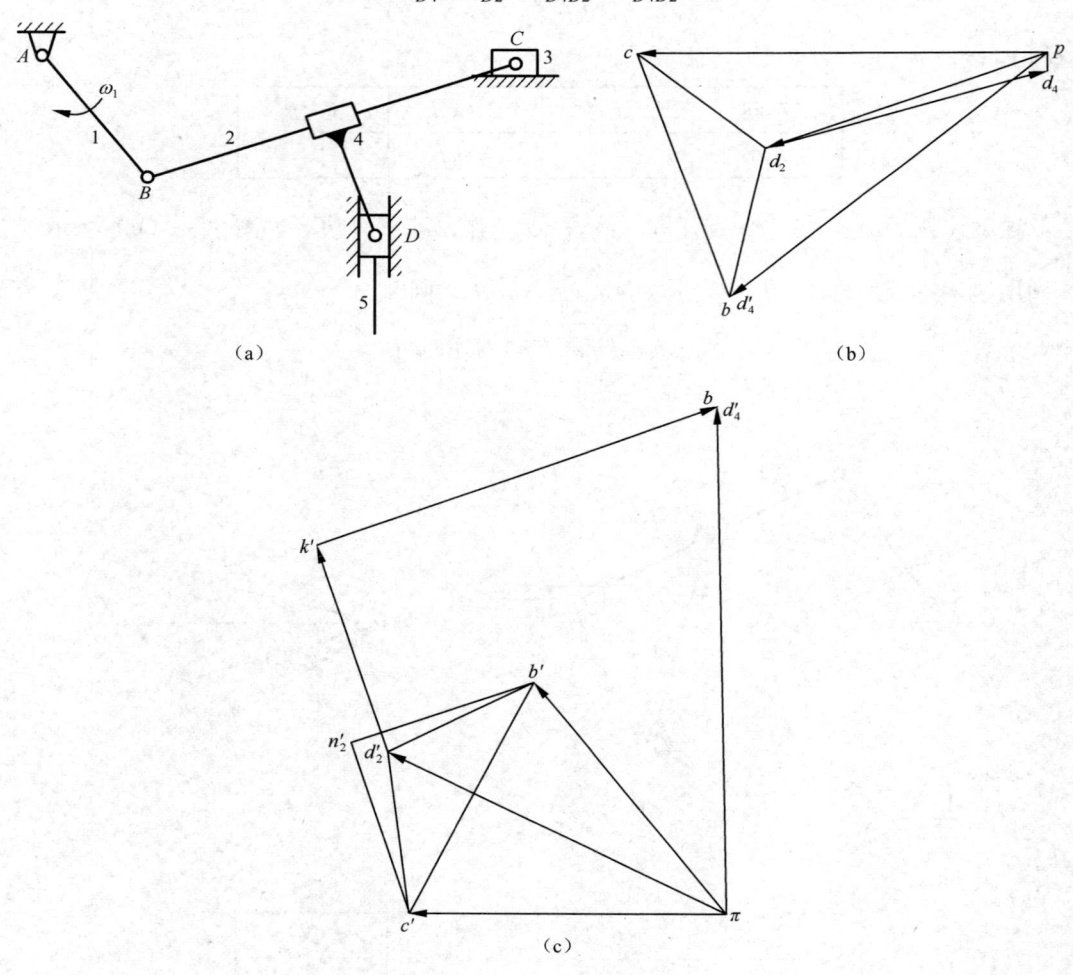

图 2-36

$\omega_2 = \omega_4$，方向为逆时针。
$a_{D4D2}^k = 2\omega_2 v_{D4D2} = 2(\overline{bc}\mu_v / l_{BC})\overline{d_4d_2}\mu_v$，方向如图 2-36（c）所示 $d_2'k'$。
$a_5 = a_{D4} = \overline{\pi d_4'}\mu_a$，方向如图 2-36（c）所示。

【02407】已知图 2-37（a）所示机构按长度比例尺 $\mu_l = 0.01\,\text{m/mm}$ 绘制，$\omega_1 = 2\,\text{rad/s}$（为常数）。用矢量方程图解法求在该位置时构件 3 上点 C 的速度 v_C 和加速度 a_C（速度比列尺建议按 $\mu_v = 0.01\,\text{ms}^{-1}/\text{mm}$，加速度比例尺建议按 $\mu_a = 0.1\,\text{ms}^{-2}/\text{mm}$）。

解：

（1）
$$\vec{v}_{B2} = \vec{v}_{B1} + \vec{v}_{B2B1}$$
$$v_{B1} = \omega_1 l_{OB} = 2 \times 20 \times 0.01 = 0.4\,\text{m/s}$$

取 $\mu_v = 0.01\,\text{ms}^{-1}/\text{mm}$ 作速度多边形，如图 2-37（b）所示。
$$v_{B2} = \overline{pb_2}\mu_v = 22 \times 0.01 = 0.22\,\text{m/s}$$
$$v_C = v_{B3} = v_{B2} = 0.22\,\text{m/s}$$

（2）
$$\vec{a}_{B2} = \vec{a}_{B1} + \vec{a}_{B2B1}^k + \vec{a}_{B2B1}^r$$
$$a_{B1} = \omega_1^2 l_{OB} = 2^2 \times 0.2 = 0.8\,\text{m/s}^2$$

取 $\mu_a = 0.1\,\text{ms}^{-2}/\text{mm}$ 作加速度多边形，如图 2-37（b）所示。
$$a_{B2B1}^k = 2\omega_1 v_{B2B1} = 2 \times 2 \times 44 \times 0.01 = 1.76\,\text{m/s}^2$$
$$a_C = a_{B2} = \overline{\pi b_2'}\mu_a = 1.35\,\text{m/s}^2$$

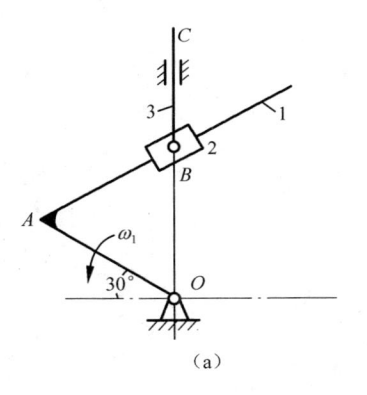

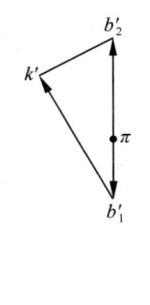

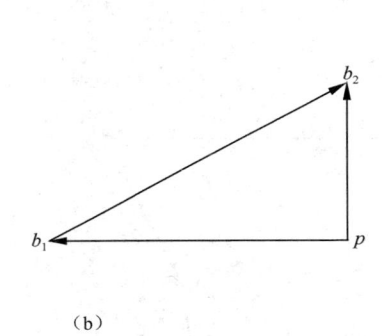

图 2-37

【02408】已知机构位置如图 2-38（a）所示，各杆长度已知，活塞杆以 v 匀速运动，求（用矢量方程图解法，并列出必要的解算式）：

（1）v_3、a_3、ω_2；

（2）v_5、a_5、α_2。

解：（1）$\vec{v}_B = \vec{v}_A + \vec{v}_{BA}$，选比例尺 μ_v 作速度多边形，如图 2-38（b）所示，$v_3 = v_B = \overline{pb}\mu_v$。

根据速度影像原理求得 $v_{C_2} = \overline{pc_2}\mu_v$，$\vec{v}_{C_4} = \vec{v}_{C_2} + \vec{v}_{C_4C_2}$，$v_5 = v_{C_4} = \overline{pc_4}\mu_v$。

$$\omega_2 = v_{BA}/l_{AB} = \overline{ba}\mu_v/l_{AB}，\text{方向为顺时针}$$
$$v_{C_4C_2} = \overline{c_2c_4}\mu_v$$

（2）$\vec{a}_B = \vec{a}_A + \vec{a}_{BA}^n + \vec{a}_{BA}^t$，选比例尺 μ_a 作加速度多边形，如图 2-38（b）所示。

根据加速度影像原理求得 $a_{C2} = \overline{\pi c_2}\mu_a$。

$$\vec{a}_{C4} = \vec{a}_{C2} + \vec{a}_{C4C2}^k + \vec{a}_{C4C2}^r; \quad a_3 = a_B = \overline{\pi b'}\mu_a; \quad a_5 = a_{C4} = \overline{\pi c_4'}\mu_a$$

$$\alpha_2 = \alpha_4 = a_{BA}^t / l_{BA} = \overline{n_2'b}\mu_a / l_{BA}, \quad \text{方向为逆时针}$$

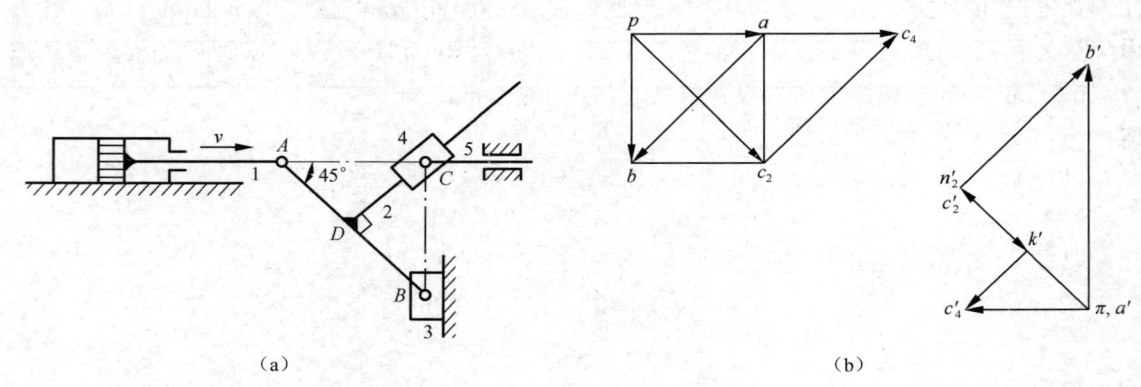

图 2-38

【02409】已知机构中各构件的尺寸如图 2-39（a）所示比例，构件 1 和构件 4 分别以 v_1 和 v_4 匀速移动（$v_1 = v_4$），方向如图 2-39 所示。试用矢量方程图解法求在图示位置时构件 2、构件 3 的角速度 ω_2、ω_3 和角加速度 α_2、α_3。

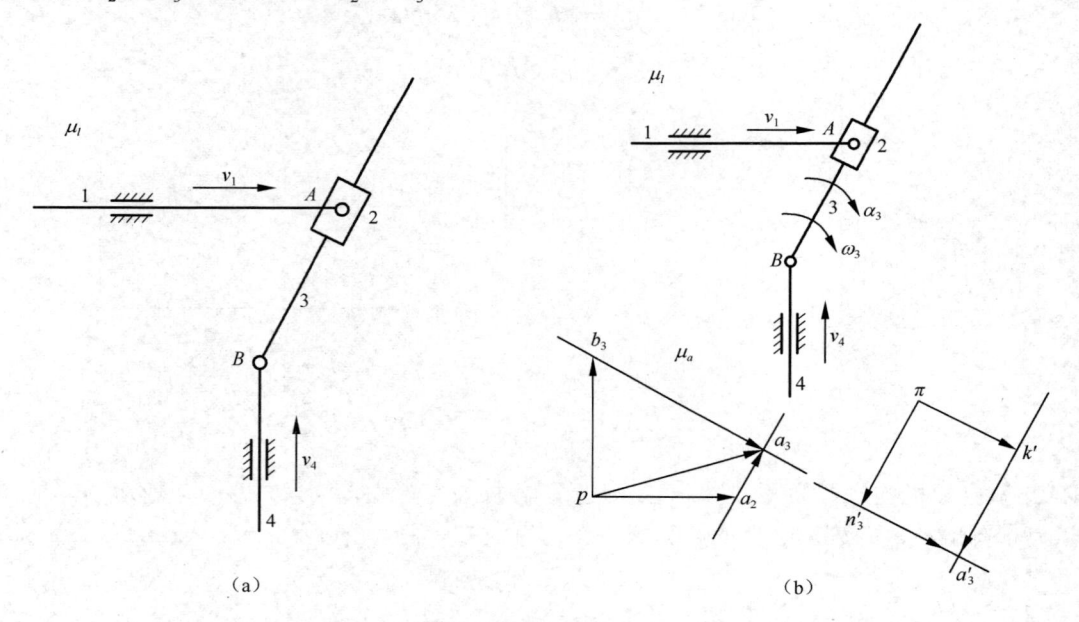

图 2-39

解：

（1）

$\vec{v}_{A3}$	=	$\vec{v}_{A2}$	+	$\vec{v}_{A3A2}$
大小	?	v_1		?
方向	?	→		// AB

$\vec{v}_{A3}$	=	$\vec{v}_{B3}$	+	$\vec{v}_{A3B3}$
大小	?	v_4		?
方向	?	↑		⊥ AB

联立两式作速度多边形，如图 2-39（b）所示，得

$$\omega_2 = \omega_3 = \frac{v_{A3B3}}{l_{AB}} = \frac{\overline{b_3 a_3} \mu_v}{l_{AB}}, \text{ 方向为顺时针}$$

（2） $\quad \vec{a}_{A3} = \vec{a}_{B2} + \vec{a}_{A3A2}^k + \vec{a}_{A3A2}^r \qquad \vec{a}_{A3} = \vec{a}_{B3} + \vec{a}_{A3B3}^n + \vec{a}_{A3B3}^t$

大小	?	0	$2\omega_2 v_{A3A2}$	?	大小	?	0	$\omega_3^2 l_{AB}$	?
方向	?	?	$\perp AB$	$// AB$	方向	?		$A \to B$	$\perp AB$

联立两式作加速度多边形，如图 2-39（b）所示，得

$$\alpha_2 = \alpha_3 = \frac{a_{A3B3}^t}{l_{AB}} = \frac{\overline{n_3' a_3'} \mu_a}{l_{AB}}, \text{ 方向为顺时针}$$

【02410】在图 2-40（a）所示的机构中，已知各杆尺寸，其中 $l_{CD} = l_{CB}$，$\omega_1 = $ 常数，试用矢量方程图解法求构件 5 的速度 v_{D5} 和加速度 a_{D5}，以及杆 2 的角速度 ω_2 及其方向。（注：要求列出矢量方程式及必要的算式，画出速度多边形和加速度多边形。）

解：

（1）速度分析。

先由同一构件上两点间的运动关系求出点 C 的速度，再根据速度影像原理求出点 D_2 的速度，最后根据两个构件重合点间的运动关系求 v_{D5}。

$\vec{v}_{C2} = \vec{v}_B + \vec{v}_{C2B}$，$v_B = \omega_1 l_{AB}$，根据速度影像原理求得 v_{D2}，如图 2-40（b）所示。

$\vec{v}_{D4} = \vec{v}_{D2} + \vec{v}_{D4D2}$，取 μ_v 作速度多边形，得

$$v_{D5} = v_{D4} = \overline{pd_4} \mu_v$$

$$\omega_2 = v_{C2B}/l_{C2B} = (\overline{bc_2} \mu_v)/(\overline{C_2B} \mu_l), \text{ 方向为逆时针}$$

（2）加速度分析。

先由同一构件上两点间的运动关系求出点 C 的加速度，再根据加速度影像原理求出点 D_2 的加速度，最后根据两个构件重合点间的运动关系求 a_{D5}。

$$\vec{a}_{C2} = \vec{a}_B + \vec{a}_{C2B}^n + \vec{a}_{C2B}^t; \quad a_B = \omega_1^2 l_{AB}$$

取 μ_a 作加速度多边形，$a_{C2} = \overline{\pi c_2'} \mu_a$，根据加速度影像原理求得 a_{D2}。

$$\vec{a}_{D4} = \vec{a}_{D2} + \vec{a}_{D4D2}^k + \vec{a}_{D4D2}^r; \quad a_{D5} = a_{D4} = \overline{\pi d_4'} \mu_a$$

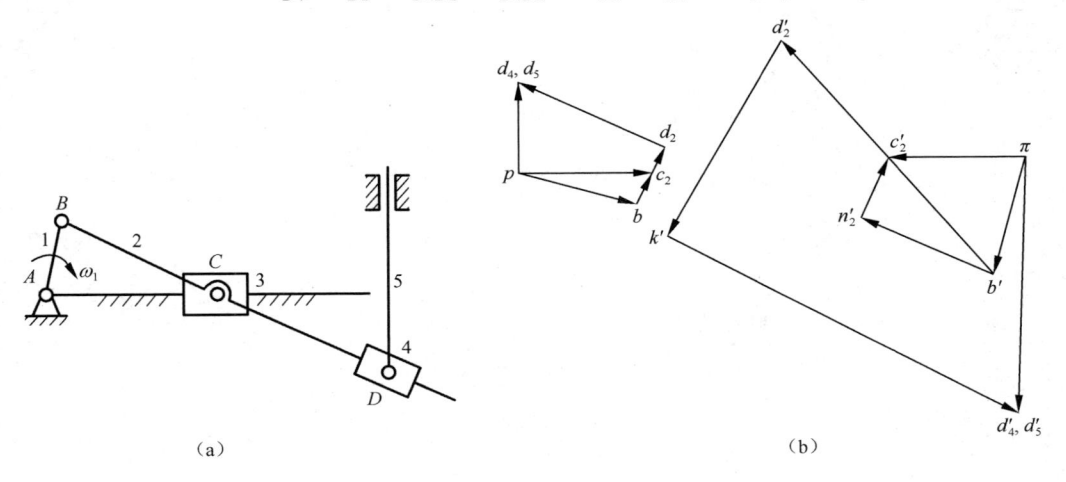

图 2-40

【02411】已知机构位置如图 2-41（a）所示，各杆长度已知，活塞杆以 v 匀速运动，$l_{AB}=l_{BC}$。

求：

(1) ω_3、α_3；

(2) v_5、a_5（采用矢量方程图解法，图线长度自定）。

解：

(1) 速度分析。

先由两个构件重合点间的运动关系求 v_{A3}，再根据速度影像原理求出点 B 的速度，最后根据同一构件上两点间的运动关系求出点 D 的速度。

$$\vec{v}_{A3}=\vec{v}_{A2}+\vec{v}_{A3A2}$$

取 μ_v 作图速度多边形，如图 2-41（b）所示。

$$\omega_3=v_{A3}/l_{AC}=\overline{(pa_3\mu_v)}/l_{AC}，方向为顺时针$$

根据速度影像原理求得 v_B。

$$\vec{v}_D=\vec{v}_B+\vec{v}_{DB}$$
$$v_5=v_D=\overline{pd}\mu_v$$
$$\omega_4=v_{DB}/l_{DB}=\overline{b_3d}\mu_v/l_{DB}$$

(2) 加速度分析。

先由两个构件重合点间的运动关系求 a_{A3}，再根据速度影像原理求出点 B 的加速度，最后根据同一构件上两点间的运动关系求出点 D 的加速度。

$$\vec{a}_{A3}^n+\vec{a}_{A3}^t=\vec{a}_{A2}+\vec{a}_{A3A2}^k+\vec{a}_{A3A2}^r$$

取 μ_a 作加速度多边形，如图 2-41（b）所示。

$$\alpha_3=a_{A3}^t/l_{AC}=\overline{n_3'a_3'}\mu_a/l_{AC}，方向为逆时针$$
$$\vec{a}_D=\vec{a}_B+\vec{a}_{DB}^n+\vec{a}_{DB}^t$$
$$a_5=a_D=\overline{\pi d'}\mu_a$$

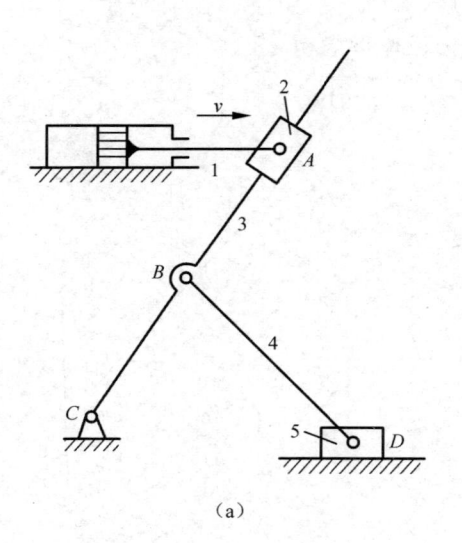

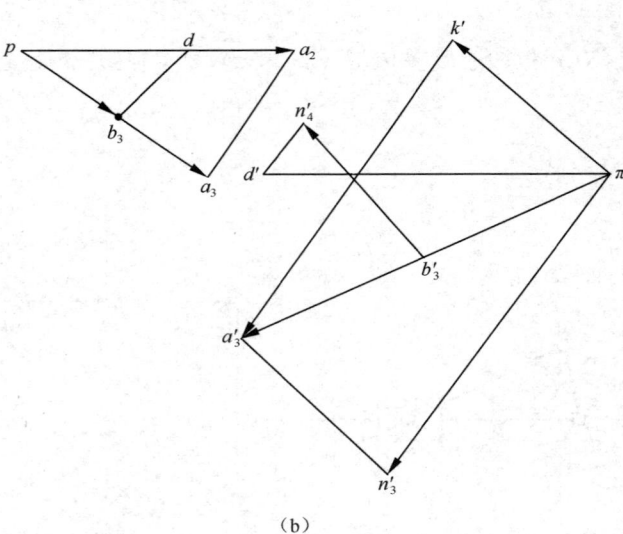

图 2-41

3. 速度多边形及加速度多边形解读

【02412】图 2-42 所示为一个摆动导杆机构，原动件曲柄 1 以等角速转动。图 2-42（a）为机构运动简图，图 2-42（b）为速度多边形，图 2-42（c）为加速度多边形，各图比例尺如图 2-42 所示。试根据以上各图求解下列各题。

(1) 求曲柄 1 的角速度 ω_1 的大小和方向；

(2) 求滑块 2 的角速度 ω_2 和角加速度 α_2 的大小和方向，以及杆 3 的角速度 ω_3 和角加速度 α_3 的大小和方向；

(3) 在图 2-42（b）和图 2-42（c）的基础上，求出滑块 2 上点 D 的绝对速度 v_{D2} 和绝对加速度 a_{D2}。

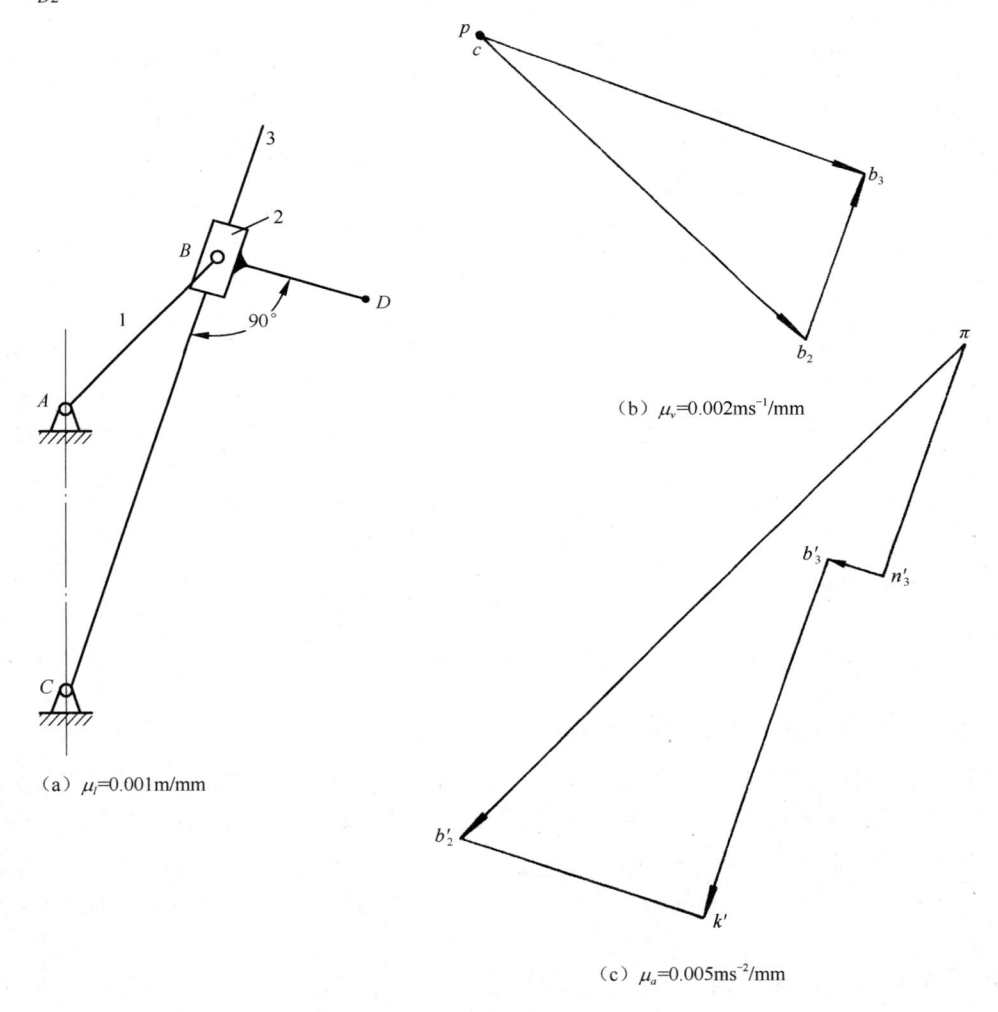

(a) μ_l=0.001m/mm

(b) μ_v=0.002ms^{-1}/mm

(c) μ_a=0.005ms^{-2}/mm

图 2-42

解：

(1) $\vec{v}_{B1} = \vec{v}_{B2} = \vec{v}_{B3} + \vec{v}_{B2B3}$；$\omega_1 = v_{B1}/l_{AB} = (\overline{pb_2}\mu_v)/(\overline{AB}\mu_l) = 4\,\text{rad/s}$

$\omega_2 = \omega_3 = v_{B3}/l_{CB} = (\overline{pb_3}\mu_v)/(\overline{CB}\mu_l) = 1.656\,\text{rad/s}$，方向为顺时针

$\vec{v}_{D2} = \vec{v}_{D3} + \vec{v}_{D2D3}$

根据速度影像原理求 d_3，得 $\vec{v}_{D3}$，又由 $\vec{v}_{D2D3} = \vec{v}_{B2B3}$，得 d_2，如图 2-43 所示。
$$v_{D3} = \overline{pd_3}\mu_v = 0.114 \text{ m/s}; \quad v_{D2} = \overline{pd_2}\mu_v = 0.138 \text{ m/s}$$

(2)
$$\vec{a}_{B1} = \vec{a}_{B2} = \vec{a}_{B3}^n + \vec{a}_{B3}^t + \vec{a}_{B2B3}^k + \vec{a}_{B2B3}^r$$

$$\alpha_2 = \alpha_3 = a_{B3}^t / l_{BC} = 0.5469 \text{rad/s}^2, \quad 方向为逆时针$$

$$\vec{a}_{D2} = \vec{a}_{B2} + \vec{a}_{D2B2}^n + \vec{a}_{D2B2}^t; \quad a_{D2B2}^n = \omega_2^2 l_{DB} = 0.055 \text{m/s}^2$$

$$\overline{b_2' n_2} = a_{D2B2}^n / \mu_a = 11 \text{ mm}; \quad a_{D2B2}^t = \alpha_2 l_{DB} = 0.011 \text{m/s}^2$$

$$\overline{n_2' d_2'} = a_{D2B2}^t / \mu_a = 2.2 \text{ mm}; \quad a_{D2} = \overline{\pi d_2'} \mu_a = 0.495 \text{m/s}^2$$

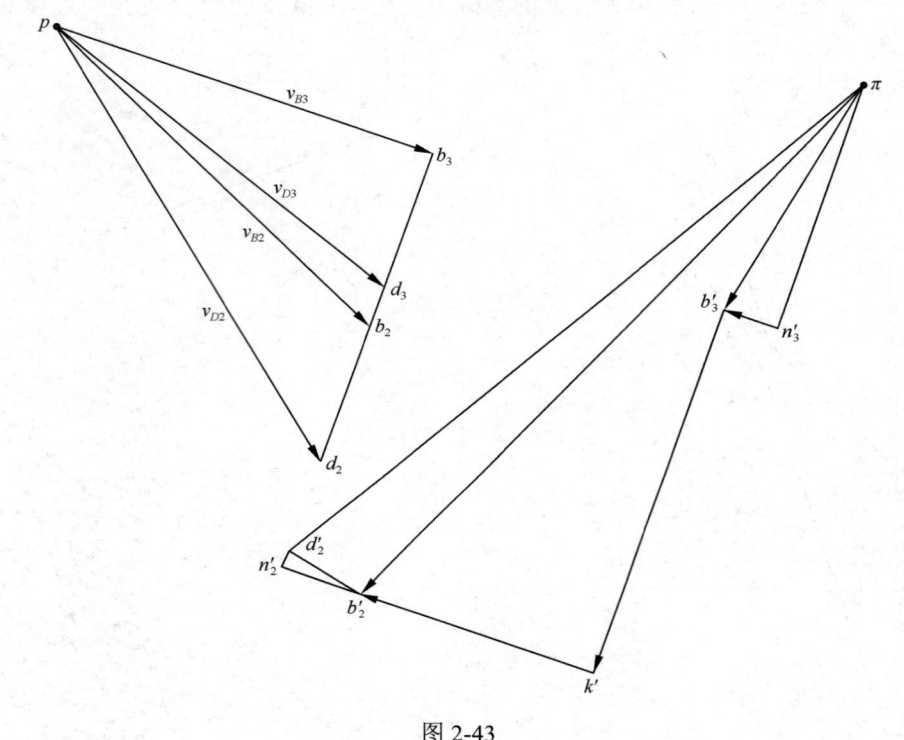

图 2-43

4．速度影像原理及加速度影像原理综合运用

【02413】已知一个曲柄滑块机构在图 2-44 所示位置时的速度多边形及加速度多边形，试求：

（1）在构件 1、构件 2 上标出速度为 v_E 的点 E_1、点 E_2 的位置（若点的位置不在构件线上，则需把该点用刚性连接符号与相应构件连起来）；

（2）求构件 2 上速度为 0 的点 M 的位置，并在加速度多边形上标出该点加速度 a_M 的大小和方向；

（3）求构件 2 上加速度为 0 的点 Q 的位置，并在速度多边形上标出该点速度 v_Q 的大小和方向。

解：

根据速度影像原理求解，即根据运动简图上同一构件上三点形成的三角形，与速度多边形、加速度多边形对应点的矢量端点形成的三角形成相似的特点求解（见图 2-45）。

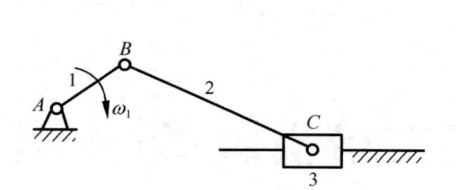

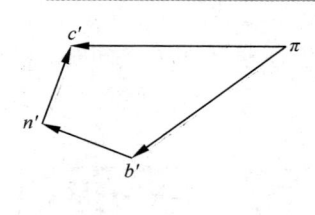

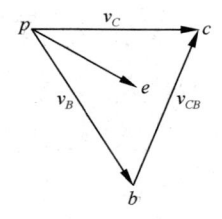

图 2-44

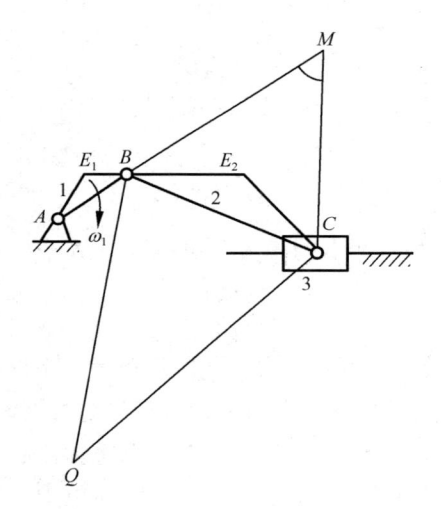

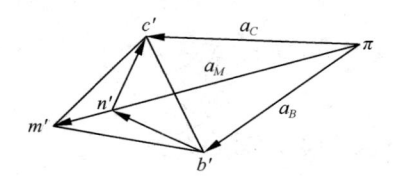

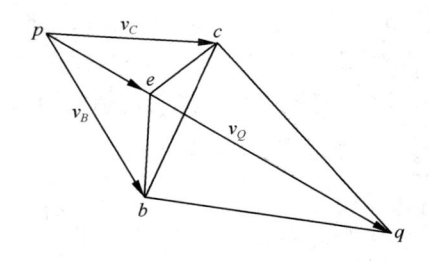

图 2-45

第3章 平面机构力分析及效率与自锁

一、内容提要

（一）运动副的摩擦
（二）机械效率
（三）机械的自锁

二、本章重点

（一）运动副的摩擦

1. 摩擦力

在干摩擦的情况下，构成运动副的两个构件在接触面所产生的最大干摩擦力的大小，按库仑定律计算，即

$$F = fN$$

摩擦力的方向总是向着阻碍相对运动或相对运动趋势的方向，因而，摩擦系数 f、正反力 N 决定摩擦力的大小，相对运动或相对运动趋势决定摩擦力的方向。在对机构进行受力分析时，一定要标明是哪个构件对哪个构件的摩擦力。例如：$\vec{F_{12}}$ 表示构件 1 对构件 2 的摩擦力，它作用在构件 2 上。另外，除特别指明外，通常提到的摩擦力均指达到最大值 fN 时的摩擦力。

2. 移动副的摩擦

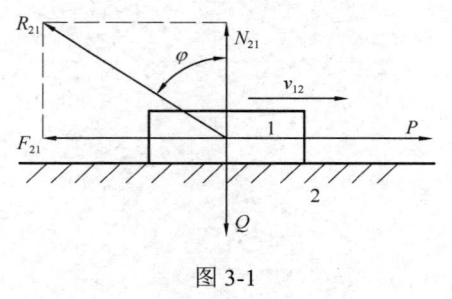

图 3-1

如图 3-1 所示，移动副中的摩擦力的大小为

$$F_{21} = fN_{21}$$

其方向与 $\vec{v}_{12}$ 的方向相反。

当构成移动副的两个构件之间的接触面不是平面时，为了计算方便，引入了当量摩擦系数 f_v 的概念。引入这个概念后，就可以把形状较为复杂的接触面之间的摩擦问题，当作平面摩擦问题来处理（只需将 f 换成 f_v），可用通式 $F_{21} = f_v N_{21}$ 来计算，使计算过程简化。

运动副常见的几种接触形式如图 3-2 所示，相应的当量摩擦系数如下。

(1) 平面接触 [见图 3-2（a）]：$f_v = f$。
(2) 楔形面接触 [见图 3-2（b）]：$f_v = f/\sin\theta$。

（3）圆柱面接触［见图 3-2（c）］：$f_v = kf$（$k = 1 \sim \dfrac{\pi}{2}$，$k$ 的大小取决于两个元素的接触情况，接触越均匀，k 值越大）。

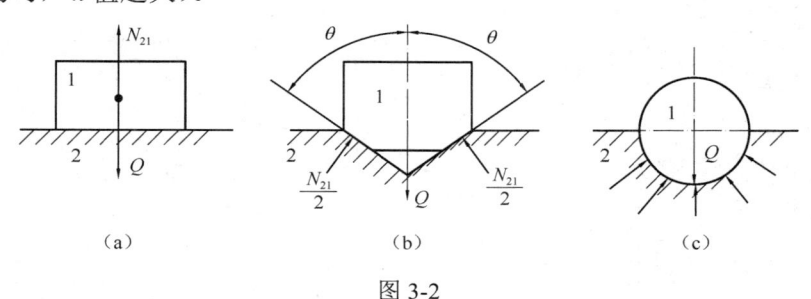

(a)   (b)   (c)

图 3-2

为便于机构受力分析，通常将正反力 $\vec{N}_{21}$ 与摩擦力 $\vec{F}_{21}$ 合成为一个合力，称为总反力 $\vec{R}_{21}$，即

$$\vec{R}_{21} = \vec{N}_{21} + \vec{F}_{21}$$

如图 3-1 所示，在移动副中，只要发生相对移动，总反力 $\vec{R}_{21}$ 与正反力 $\vec{N}_{21}$ 之间的夹角 φ 称为摩擦角，其大小为

$$\varphi = \arctan f$$

当移动副为其他接触形式时，应将 φ 角用相应的 φ_v 予以代换，其大小为

$$\varphi_v = \arctan f_v$$

构件 2 对构件 1 的总反力 $\vec{R}_{21}$ 的方向与构件 1 对构件 2 的相对速度 $\vec{v}_{12}$ 的方向之间的夹角为 $90° + \varphi$。

3．螺旋副的摩擦

螺旋副虽属于空间运动副，但可将它展开成平面来加以研究。这时，它与斜面移动副是等价的：矩形螺旋副相当于平接触面的斜面移动副；三角形螺旋副相当于楔形接触面的斜面移动副，当螺纹顶角（牙形角）为 2β 时，其当量摩擦系数为 $f_v = f/\cos\beta$。因而，螺旋副的摩擦问题可以套用斜面移动副摩擦的有关公式，现列于表 3-1 以供参考。

表 3-1   螺旋副摩擦的公式

螺旋牙型	拧紧力矩	最小防松力矩	自锁螺旋的拧松力矩	自锁条件
矩形	$M = Qd_2 \tan(\alpha+\varphi)/2$	$M' = Qd_2 \tan(\alpha-\varphi)/2$	$M'' = Qd_2 \tan(\varphi-\alpha)/2$	$\alpha < \varphi$
三角形	$M = Qd_2 \tan(\alpha+\varphi_v)/2$	$M' = Qd_2 \tan(\alpha-\varphi_v)/2$	$M'' = Qd_2 \tan(\varphi_v-\alpha)/2$	$\alpha < \varphi_v$

注：M 为主动力矩；M' 为工作阻力矩；M'' 为主动力矩。

4．转动副的摩擦

如图 3-3 所示，转动副中的摩擦力为 $F_{21} = f_v Q$，f_v 为当量摩擦系数，$f_v = kf = \left(1 \sim \dfrac{\pi}{2}\right)f$，它对铰链中心 O 所形成的摩擦力矩为

$$M_f = F_{21}r = f_v Qr = R_{21}\rho$$

式中，$\rho = f_v r$，r 为轴颈的半径，对于一个具体的轴颈，f_v 及 r 均为定值，则 ρ 也为定值。若以铰链中心 O 为圆心，以 ρ 为半径作圆，此圆称为摩擦圆，

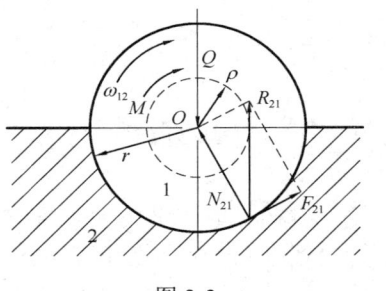

图 3-3

ρ 称为摩擦圆半径。可见，在转动副中，只要发生相对转动，总反力 $\vec{R}_{21}$ 就切于摩擦圆，它对铰链中心 O 所形成的力矩即摩擦力矩，其方向与相对角速度 ω_{12} 的方向相反，总是向着阻碍两个构件之间相对转动的方向。

（二）机械效率

机械的输出功与输入功之比称为机械效率，根据不同的已知量，可分别用下述几种形式来计算机械效率。

（1）功形式：$\eta = \dfrac{输出功}{输入功} = \dfrac{W_r}{W_d} = 1 - \dfrac{W_f}{W_d}$。

（2）功率形式：$\eta = \dfrac{输出功率}{输入功率} = \dfrac{N_r}{N_d} = 1 - \dfrac{N_f}{N_d}$。

（3）力形式：$\eta = \dfrac{理想驱动力}{实际驱动力} = \dfrac{F_0}{F}$。

（4）力矩形式：$\eta = \dfrac{理想驱动力矩}{实际驱动力矩} = \dfrac{M_0}{M}$。

对于由许多机器组成的机组，它的总效率计算可按下述 3 种不同的情况进行。

（1）串联（见图 3-4）。

$$\eta = \dfrac{N_k}{N_d} = \eta_1 \eta_2 \cdots \eta_k$$

（2）并联（见图 3-5）。

$$\eta = \dfrac{\Sigma N_r}{\Sigma N_d} = \dfrac{N_1 \eta_1 + N_2 \eta_2 + \cdots + N_k \eta_k}{N_1 + N_2 + \cdots + N_k}$$

（3）混联。先将输入功至输出功的路线弄清，然后分别计算出总的输入功率 ΣN_d 和总的输出功率 ΣN_r，最后按下式计算：

$$\eta = \Sigma N_r / \Sigma N_d$$

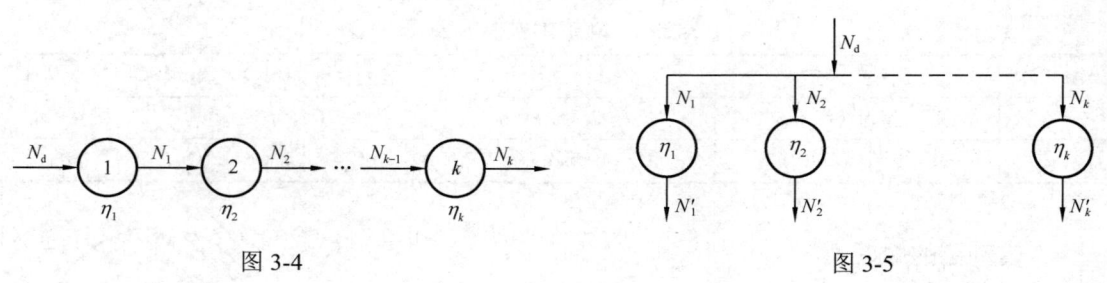

图 3-4

图 3-5

（三）机械的自锁

机构中的主动力无论增大到多少（甚至到无穷大）都不会使构件产生运动，这种现象称为自锁。它的实质是由于在一定的几何条件下，主动力在运动方向上的有效分力不足以克服它在接触面法线方向上的分力（正压力）所产生的最大摩擦力，因而不能使构件运动，更不能克服工作阻力（即使是很小的工作阻力）做功。

机构在主动力作用下是否自锁，只取决于一定的几何条件（自锁条件），而与其他条件无关。确定自锁条件的方法有以下几种。

（1）对移动副：主动力的作用线在摩擦角之内。

对螺旋副：螺纹升角小于或等于螺旋副的摩擦角或当量摩擦角。

对转动副：主动力的作用线切于或穿过摩擦圆。

这种方法用于只有一个主动力且几何关系比较简单的情况。

（2）根据工作阻力小于或等于零的条件来确定。

对受力状态或几何关系较复杂的机构，可先假定该机构不自锁（应将机构运动简图画得尽量远离自锁状态），用图解解析法求出工作阻力与主动力的关系式，然后再令工作阻力小于或等于零，即可求出机构的自锁条件。这种方法解题较方便，概念清楚，使用最广泛。

（3）利用机械效率小于或等于零的条件来确定。

先按机构不自锁的情况求出机械效率的数学表达式，再令其小于或等于零，即可求出机构的自锁条件。这种方法较第（2）种方法更复杂。

注意：一个自锁机构，只对满足自锁条件的主动力在一定的运动方向上自锁；而对于其他外力，或在其他运动方向（如反方向）上则不一定自锁。所以，在谈到自锁时，一定要说明机构是对哪个力、在哪个方向上自锁。

三、典型例题

【**例 3-1**】颚式破碎机的原理简图如图 3-6（a）所示。设被破碎的料块为球形，其质量忽略不计。料块 2 与颚板 1 和 3 之间的摩擦系数为 f（摩擦角为 φ）。为使破碎机能够正常工作，要求料块 2 能被颚板夹紧而不会向上滑脱。试求动颚板 1 与定颚板 3 之间的夹角 α 的取值范围。

解：

对料块 2 而言，动颚板 1 向左挤压时，其施加的总反力 $\vec{R}_{12}$ 为主动力，当 α 角较大时，即机构处于不自锁状态时，料块 2 将在 $\vec{R}_{12}$ 力作用下向上滑脱，无法破碎，所以应确定 α 的取值范围。

解法一：直接根据自锁现象本身求解。

在图 3-6（a）中，MM 为料块 2 和动颚板 1 接触点的公法线，NN 为料块 2 和定颚板 3 接触点的公法线，由料块 2 的向上滑脱趋势，可知主动力 $\vec{R}_{12}$ 的方向如图 3-6（a）所示，$\vec{R}_{12}$ 与 MM 的夹角为 φ，因为 MM 与 NN 的夹角为 α，所以 $\vec{R}_{12}$ 与 NN 的夹角为 $\alpha-\varphi$，欲使机构处于自锁状态，则 $\vec{R}_{12}$ 的作用线应在以 NN 为基准的摩擦角之内，即 $\alpha-\varphi \leq \varphi$，所以 α 的取值范围为 $\alpha \leq 2\varphi$。

解法二：根据工作阻力小于或等于零的条件求解。

先假定此机构不自锁（可将机构运动简图画得尽量远离自锁状态，否则将无法作出合理的力多边形，难以求解），如图 3-6（b）所示。由于假定机构不自锁，料块 2 在 $\vec{R}_{12}$ 的作用下将会向上滑脱，为使静力平衡（达到匀速运动），要在它上面添一工作阻力 $\vec{Q}$，其方向与定颚板 3 平行向下，如图 3-6（b）所示，其力平衡方程式为

$$\vec{R}_{12} + \vec{Q} + \vec{R}_{32} = 0$$

由此画出力多边形，如图 3-6（b）所示，由正弦定理可得

$$\frac{Q}{\sin(\alpha-2\varphi)} = \frac{R_{12}}{\sin(90°+\varphi)}$$

从而可得工作阻力 Q 与主动力 R_{12} 之间的关系式为

$$Q = R_{12}\frac{\sin(\alpha-2\varphi)}{\cos\varphi}$$

令工作阻力 $Q \leq 0$，且考虑到 α 和 φ 均为锐角，应有

$$\sin(\alpha-2\varphi) \leq 0$$

则

$$\alpha - 2\varphi \leq 0$$

得 α 的取值范围为

$$\alpha \leq 2\varphi$$

解法三：利用机械效率小于或等于零的条件求解。

主动力 R_{12} 与工作阻力 Q 之间的关系式为

$$R_{12} = Q\frac{\cos\varphi}{\sin(\alpha-2\varphi)}$$

不计摩擦时，$\varphi = 0$，R_{12} 为正压力 N_{12}，由上式可得

$$N_{12} = Q\frac{1}{\sin\alpha}$$

则其机械效率为

$$\eta = \frac{N_{12}}{R_{12}} = \frac{\sin(\alpha-2\varphi)}{\sin\alpha\cos\varphi}$$

令机械效率 $\eta \leq 0$，同样可得 α 的取值范围为 $\alpha \leq 2\varphi$。

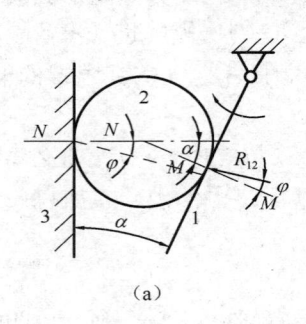

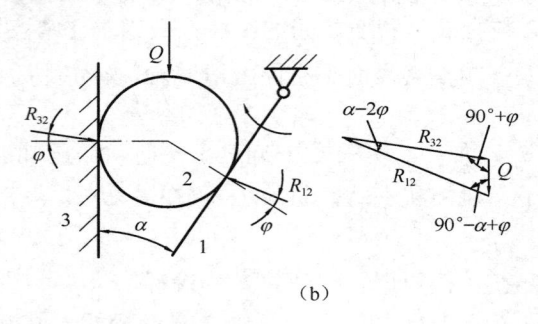

图 3-6

【**例 3-2**】在图 3-7 所示的摩擦停止机构中，已知 $r_1 = 290\text{mm}$，$r_0 = 150\text{mm}$，$Q = 5000\text{N}$，$f = 0.16$，求楔紧角 β 及构件 1 和 2 之间的正压力 N（本题中不计及 O_1 和 O_2 轴颈中的摩擦力矩）。

解：

当锁紧时，闸块应具有逆时针回转的趋势，否则闸块自动松脱，不能自锁。闸块所受的正压力为 N_{12}，摩擦力为 fN_{12}（沿切线方向并指向下方），其合成总反力 $\vec{R}_{12}$ 与法线方向的夹角为摩擦角 φ，为了保证其自锁性，不致使闸块打滑而松脱，应使其总反力 $\vec{R}_{12}$ 通过 O_2 点或在 O_2 点的下方，即

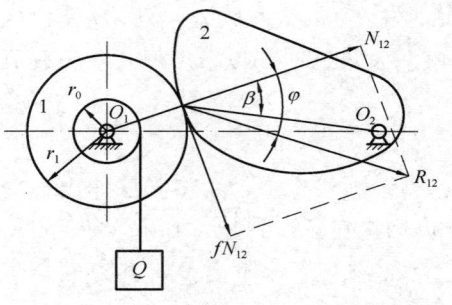

图 3-7

$$\beta \leqslant \varphi = \arctan f = \arctan 0.16 \approx 9°5'$$

考虑构件 1 的转动平衡，并根据 $\Sigma M_{O_1} = 0$ 可得

$$f N_{21} r_1 = Q r_0$$

$$N_{21} = \frac{Q r_0}{f r_1} = \frac{5000 \times 150}{0.16 \times 290} \approx 16164 \text{N}$$

【例 3-3】 图 3-8（a）所示为一个压榨机机构的斜面，F 为作用于楔块 1 的水平驱动力，Q 为被压榨物体对滑块 2 的反力（生产阻力），θ 为楔块的倾斜角。设各接触面间的摩擦系数均为 f，求 F 和 Q 两个力间的关系式，并讨论机构的自锁问题。

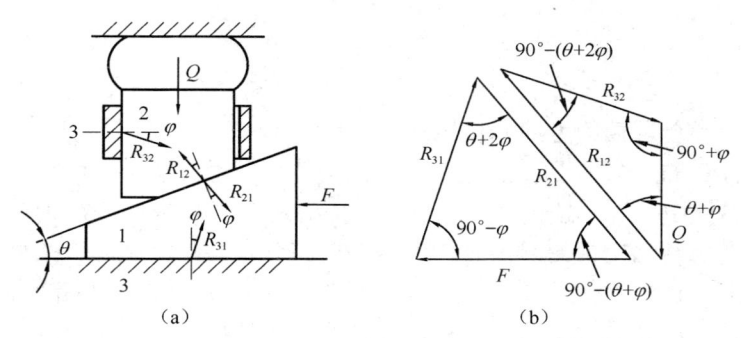

图 3-8

解：

当力 F 推动楔块 1 向左移动时，滑块 2 将向上移动，压榨被压物体，这个行程称为正行程或工作行程；与此相反的行程称为反行程。正行程时，楔块 1 和滑块 2 的力的作用示意图如图 3-8（a）所示，其中 $\varphi = \arctan f$。根据平衡条件 $\vec{F} + \vec{R}_{31} + \vec{R}_{21} = 0$ 和 $\vec{Q} + \vec{R}_{32} + \vec{R}_{12} = 0$，作力三角形，如图 3-8（b）所示。由图可得

$$\frac{Q}{\sin[90° - (\theta + 2\varphi)]} = \frac{R_{12}}{\sin(90° + \varphi)}$$

和

$$\frac{F}{\sin(\theta + 2\varphi)} = \frac{R_{21}}{\sin(90° - \varphi)}$$

因为 $R_{12} = R_{21}$，即可得 F 和 Q 两个力间的关系式：

$$F = Q \tan(\theta + 2\varphi)$$

由上式和斜面自锁条件的讨论可知：当 $F \geqslant 0$，$\varphi \leqslant 0$，$\tan(\theta + 2\varphi) \leqslant 0$ 时，机构将发生自锁，但压榨机在正行程中不应自锁，故设计时应使 $\theta < 90° - 2\varphi$。

在反行程中，Q 为驱动力，而 F 已成为生产阻力，用与上述同样分析方法可得

$$F = Q \tan(\theta - 2\varphi)$$

由上式和斜面自锁条件的讨论可知，当 $\theta > 0$，$F \leqslant 0$，$\tan(\theta - 2\varphi) \leqslant 0$ 时，反行程的自锁条件为

$$\theta \leqslant 2\varphi$$

【例 3-4】 图 3-9 所示为一个对心曲柄滑块机构，曲柄 1 上作用有驱动力矩 M，滑块 3 上作用有工作阻力 Q。设已知机构尺寸、移动副中的摩擦角 φ 及转动副处虚线圆所示的摩擦圆。若不计各构件的质量，试求：（1）各运动副中总反力的方向和位置；（2）滑块能克服的工作阻力 Q；（3）机构的机械效率 η。

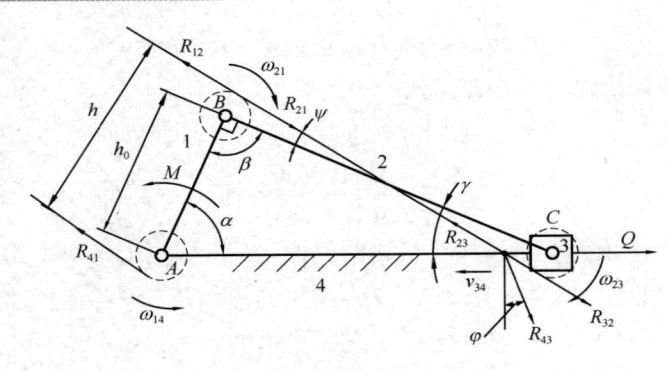

图 3-9

解：

（1）各运动副中总反力的方向和作用线。

首先分析连杆 2 的受力情况。连杆 2 为二力构件，仅受曲柄 1 和滑块 3 作用在连杆上的两个力 $\vec{R}_{12}$ 和 $\vec{R}_{32}$，且连杆为受拉杆。如果不考虑转动副中的摩擦，两个力应在转动副中心 B、C 的连线上。当考虑转动副中的摩擦时，$\vec{R}_{12}$ 和 $\vec{R}_{32}$ 应分别与转动副 B、C 处的摩擦圆相切，且位于同一直线上。由于 $\vec{R}_{12}$ 切于摩擦圆后产生的摩擦力矩阻止连杆 2 相对曲柄 1 的运动，即 $\vec{R}_{12}$ 产生的摩擦力矩方向应与 ω_{21} 的方向相反，在曲柄 1 逆时针方向转动时，曲柄 1 与连杆 2 的夹角 β 将逐渐减小，故连杆 2 相对曲柄 1 的角速度 ω_{21} 应为顺时针方向，所以 $\vec{R}_{12}$ 产生的摩擦力矩方向应为逆时针方向；又因 $\vec{R}_{12}$ 是拉力，故 $\vec{R}_{12}$ 的大致方向是向左上方且切于转动副 B 处摩擦圆的上方。由于 $\vec{R}_{32}$ 切于摩擦圆后产生的摩擦力矩阻止连杆 2 相对滑块 3 的运动，即 $\vec{R}_{32}$ 产生的摩擦力矩方向应与 ω_{23} 的方向相反，因为连杆 2 与滑块 3 的夹角 γ 逐渐增大，故连杆 2 相对滑块 3 的角速度 ω_{23} 应为顺时针，所以 $\vec{R}_{32}$ 产生的摩擦力矩方向应为逆时针；又因 $\vec{R}_{32}$ 是拉力，故 $\vec{R}_{32}$ 的大致方向为向右下方且切于转动副 C 处摩擦圆的下方。因 $\vec{R}_{12}$ 和 $\vec{R}_{32}$ 是一对平衡力，故其大小相等、方向相反，且作用在同一直线上。因此，其作用线是转动副 B、C 处摩擦圆的一条内公切线，如图 3-9 所示。

分析曲柄 1 与机架 4 的受力情况。根据作用力与反作用力原理，可由 $\vec{R}_{12}$ 的方向和位置确定 $\vec{R}_{21}$ 的方向和位置。因为曲柄 1 与机架 4 的夹角 α 将逐渐增大，故曲柄 1 相对机架 4 的角速度 ω_{14} 为逆时针方向，所以 $\vec{R}_{41}$ 应切于转动副 A 处的摩擦圆，且产生的摩擦力矩应阻止 ω_{14} 的运动。由曲柄 1 上力的平衡条件，得 $\vec{R}_{41}$ 与 $\vec{R}_{21}$ 的大小相等、方向相反，且两个力平行，所形成的力偶大小等于驱动力矩 M，但方向相反。由以上条件可确定 $\vec{R}_{41}$ 应与转动副 A 处的摩擦圆相切于下方，且与 $\vec{R}_{21}$ 平行，但方向相反，如图 3-9 所示。

最后分析滑块 3 的受力情况。滑块 3 受到三个力的作用：工作阻力 Q、连杆 2 作用于滑块 3 的作用力 $\vec{R}_{23}$、机架 4 作用于滑块 3 上的作用力 $\vec{R}_{43}$。由作用力与反作用力原理，可由 $\vec{R}_{32}$ 确定 $\vec{R}_{23}$ 的方向和位置；由于滑块 3 相对机架 4 向左运动，故 $\vec{R}_{43}$ 将阻止滑块 3 向左运动且与 v_{34} 的夹角为 $90°+\varphi$，方向指向右下方，如图 3-9 所示。三力应汇交于一点，其合力为零。

（2）滑块能克服的工作阻力 Q。

由滑块所受合力为零，得

$$Q - R_{23}\cos(\gamma+\psi) + R_{43}\sin\varphi = 0$$
$$R_{23}\sin(\gamma+\psi) - R_{43}\cos\varphi = 0$$

所以
$$Q = R_{23}[\cos(\gamma+\psi) - \sin(\gamma+\psi)\tan\varphi]$$
因为
$$R_{23} = R_{32} = R_{12} = R_{21} = M/h$$
所以
$$Q = M[\cos(\gamma+\psi) - \sin(\gamma+\psi)\tan\varphi]/h$$

式中：$\gamma = \arcsin(l_1 \sin\alpha / l_2)$，$\psi = \arcsin(2\rho/l_2)$，$\rho$ 为摩擦圆半径；l_1 为曲柄长度；l_2 为连杆长度。

（3）机构的机械效率 η。

不考虑摩擦（$\varphi = \psi = 0$）时，理想驱动力矩 M_0 为
$$M_0 = h_0 Q / \cos\gamma$$

考虑摩擦时，驱动力矩 M 为
$$M = hQ/[\cos(\gamma+\psi) - \sin(\gamma+\psi)\tan\varphi]$$

机械效率 η 为
$$\eta = \frac{M_0}{M} = \frac{h_0}{h}\{[\cos(\gamma+\psi) - \sin(\gamma+\psi)\tan\varphi]/\cos\gamma\}$$

由图 3-9 所示几何关系可得
$$\frac{h_0}{h} = \frac{\sin\gamma}{\sin(\gamma+\psi)}$$

所以
$$\eta = \frac{\tan\gamma}{\tan(\gamma+\psi)} - \tan\gamma\tan\varphi$$

四、复习思考题

1. 为什么要研究机械中的摩擦？
2. 何谓摩擦角和摩擦锥？如何决定移动副中总反力的方向？
3. 何谓当量摩擦系数和当量摩擦角？引入它们的目的是什么？
4. 何谓摩擦圆？摩擦圆的大小与哪些因素有关？怎样决定转动副中总反力的作用线？
5. 何谓自锁，从受力角度来看，什么条件下移动副自锁？什么条件下转动副自锁？
6. 何谓跑合轴颈和非跑合轴颈？
7. 径向轴颈中摩擦力矩的大小取决于哪些因素？轴端摩擦力矩的大小取决于哪些因素？
8. 降低径向轴颈中摩擦力矩的途径有哪些？
9. 何谓机械效率？效率高低的实际意义何在？
10. 从机械效率的角度来看，自锁的条件是什么？自锁机械是否就是不能运动的机械？
11. 生产阻力小于零的物理意义是什么？从受力的角度来看，机械自锁的条件是什么？
12. 提高机械效率的途径有哪些？

五、习题精解

（一）判断题

1. 在机械中阻力与其作用点速度方向一定相反。　　　　　　　　　　　　　　（　　）

2．在机械中驱动力与其作用点的速度方向相同或成锐角。（   ）

3．在车床刀架驱动机构中，丝杠的转动使与刀架固联的螺母移动，则丝杠与螺母之间的摩擦力矩属于有害阻力。（   ）

4．风力发电机中的叶轮受到流动空气的作用力，此力在机械中属于生产阻力。（   ）

5．在空气压缩机工作过程中，气缸中往复运动的活塞受到压缩空气的压力，此压力属于有害阻力。（   ）

6．在外圆磨床中，砂轮磨削工件时它们之间的磨削力属于生产阻力。（   ）

7．在带传动中，三角胶带作用于从动带轮上的摩擦力属于有害阻力。（   ）

8．在机械中，因构件做变速运动而产生的惯性力有时是驱动力，有时是阻力。（   ）

9．考虑摩擦的转动副，轴颈在加速、等速、减速不同状态下运转时，其总反力的作用线一定切于摩擦圆。（   ）

10．构件 1、2 间的平面摩擦的总反力 $\vec{R}_{12}$ 的方向与构件 2 对构件 1 的相对运动方向所成角度恒为锐角。（   ）

【答案】

（二）填空题

1．对机构进行力分析的目的是：（1）_____；（2）_____。

2．所谓静力分析是_____的一种力分析方法，它一般适用于_____情况。

3．所谓动态静力分析是指_____的一种力分析方法，它一般适用于_____情况。

4．绕通过质心并垂直于运动平面的轴线做等速转动的平面运动构件，其惯性力 $P_I=$_____，在运动平面中的惯性力偶矩 $M_I=$_____。

5．在滑动摩擦系数相同的条件下，槽面摩擦比平面摩擦大，其原因是_____。

6．机械中三角带传动比平型带传动用得更为广泛，从摩擦角度来看，其主要原因是_____。

7．设机器中的实际驱动力为 F_d，在同样的工作阻力和不考虑摩擦时的理想驱动力为 F_d'，则机械效率的计算式是 $\eta=$_____。

8．设机器中的实际生产阻力为 F_r，在同样的驱动力作用下不考虑摩擦时能克服的理想生产阻力为 F_r'，则机械效率的计算式是 $\eta=$_____。

9．在认为摩擦力达极限值的条件下计算出机构的机械效率 η 后，从这种效率观点考虑，机器发生自锁的条件是_____。

10．设螺纹的升角为 λ，接触面的当量摩擦系数为 f_v，则螺旋副自锁的条件是_____。

【答案】

（三）选择题

1. 如图 3-10 所示，对槽面接触的移动副，若滑动摩擦系数为 f，则其当量摩擦系数 $f_v = $ _____。
   (A) $f\sin\theta$；　　(B) $f/\sin\theta$；　　(C) $f\cos\theta$；　　(D) $f/\cos\theta$。

2. 如图 3-11 所示，轴颈 1 与轴承 2 组成转动副，细实线的圆为摩擦圆，运动着的轴颈 1 受着外力（驱动力）Q 的作用，则轴颈 1 应做_____运动。
   (A) 等速；　　(B) 加速；　　(C) 减速。

3. 如图 3-12 所示，直径为 d 的轴颈 1 与轴承 2 组成转动副，摩擦圆半径为 ρ，载荷为 Q，驱动力矩为 M_d，欲使轴颈加速转动，则应使_____。
   (A) $M_d = Q\dfrac{d}{2}$；　　(B) $M_d > Q\dfrac{d}{2}$；　　(C) $M_d = Q\rho$；　　(D) $M_d > Q\rho$。

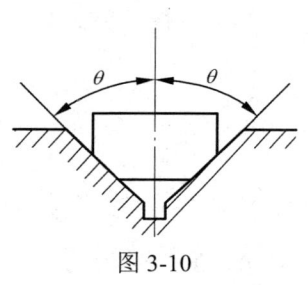

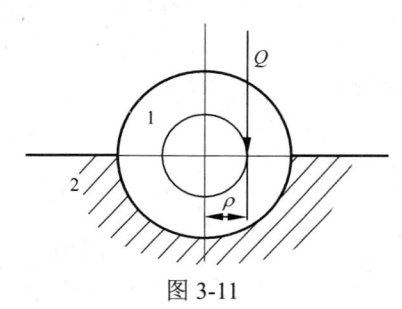

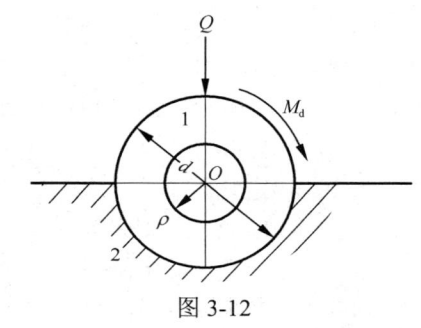

图 3-10　　　　图 3-11　　　　图 3-12

4. 如图 3-13 所示，正在转动的轴颈 1 与轴承 2 组成转动副。Q 为外力（驱动力），摩擦圆的半径为 ρ，则总反力 R_{21} 应在位置_____。
   (A) A；　　(B) B；　　(C) C；　　(D) D；　　(E) E。

5. 如图 3-14 所示，轴颈 1 在驱动力矩 M_d 作用下等速运转，Q 为载荷，图中半径为 ρ 的圆为摩擦圆，则轴承 2 作用到轴颈 1 上的总反力 R_{21} 的作用线应是图中所示的_____作用线。
   (A) A；　　(B) B；　　(C) C；　　(D) D；　　(E) E。

6. 螺旋副中的摩擦可简化为斜面滑块间的摩擦来研究，如图 3-15 所示。旋紧螺旋的工作状态所对应的情形为_____。
   (A) 水平力 P 作为驱动力，正行程；　　(B) 轴向力 Q 作为驱动力，反行程；
   (C) 水平力 P 作为阻力，正行程；　　(D) 轴向力 Q 作为阻力，反行程。

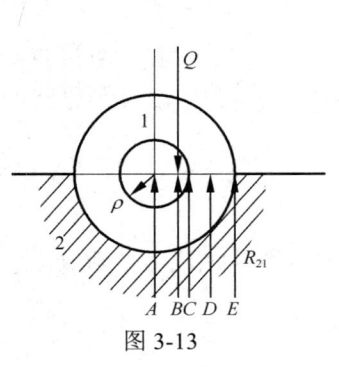

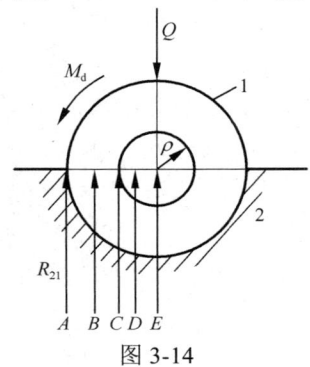

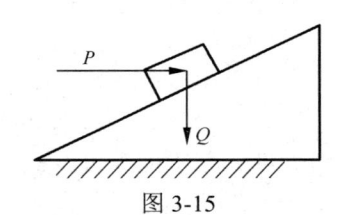

图 3-13　　　　图 3-14　　　　图 3-15

7. 在机械中阻力与其作用点速度方向_____。
   (A) 相同；　　　　　　　　　　　　　　(B) 一定相反；

（C）成锐角； （D）相反或成钝角。

8．在车床刀架驱动机构中，丝杠的转动使与刀架固联的螺母做移动，则丝杠与螺母之间的摩擦力矩属于_____。
（A）驱动力； （B）生产阻力； （C）有害阻力； （D）惯性力。

9．风力发电机中的叶轮受到流动空气的作用力，此力在机械中属于_____。
（A）驱动力； （B）生产阻力； （C）有害阻力； （D）惯性力。

10．在空气压缩机的工作过程中，气缸中往复运动的活塞受到压缩空气的压力，此压力属于_____。
（A）驱动力； （B）生产阻力； （C）有害阻力； （D）惯性力。

11．在外圆磨床中，砂轮磨削工件时它们之间的磨削力属于_____。
（A）驱动力； （B）有害阻力； （C）生产阻力； （D）惯性力。

12．在带传动中，三角胶带作用于从动带轮上的摩擦力属于_____。
（A）驱动力； （B）有害阻力； （C）生产阻力； （D）惯性力。

13．在机械中，因构件做变速运动而产生的惯性力_____。
（A）一定是驱动力；
（B）一定是阻力；
（C）在原动机中是驱动力，在工作机中是阻力；
（D）无论在什么机器中，它都有时是驱动力，有时是阻力。

14．考虑摩擦的转动副，轴颈在加速、等速、减速不同状态下运转时，其总反力的作用线_____切于摩擦圆。
（A）都不可能； （B）不全是； （C）一定都。

15．构件1、2间的平面摩擦的总反力 $\vec{R}_{12}$ 的方向与构件2对构件1的相对运动方向所成角度恒为_____。
（A）0°； （B）90°；
（C）钝角； （D）锐角。

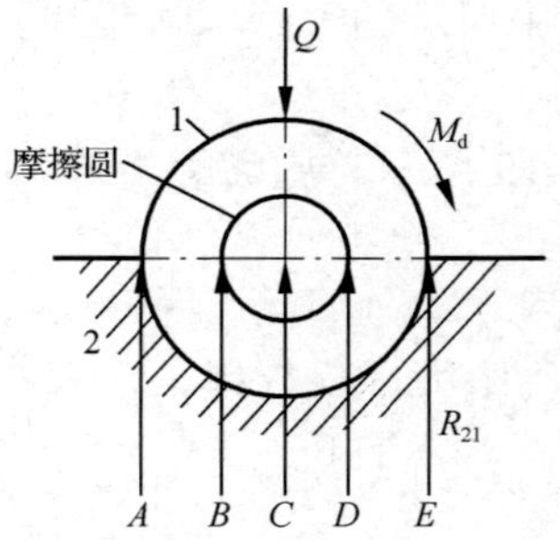

16．如图3-16所示，轴颈1在驱动力矩 M_d 作用下加速运转，Q 为载荷，则轴颈所受总反力 R_{21} 的作用线应是图中所示的_____作用线。
（A）A； （B）B； （C）C；
（D）D； （E）E。

图3-16

17．在由若干机器并联构成的机组中，若这些机器的单机效率均不相同，其中最高效率和最低效率分别为 η_{max} 和 η_{min}，则机组的总效率 η 必有如下关系：_____。
（A）$\eta_{min} > \eta$；
（B）$\eta > \eta_{max}$；
（C）$\eta_{min} \leq \eta \leq \eta_{max}$；
（D）$\eta_{min} < \eta < \eta_{max}$。

18．在由若干机器并联构成的机组中，若这些机器中单机效率相等且均为 η_0，则机组的总效率 η 必有如下关系：_____。
（A）$\eta > \eta_0$；
（B）$\eta > \eta_0$；
（C）$\eta^n = \eta_0$；
（D）$\eta = \eta_0^n$（n 为单机台数）。

19. 根据机械效率 η，判别机械自锁的条件是_____。
(A) $\eta \geq 1$；　　　(B) $0 < \eta < 1$；　　　(C) $\eta \leq 0$；　　　(D) $\eta \to \infty$。

20. 自锁机构一般是指_____的机构。
(A) 正行程自锁；　　(B) 反行程自锁；　　(C) 正、反行程都自锁。

【答案】

（四）分析与计算题

1. 低副机构受力分析

【03401】在图 3-17（a）所示的机构中，已画出各转动副处的摩擦圆，运动简图比例尺为 μ_l，不计移动副的摩擦，$\vec{P}_3$ 为工作阻力。试在图上画出运动副总反力 $\vec{R}_{41}$、$\vec{R}_{12}$、$\vec{R}_{23}$、$\vec{R}_{43}$ 的作用线和方向，并写出应加于构件 1 上驱动力矩 M_d 的计算式。

解：
（1）作出 $\vec{R}_{12}$、$\vec{R}_{32}$、$\vec{R}_{41}$、$\vec{R}_{43}$ 的作用线，如图 3-17（b）所示。
（2）$M_d = R_{41} h \mu_l$。

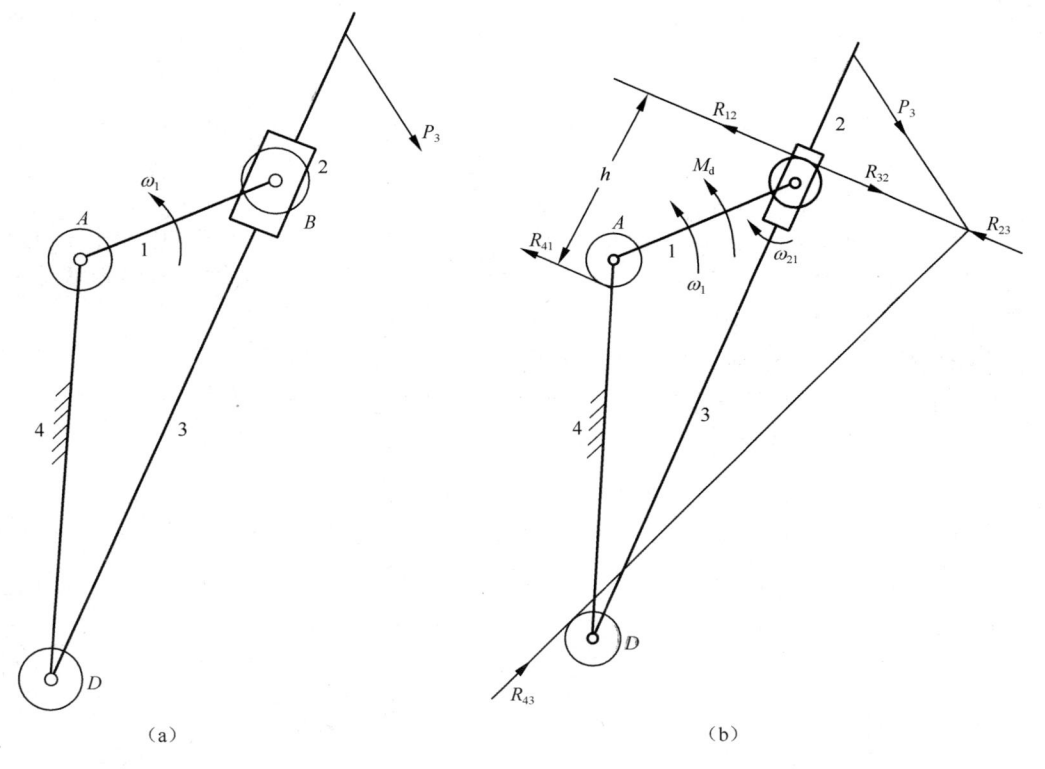

图 3-17

【03402】图 3-18（a）所示为破碎机曲柄导杆机构运动简图，比例尺如图 3-18（a）所示，各

转动副的摩擦圆如图 3-18（a）所示，摩擦角 $\varphi=20°$，破碎时工作阻力 $Q=1000\text{N}$，$\mu_l=0.005\text{m/mm}$。

（1）作出所有运动副的总反力（注：注意力矢量箭头方向、作用线位置、符号）；
（2）写出构件 3 的力平衡方程，并作出其力多边形（注：需标出力比例尺，大小自定）；
（3）用图解法求原动件 1 上所需的驱动力矩 M_1 的大小和方向。

解：
（1）作出各运动副的总反力作用线，如图 3-18（b）所示。
（2）$\vec{Q}+\vec{R}_{23}+\vec{R}_{43}=0$，力多边形如图 3-18（c）所示。
（3）$M_1=R_{21}h\,\mu_l=35\times20\times22\times0.005=77\text{N·m}$，方向为顺时针。

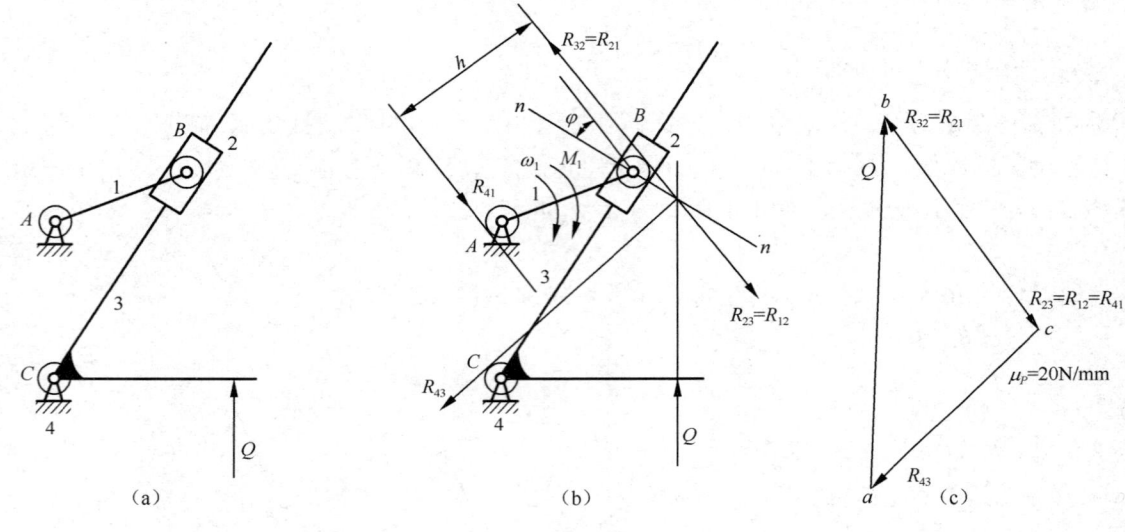

图 3-18

【03403】图 3-19 所示为一个六杆机构，构件 1 为原动件，滑块上作用有工作阻力 Q，方向向左，各转动副处的摩擦圆和滑块处的摩擦角 φ 如图 3-19 所示，图中细实线圆为摩擦圆。不计各构件的重力和惯性力，按下列步骤进行分析求解。

（1）在机构运动简图上画出各运动副的总反力；
（2）写出构件 3、5 的力矢量方程，并画出力矢量多边形，比例尺任定；
（3）求该瞬时作用在构件 1 上的驱动力矩 M_d 的大小和方向。

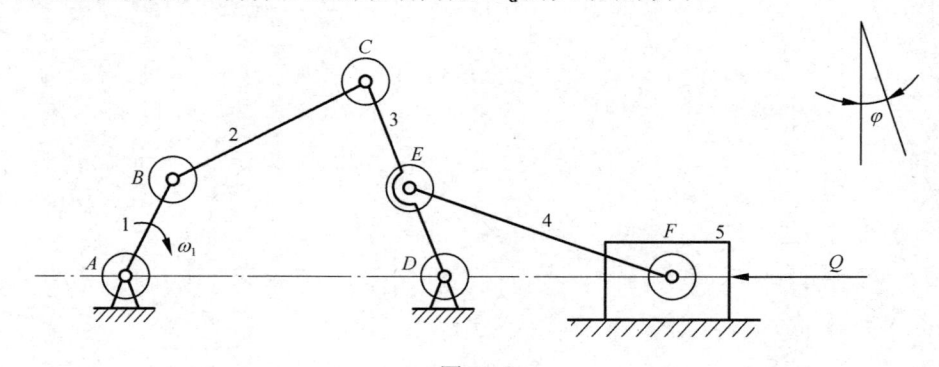

图 3-19

解：
（1）作出各运动副总反力的作用线，如图 3-20 所示。
（2）矢量方程如下。

$$构件3：\vec{R}_{43}+\vec{R}_{63}+\vec{R}_{23}=0$$
$$构件5：\vec{Q}+\vec{R}_{45}+\vec{R}_{65}=0$$

（3）$M_d = R_{21} \times h \times \mu_l$，方向为顺时针。

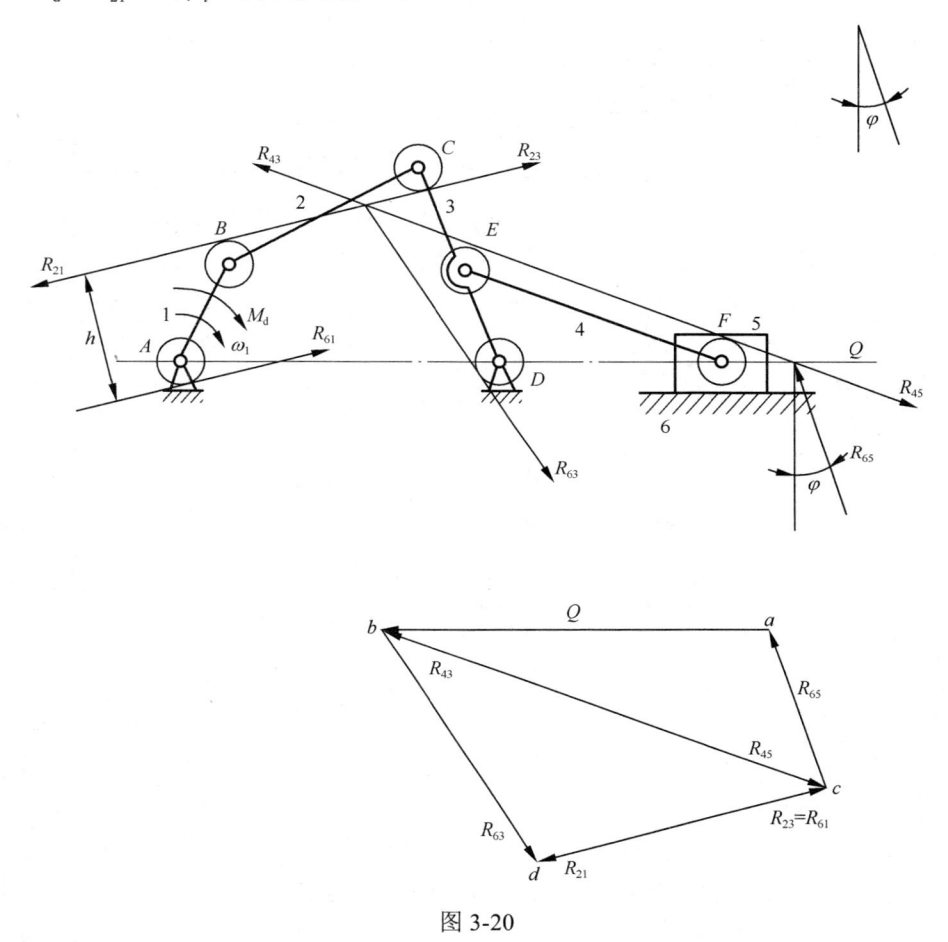

图 3-20

2．含有高副的组合机构受力分析

【03404】 图 3-21 所示为钻床工件夹紧机构的运动简图，夹紧力 $Q=100\mathrm{N}$，转动副的摩擦圆为图中细线圆，滑动摩擦角 $\varphi=5°$，不计工件和构件 2 间的摩擦。试在图中画出各运动副总反力的作用线及方向，并用图解法求出这些运动副总反力的大小和应加于手柄上的驱动力 P 值（注：夹头与工件之间的摩擦不计）。

解：
（1）作出各运动副总反力的作用线及方向，如图 3-22 所示。
（2）矢量方程如下。

$$构件2：\vec{R}_{42}+\vec{R}_{12}+\vec{R}_{32}=0，\vec{Q}=-\vec{R}_{42}$$
$$构件1：\vec{R}_{21}+\vec{P}+\vec{R}_{31}=0$$

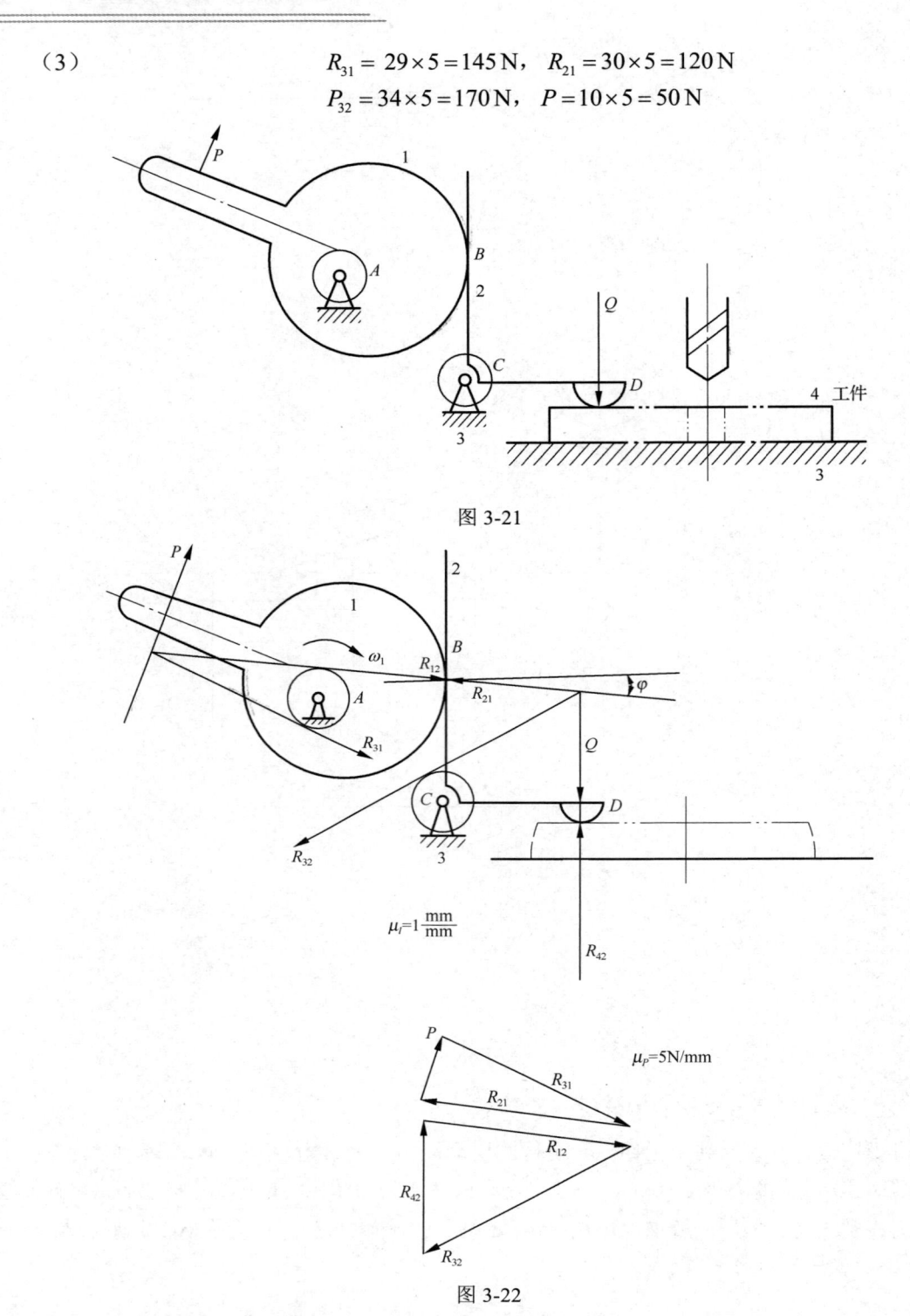

（3） $R_{31}=29\times5=145\,\text{N}$, $R_{21}=30\times5=120\,\text{N}$
$P_{32}=34\times5=170\,\text{N}$, $P=10\times5=50\,\text{N}$

图 3-21

图 3-22

【03405】 图 3-23 所示为一个偏心圆凸轮送料机构。已知各构件的尺寸和作用于送料杆 4 上的阻力 $\vec{P}_r$，试在图上画出运动副总反力 $\vec{R}_{12}$、$\vec{R}_{52}$、$\vec{R}_{51}$、$\vec{R}_{34}$，写出构件 2、4 的力矢量方程，画出机构的力多边形，并写出作用在构件 1 上平衡力矩 M_b 的计算式（不计重力、摩擦力、惯性力）。

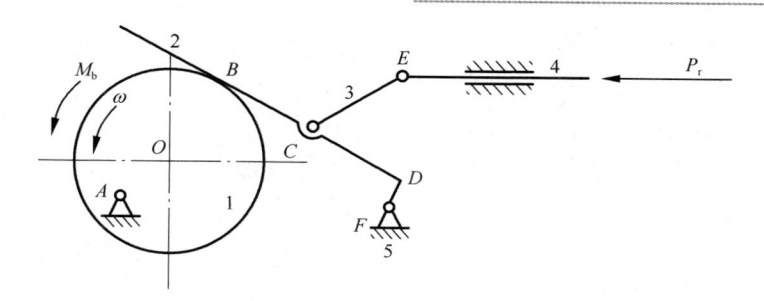

图 3-23

解：

（1）作出各力的作用线，如图 3-24 所示。

（2）力矢量方程如下。

构件 4：$\vec{P}_r + \vec{R}_{34} + \vec{R}_{54} = 0$

构件 2：$\vec{R}_{32} + \vec{R}_{12} + \vec{R}_{52} = 0$

（3）平衡力矩：$M_b = R_{12} \cdot h$。

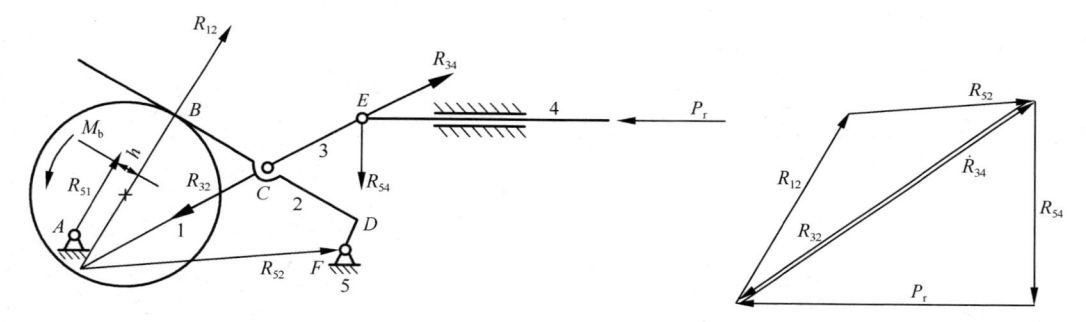

图 3-24

【03406】 图 3-25 所示为一个凸轮连杆组合机构的运动简图（比例尺 $\mu_l = 10\text{mm/mm}$）。凸轮为原动件，滑块上作用有工作阻力 $Q = 550\text{N}$，各转动副处的摩擦圆（以细线圆表示）及滑动摩擦角 φ 如图 3-25 所示。

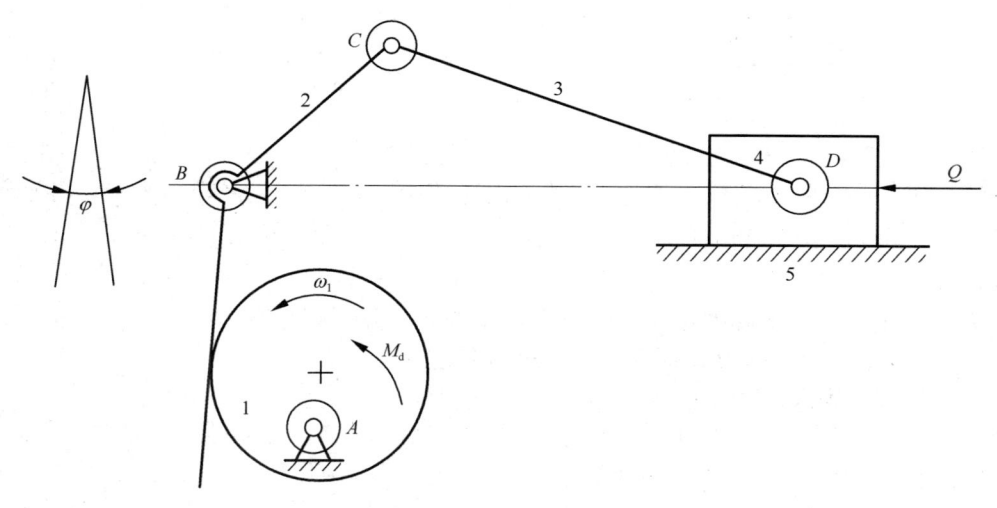

图 3-25

（1）写出构件 1、2、4 的力平衡方程式，在运动简图上画出各运动副的总反力（包括力作用线位置、力的指向、总反力符号）；

（2）取力比例尺 μ_P=25N/mm，画出力多边形；

（3）利用图上所得尺寸求出图 3-26 所示位置时需要的主动力矩 M_d。

解：

（1）构件 3 为二力杆且受压，构件 2、4 皆为三力会交力系问题，构件 1 为力矩平衡问题，构件 4、2、1 的力平衡方程如下：

$$R_{54} + R_{34} + Q = 0 \ ; \quad R_{32} + R_{52} + R_{12} = 0 \ ; \quad R_{21} + R_{51} + M_d = 0$$

各运动副总反力如图 3-26 所示。

（2）力多边形如图 3-26 所示。

（3）$R_{21} = 55 \times 25 = 1375\text{N}$，$M_d = R_{12} \times h \times 10 = 1375 \times 13 \times 10 = 178750\text{N} \cdot \text{mm} = 178.75\text{N} \cdot \text{m}$

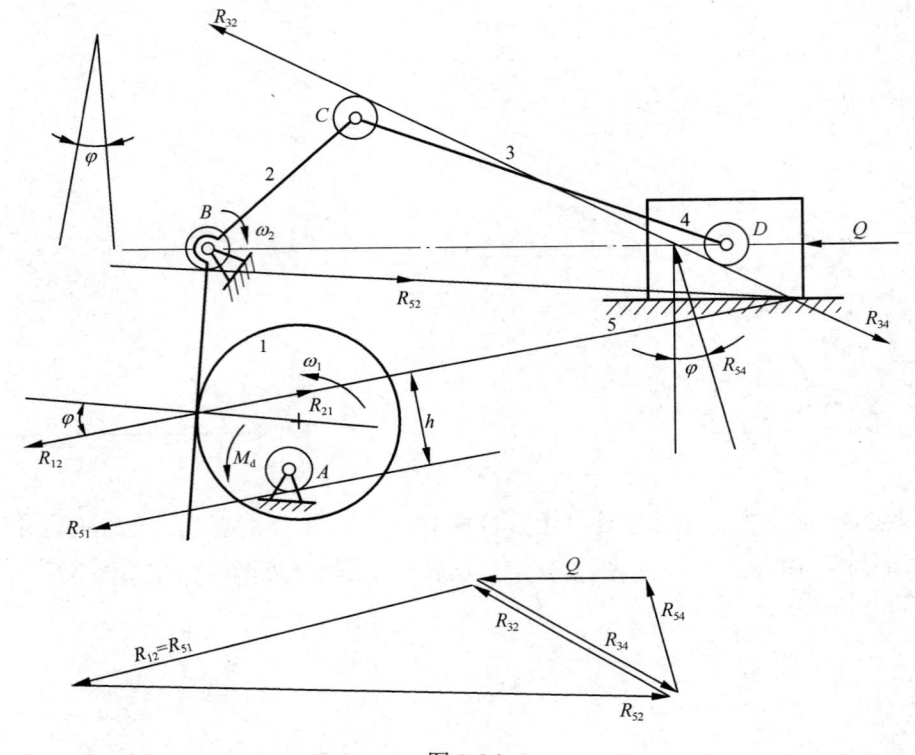

图 3-26

【03407】 在图 3-27 所示的齿轮连杆组合机构运动简图中，已知生产阻力为 $\vec{Q}$，各转动副的摩擦圆（以细线圆表示）和移动副的摩擦角如图 3-27 所示，不计齿轮副的摩擦。

试：

（1）在图中画出各运动副总反力的作用线及方向，并用符号表示；

（2）列出构件 2、4 的力矢量方程，画出力多边形；

（3）写出作用在齿轮 1 上驱动力矩 M_d 的表达式。

解：

（1）各运动副总反力如图 3-28 所示。

（2）力矢量方程如下。

$$R_{12}+R_{32}+R_{52}=0\ ;\quad R_{34}+R_{54}+Q=0$$

力多边形如图 3-28 所示。

(3) $M_d = R_{12} \times L_1$（$L_1 = R_{b1} + \rho$，ρ 为摩擦圆半径，R_{b1} 为齿轮 1 的基圆半径）。

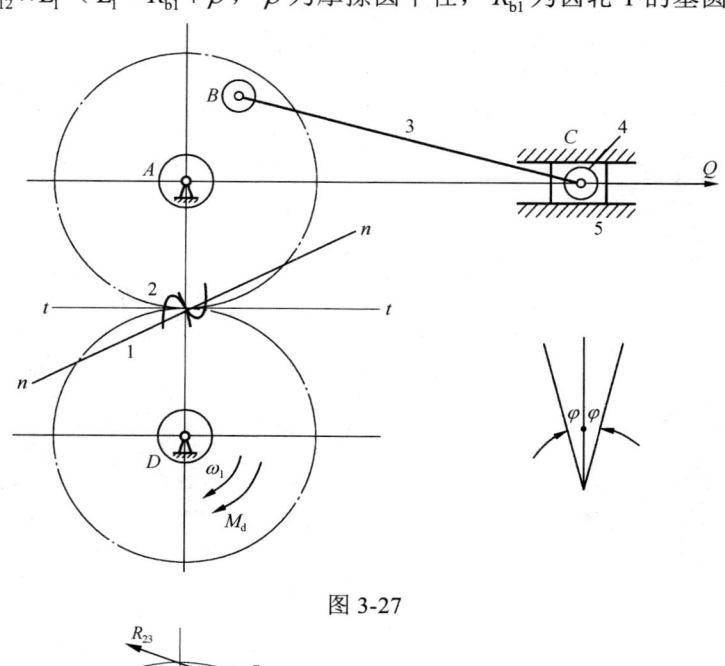

图 3-27

图 3-28

【03408】图 3-29（a）所示为一个齿轮连杆机构，已知机构运动简图比例尺 μ_l，生产阻力 $\vec{Q}$，各转动副（A、B、C、D、E）的摩擦圆如图 3-29 中细线圆所示，不计齿轮高副间的摩擦。试：

（1）在下面图中画出各运动副总反力（作用线位置及指向）；

（2）写出构件 4、3、1 的力矢量方程并画出力多边形；

（3）写出作用于原动件 1 上的驱动力矩 M_1 的表达式（注：在图示位置时 ω_{32} 为顺时针方向）。

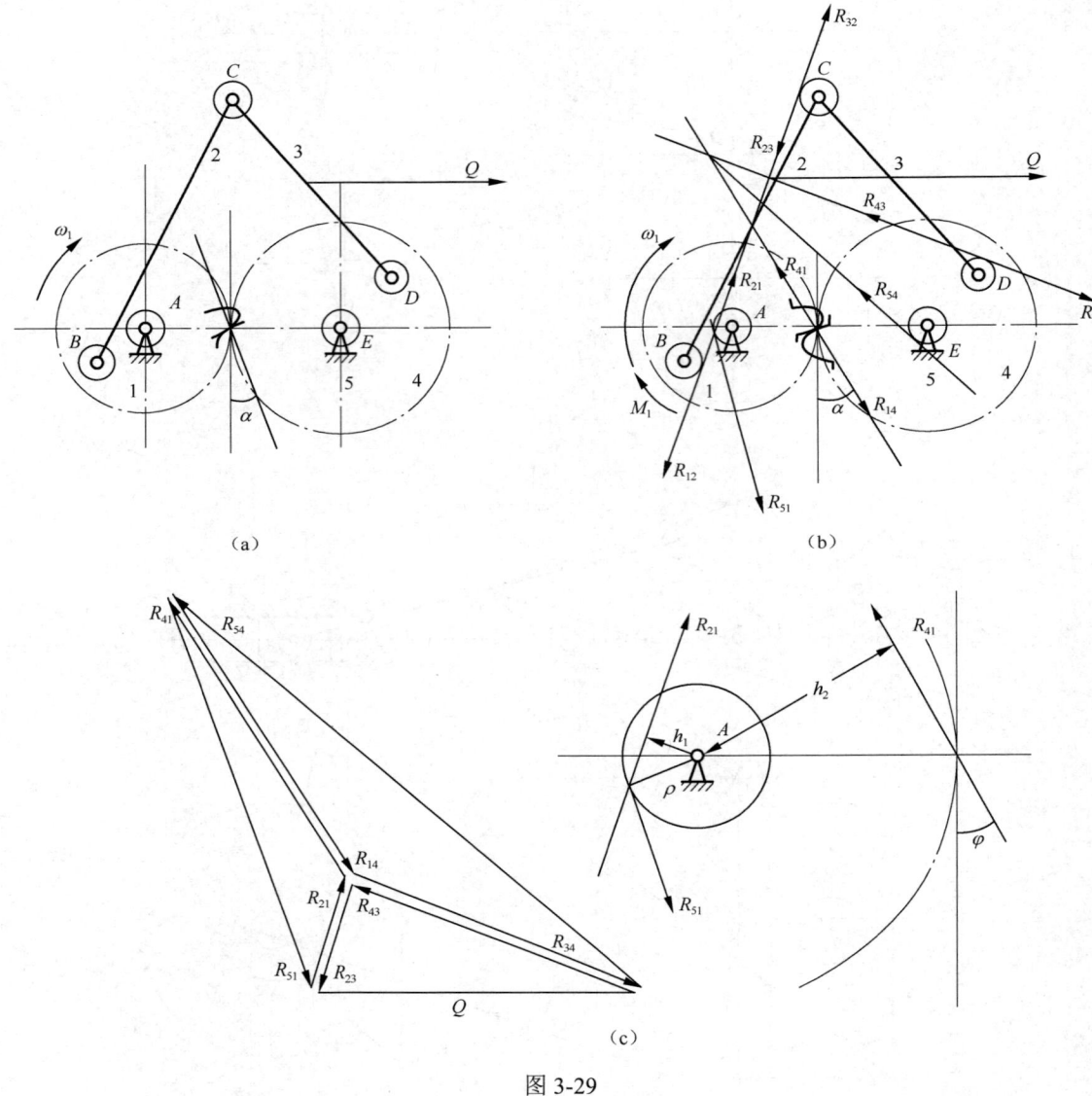

图 3-29

解：

（1）作出各运动副总反力的作用线，如图 3-29（b）所示。

（2）力矢量方程如下。

构件 3：$\vec{Q} + \vec{R}_{23} + \vec{R}_{43} = 0$，求出 $\vec{R}_{23}$、$\vec{R}_{43}$。

构件 4：$\vec{R}_{34} + \vec{R}_{54} + \vec{R}_{14} = 0$，求出 $\vec{R}_{54}$、$\vec{R}_{14}$。

构件 1：$\vec{R}_{21} + \vec{R}_{41} + \vec{R}_{51} = 0$，求出 $\vec{R}_{21}$、$\vec{R}_{51}$。

（3）构件 1 上应加的力矩 $M_1 = (R_{41}h_2 + R_{51}\rho - R_{21}h_1)\mu_l$，方向为顺时针。

3. 机械效率

【03409】已知图 3-30（a）所示斜面机构的倾斜角 α 和滑动摩擦系数 f，试推导滑块在 $\vec{Q}$ 力作用下向下滑动时的机械效率计算式。

解：

（1）绘出总反力 $\vec{R}$ 的作用线及方向，如图 3-30（b）所示。

（2）画出力三角形，如图 3-30（c）所示。

（3）力关系式为 $P = Q\tan(\alpha - \varphi)$。

（4）效率计算式为 $\eta = \dfrac{P}{P^0} = \dfrac{\tan(\alpha - \varphi)}{\tan \alpha}$，$P^0$ 为不考虑摩擦时的力。

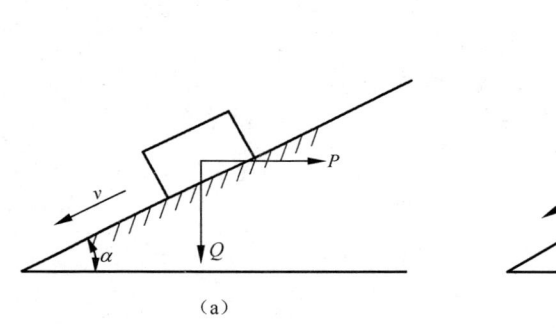

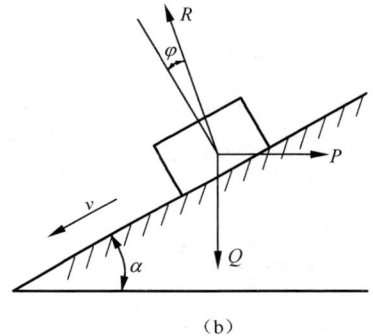

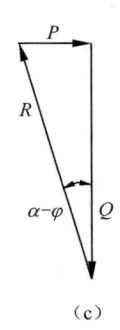

图 3-30

【03410】在图 3-31（a）所示的定滑轮中，已知滑轮直径 $D = 400\,\text{mm}$，滑轮轴直径 $d = 60\,\text{mm}$，摩擦系数 $f = 0.1$，载荷 $Q = 500\,\text{N}$，当不计绳与滑轮间的摩擦时，试用摩擦圆概念求：

（1）使 Q 等速上升时的驱动力 P；

（2）该滑轮的效率。

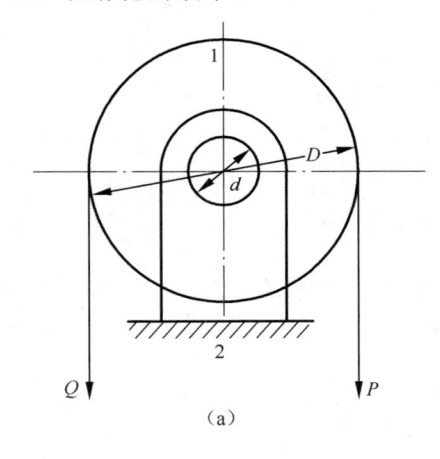

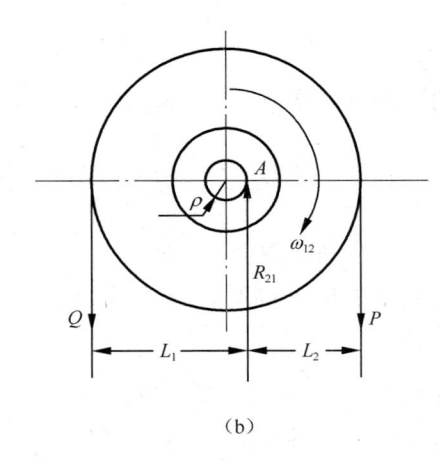

图 3-31

解：

（1）计算摩擦圆半径 ρ。

① $\rho = fr = 0.1 \times 60/2 = 3$ mm。
② 判断总反力 $\vec{R}$ 的方向。
③ 计算力 P。

$$\sum M_A = 0; \quad QL_1 = PL_2$$

$$P = \frac{L_1}{L_2}Q = \frac{D/2+\rho}{D/2-\rho}Q = 515.23\text{N}$$

（2）计算滑轮的效率。

$$\eta = \frac{P^0}{P} = \frac{500}{515.23} = 0.97$$

【03411】在图 3-32 所示的机构运动简图中，比例尺 μ_l=0.005m/mm，细实线圆为摩擦圆。试求：
（1）在图示位置欲产生夹紧力 Q=92N 所需的驱动力 $\vec{P}$；
（2）该机构在瞬时位置的效率 η（注：构件 2、4 之间摩擦不计，规定力比例尺 μ_P =1N/mm）。

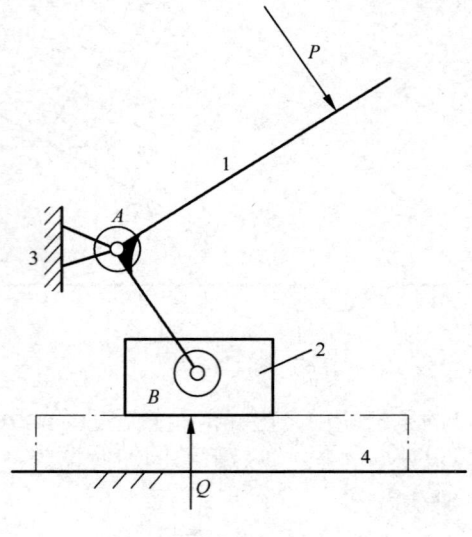

图 3-32

解：

（1）考虑摩擦时，作出运动副总反力的作用线，如图 3-33 所示。

$$\vec{P} + \vec{R}_{21} + \vec{R}_{31} = 0$$

$$\vec{R}_{21} = \vec{Q}$$

作出力三角形得 $P = 45$N。

（2）不考虑摩擦时，作出各力作用线方向（如图 3-33 虚线所示）。

$$\vec{P}^0 + \vec{R}^0_{21} + \vec{R}^0_{31} = 0$$

作出力多边形，得 $P^0 = 29$ N。

根据效率计算式得 $\eta = \dfrac{P^0}{P} = \dfrac{29}{45} = 64\%$。

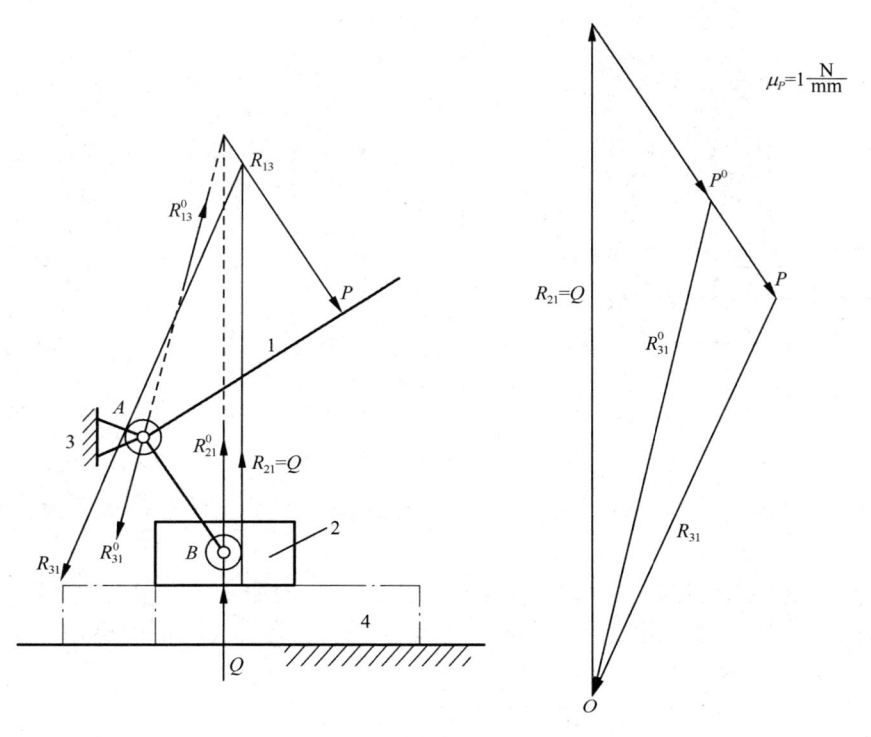

图 3-33

4. 机械自锁

【03412】图 3-34（a）所示为一个焊接用的楔形夹具，1、1' 为焊接工件，2 为夹具体，3 为楔块，各接触面间摩擦系数均为 f。

（1）画出楔块在夹紧力作用下向外退出（称反行程）时的受力图及力多边形，写出反行程中阻力 $\vec{P}'$ 的计算式；

（2）导出反行程的自锁条件。

解：

（1）作出受力图，如图 3-34（b）所示。

（2）楔块 3 的力平衡方程为 $\vec{P}' + \vec{R}_{13} + \vec{R}_{23} = 0$。

按正弦定理知

$$\frac{P'}{\sin(\alpha - 2\varphi)} = \frac{R_{23}}{\sin(90° + \varphi)} = \frac{R_{23}}{\cos\varphi}$$

$$P' = R_{23}\frac{\sin(\alpha - 2\varphi)}{\cos\varphi}$$

（3）自锁条件为

$$\eta = \frac{P'}{P_0} = \frac{\sin(\alpha - 2\varphi)}{\cos\varphi \sin\alpha}$$

若 $\eta \leq 0$，则 $\alpha \leq 2\varphi$ 为自锁条件；或若 $P' < 0$，则 $\alpha < 2\varphi$。

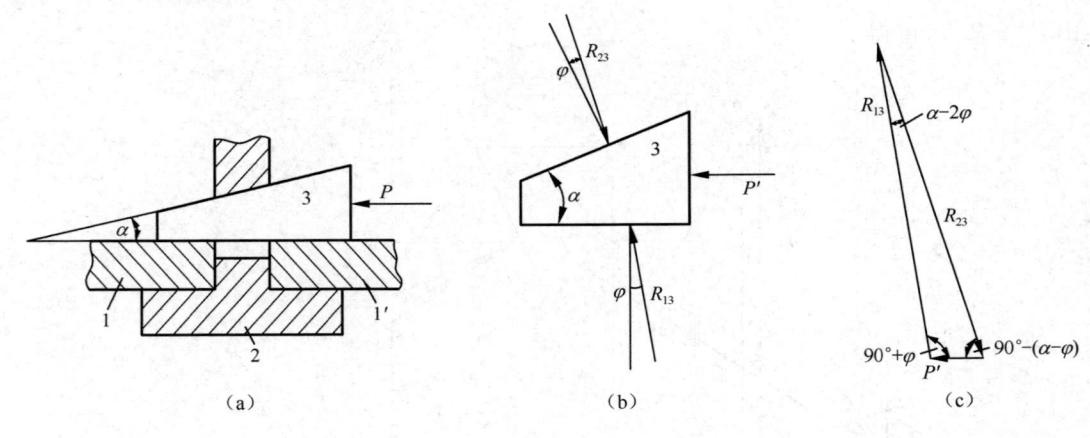

图 3-34

【03413】图 3-35 所示为一个楔块连接结构，被连接的两个拉杆受拉力 $\vec{P}$，已知摩擦系数 $f = 0.15$。

（1）此连接能够起到连接作用时（楔块不向上脱出），应取 α 角为多大？（保留两位小数）

（2）在拉力 $\vec{P}$ 作用下，要打出楔块时，需要加的力 $\vec{T}$ 多大（注：用已知力 P、楔角 α、摩擦角 φ 的代数式表示 T）。

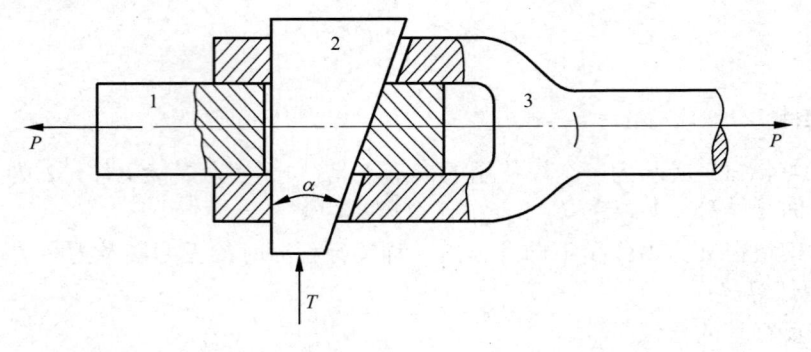

图 3-35

解：（1）以楔块 2 为受力体进行分析，受力情况如图 3-36（a）所示。

楔块不向上脱出的条件为

$$R_{12}\sin(\alpha - \varphi) \leq R_{32}\sin\varphi \qquad (3-1)$$

$$R_{12}\cos(\alpha - \varphi) = R_{32}\cos\varphi \qquad (3-2)$$

由式（3-1）和式（3-2）得 $\tan(\alpha - \varphi) \leq \tan\varphi$，$\alpha - \varphi \leq \varphi$，$\alpha \leq 2\varphi$，因为 $\varphi = \arctan f \approx 8.53°$，所以 $\alpha \leq 17.06°$。

也可直接由图 3-36（b）判断，R_{12} 作用在 nn 线（水平线）两侧 φ 角范围内，即可发生自锁，即 $\alpha - \varphi \leq \varphi$，所以 $\alpha \leq 2\varphi = 17.06°$。

（2）自锁情况下要打出楔块的力 $\vec{T}$，作出受力图，如图 3-36（b）所示。

根据机构受力图作出机构力多边形，如图 3-36（c）所示，利用正弦定理得

$$\frac{T}{\sin(2\varphi - \alpha)} = \frac{R_{12}}{\sin(90° - \varphi)} \quad \text{和} \quad \frac{R_{21}}{\sin(90° - \varphi)} = \frac{P}{\sin(90° + \alpha)}$$

由 $R_{12} = R_{21}$，可得

$$T = \frac{\sin(2\varphi - \alpha)}{\cos\alpha} P$$

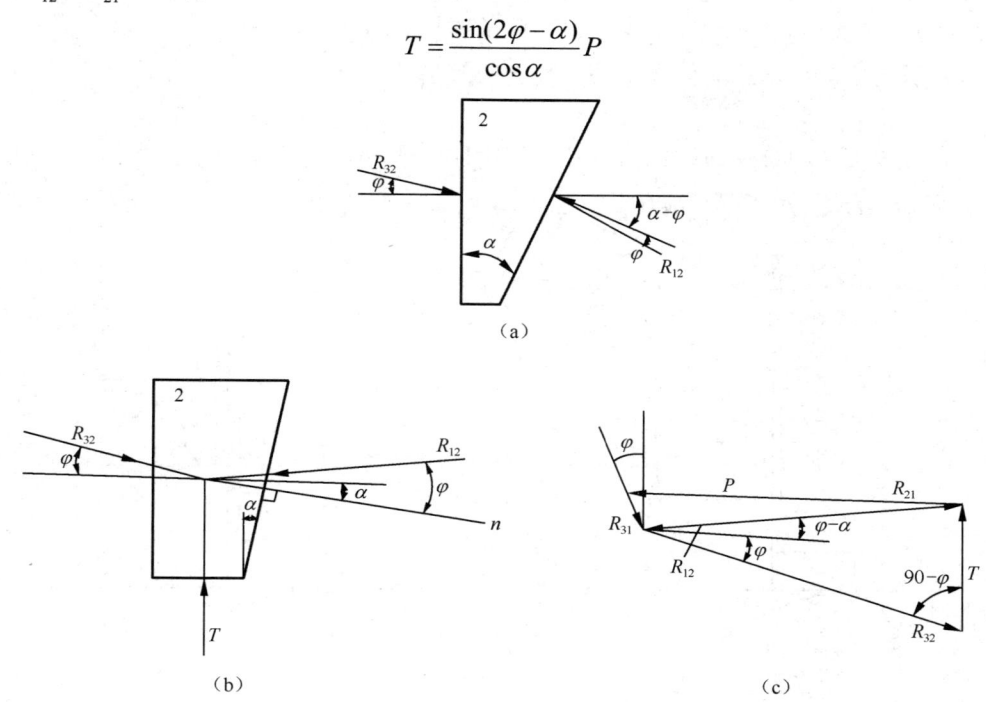

(a)

(b)

(c)

图 3-36

【03414】图 3-37（a）所示为一个楔块装置，两个面的摩擦系数均为 f。求将楔块 1 打入 2 后能自锁的条件，即撤去 $\vec{P}$ 力后，在楔紧力作用下，楔块 1 不能脱出的条件。

解：

（1）作出楔块的受力图，如图 3-37（b）所示。

（2）作出力多边形，如图 3-37（c）所示。

（3）$R'_{21} = R_{21}$，$P = 2R_{21}\sin(\alpha - \varphi)$。

（4）$P \leq 0$ 即 $\alpha \leq \varphi$，能自锁。

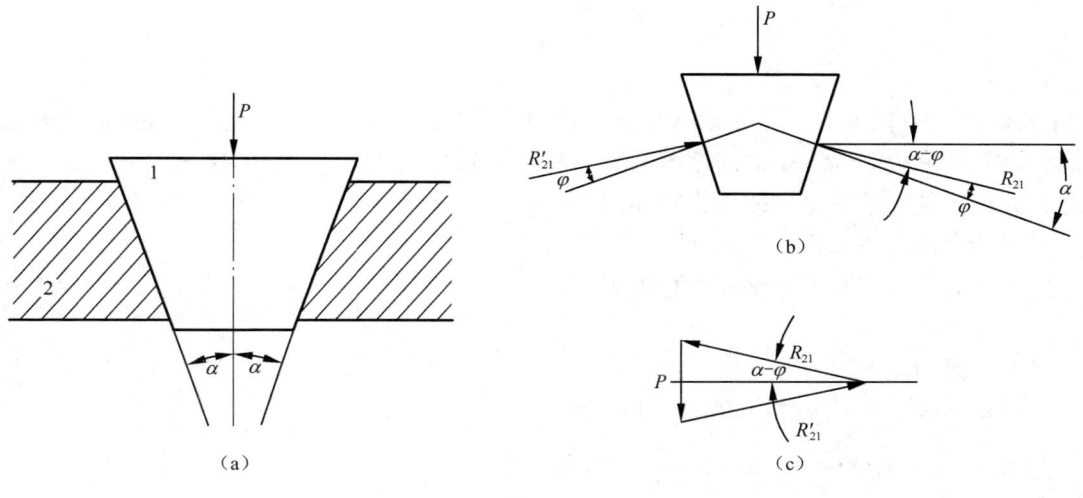

(a)

(b)

(c)

图 3-37

【03415】在图 3-38（a）所示的凸轮机构中，已知凸轮与从动件平底的接触点至从动件导路的最远距离 $L_m=100$ mm，从动件与其导轨之间的摩擦系数 $f=0.2$，若不计平底与凸轮接触处的摩擦，为了避免自锁，从动件导轨的长度 b 应满足什么条件？

解：

（1）作出各运动副总反力的作用线及方向，如图 3-38（b）所示。

（2）$\sum M_A=0$，$PL_m - F_{NB}b = 0$，$F_{NB} = \dfrac{L_m}{b}P$。

（3）$\sum M_B=0$，$PL_m - F_{NA}b = 0$，$F_{NA} = \dfrac{L_m}{b}P$。

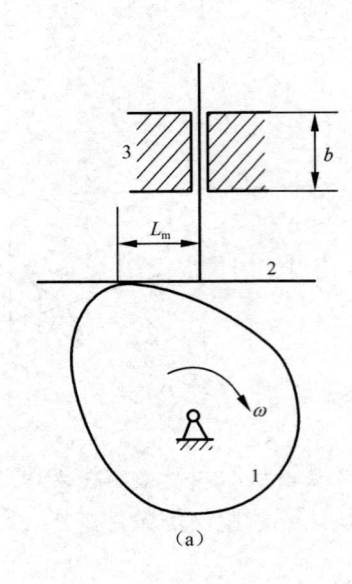

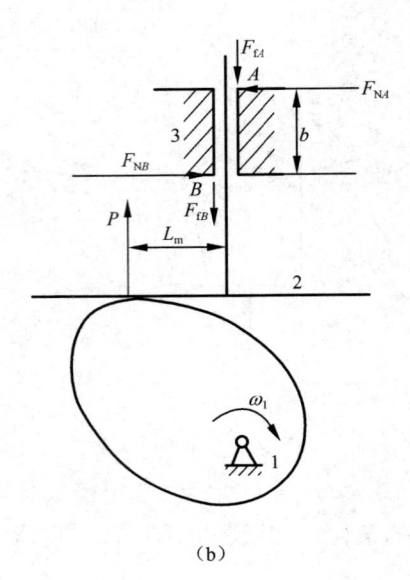

图 3-38

（4）不自锁条件为

$$P \geq F_{fA} + F_{fB} = (F_{NA} + F_{NB})f$$

$$P \geq \dfrac{2L_m Pf}{b}$$

$$b \geq 2L_m f$$

即 $b \geq 40$ mm

【03416】图 3-39 所示为一个手动压力机。已知螺杆外径 $d=44$ mm，内径 $d_1=36$ mm，双头方牙螺纹，螺距 $P=4$ mm，螺纹间摩擦系数 $f=0.1$。欲实现压力 $Q=1000$ N。

(1) 计算加于手轮上的驱动力矩 M_1；
(2) 计算压力机的机械效率 η；
(3) 说明反行程是否自锁？为什么？

解：

(1) 计算力矩 M_1。

中径 $d_2 = (d_1+d)/2 = (44+36)/2 = 40$ mm。

① 升角 $\lambda = \arctan\dfrac{zP}{\pi d_2} = \arctan\dfrac{8}{\pi 40} \approx 3.643°$。

② 摩擦角 $\varphi = \arctan f = \arctan 0.1 \approx 5.71°$。

③ 力矩 $M_1 = \dfrac{d_2 Q}{2}\tan(\lambda+\varphi) = \dfrac{40\times 1000}{2}\tan(3.64°+5.71°) \approx 3.29 \text{N}\cdot\text{m}$。

（2）计算 η（不考虑摩擦力）。

① $M_0 = \dfrac{d_2}{2}Q\tan\lambda = \dfrac{40}{2}\times 1000\times \tan 3.643° \approx 1.27 \text{N}\cdot\text{m}$。

② $\eta = \dfrac{M_0}{M} = \dfrac{1.27}{3.29} \approx 38\%$。

（3）自锁性。

由于 $\lambda < \varphi$，故反行程自锁。

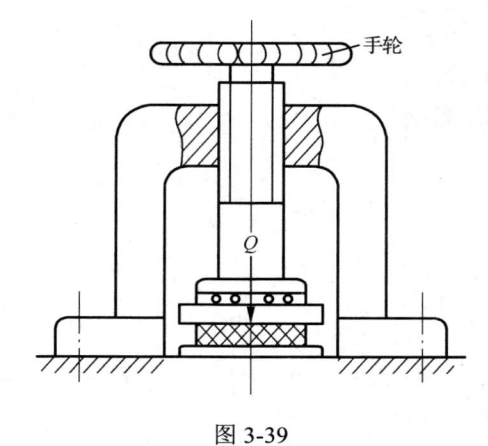

图 3-39

第 4 章　机械的平衡

一、内容提要

（一）机械平衡的概念
（二）刚性转子的平衡计算
（三）刚性转子的平衡试验

二、本章重点

（一）机械平衡的概念

在机械运转过程中，构件的运动将产生惯性力。这些惯性力会在运动副中产生附加动压力。这将增加运动副中的摩擦力和构件的内应力，导致磨损加剧、效率降低，并影响构件的强度。而且，惯性力随着机械的运动而周期性变化，这种周期性变化的附加作用力将会使机械产生振动，从而使机械的工作精度和可靠性下降，零件材料内部的疲劳损伤加剧，并由振动产生噪声，尤其当振动频率接近机械系统的固有频率时，将会引起共振，从而使机械遭到破坏，甚至危及人员和厂房的安全，这一问题在高速、重型及精密机械中尤为突出。

机械平衡就是指研究机械中惯性力的变化规律，并设法使惯性力得到平衡。机械平衡问题可以分为两类。一类是回转构件的平衡，即转子的平衡。造成转子不平衡的原因主要是转子的质量分布不均匀或安装有误差等，这些原因致使其中心惯性主轴与回转轴线不重合，从而在转动时产生的离心惯性力系不平衡。通过平衡，使其不平衡惯性力在构件内部得到平衡。另一类是机构的平衡，当机构中含有往复运动的构件或做平面复杂运动的构件时，各构件在运动时产生的惯性力和惯性力偶矩，最终以合力（总惯性力）和合力偶矩（总惯性力偶矩）的形式作用于机构的机架上，这类平衡问题亦称为机构在机架上的平衡。机构中的总惯性力和总惯性力偶矩有时能够完全平衡，有时则只能部分得到平衡。

（二）刚性转子的平衡计算

对于比较重要的或转速较高的刚性转子，在设计阶段就应进行平衡计算，并根据计算结果重新调整质量分布，使其质量中心与回转轴线重合，这种工作称为刚性转子的平衡计算。

刚性转子的平衡计算，分为静平衡计算和动平衡计算两种。

1. 静平衡计算

对于宽径比 $\frac{L}{D} \leq \frac{1}{5}$ 的刚性转子，可以近似地认为其质量都分布在垂直于轴线的同一回转平面内，这样的转子若存在不平衡，在静止时就能够显示出来，故称为静不平衡。对于静不平衡的转子，无论存在多少个偏心质量，只要添加（或减去）一个适当的配重（平衡质量），即可达到平衡，这种平衡称为静平衡（又称单面平衡）。对于此类刚性转子，可将其各个偏心质量所产生的离心惯性力近似地视为构成一个合力为 $\Sigma \vec{F}_i$ 的平面汇交力系。在 $\Sigma \vec{F}_i \neq 0$ 时，只需在其回转平面内添加一个质量为 m_b 的配重，使它产生的离心惯性力 $\vec{F}_b$ 与 $\Sigma \vec{F}_i$ 的矢量和等于零或质径积的矢量和等于零，即

$$\vec{F}_b + \Sigma \vec{F}_i = 0 \tag{4-1}$$

或

$$m_b \vec{r}_b + \Sigma m_i \vec{r}_i = 0 \tag{4-2}$$

在一个刚性转子结构设计完成之后，即可确定其各个偏心质量的质径积 $\Sigma m_i \vec{r}_i$，然后用图解法或解析法求出应加配重的质径积 $m_b \vec{r}_b$ 的大小和方位。

2. 动平衡计算

对于宽径比 $\frac{L}{D} > \frac{1}{5}$ 的刚性转子，就不能再近似地认为其质量都分布在同一回转平面内了，其质量往往是随机地分布在不同的回转平面内。这种转子的不平衡，一般除存在静不平衡外，还会存在惯性力偶的不平衡，即使整个转子的质心位于回转轴线上，各偏心质量产生的离心惯性力系仍可能是不平衡的，这种不平衡只有在转子回转时才能完全显示出来，故称为动不平衡。对于动不平衡的转子，只要在任选的两个垂直于轴线的平衡平面内各添加（或减去）一个适当的配重，即可使该转子达到动平衡（又称双面平衡）。对于此类刚性转子，可先根据结构设计图计算出各个偏心质量的质径积 $m_i \vec{r}_i$，再依据平行力系分解的原理，将它们分解到两个选定的平衡平面内，然后按照与静平衡计算相同的方法，分别求出两个平衡平面内各应加配重的质径积 $m'_b \vec{r}'_b$ 和 $m''_b \vec{r}''_b$，这样就使得其惯性力的矢量和等于零，其惯性力矩的矢量和也等于零，即

$$\Sigma \vec{F} = 0 \tag{4-3}$$

$$\Sigma \vec{M} = 0 \tag{4-4}$$

由以上分析可知，因为动平衡同时满足了静平衡的条件，所以达到动平衡的转子一定是静平衡的；然而，达到静平衡的转子不一定是动平衡的。

（三）刚性转子的平衡试验

经过平衡设计的刚性转子理论上应该是完全平衡的，但是由于计算误差和制造、安装中的偏差及材料密度不均匀等因素，使得制造出来的刚性转子仍然存在不平衡，这只能借助于平衡设备，用试验的方法来加以平衡。对于 $\frac{L}{D} \leq \frac{1}{5}$ 的刚性转子，可在静平衡架上进行静平衡试验；对于 $\frac{L}{D} > \frac{1}{5}$ 的刚性转子，需要在动平衡机上进行动平衡试验。

完全绝对平衡的转子是不存在的，实际上也不必要，所以应根据实际工作要求，适当地

选定转子的平衡品质，并由此得出许用偏心距[e]或许用质径积[mr]，经过平衡设计及平衡试验后的转子，它的偏心距或质径积应分别小于其许用值，这样就可保证转子安全工作。

三、典型例题

【例 4-1】在图 4-1 所示的盘形转子中，各不平衡质量的大小与方位角分别为 $m_1 = 3\text{kg}$，$r_1 = 80\text{mm}$，$\theta_1 = 60°$；$m_2 = 2\text{kg}$，$r_2 = 80\text{mm}$，$\theta_2 = 150°$；$m_3 = 2\text{kg}$，$r_3 = 60\text{mm}$，$\theta_3 = 225°$。求在 $r = 80\text{mm}$ 处应加的配重质量和方位角。

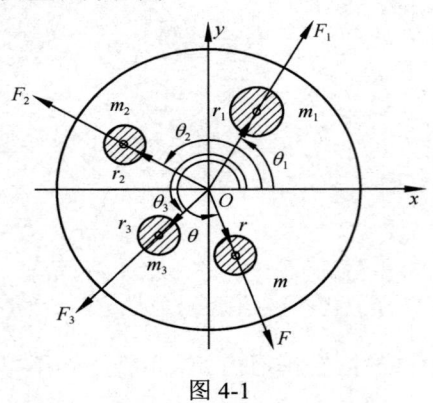

图 4-1

解：

用解析法求解。设在 $r = 80\text{mm}$ 处应加的配重质量为 m，方位角为 θ。根据力系平衡方程可列下式。

$$F_1 \cos\theta_1 + F_2 \cos\theta_2 + F_3 \cos\theta_3 + F\cos\theta = 0$$
$$F_1 \sin\theta_1 + F_2 \sin\theta_2 + F_3 \sin\theta_3 + F\sin\theta = 0$$

整理可得

$$\sum_{i=1}^{3} m_i r_i \cos\theta_i + mr\cos\theta = 0$$

$$\sum_{i=1}^{3} m_i r_i \sin\theta_i + mr\sin\theta = 0$$

$$mr = \left[\left(\sum_{i=1}^{3} m_i r_i \cos\theta_i\right)^2 + \left(\sum_{i=1}^{3} m_i r_i \sin\theta_i\right)^2\right]^{\frac{1}{2}}$$

$$= [(m_1 r_1 \cos\theta_1 + m_2 r_2 \cos\theta_2 + m_3 r_3 \cos\theta_3)^2 + (m_1 r_1 \sin\theta_1 + m_2 r_2 \sin\theta_2 + m_3 r_3 \sin\theta_3)^2]^{\frac{1}{2}}$$

代入已知数据并计算得

$$mr \approx 227.8 \text{kg} \cdot \text{mm}$$

$$m = \frac{227.8 \text{kg} \cdot \text{mm}}{80 \text{mm}} \approx 2.85 \text{kg}$$

$$\theta = \arctan\left[\frac{\sum_{i=1}^{3}(-m_i r_i \sin\theta_i)}{\sum_{i=1}^{3}(-m_i r_i \cos\theta_i)}\right] = \arctan\left[\frac{-240\sin 60° - 160\sin 150° - 120\sin 225°}{-240\cos 60° - 160\cos 150° - 120\cos 225°}\right]$$

$$= \arctan\left[\frac{-203}{103.4}\right] \approx 297°$$

【例 4-2】 在图 4-2（a）所示的刚性转子中，已知各个不平衡质量、向径、方位角及所在回转平面的位置分别为 $m_1 = 12\text{kg}$，$m_2 = 20\text{kg}$，$m_3 = 21\text{kg}$；$r_1 = 20\text{mm}$，$r_2 = 15\text{mm}$，$r_3 = 10\text{mm}$；$\alpha_1 = 60°$，$\alpha_2 = 90°$，$\alpha_3 = 30°$；$L_1 = 50\text{mm}$，$L_2 = 80\text{mm}$，$L_3 = 160\text{mm}$。该转子选定的两个平衡平面 T' 和 T'' 之间距离 $L = 120\text{mm}$，应加配重的向径分别为 $r'_b = 30\text{mm}$ 和 $r''_b = 40\text{mm}$。求应加配重的质量 m'_b 和 m''_b 及它们的方位角 α'_b 和 α''_b。

解：

用图解法求解。根据已知条件，计算出各个不平衡质量的质径积分别为

$$m_1 r_1 = 12 \times 20 = 240 \text{kg·mm}$$
$$m_2 r_2 = 20 \times 15 = 300 \text{kg·mm}$$
$$m_3 r_3 = 21 \times 10 = 210 \text{kg·mm}$$

按照平行力系分解的原理，分别求出各不平衡质径积在两个平衡平面 T' 和 T'' 内的分量为

$$m'_1 r'_1 = \frac{L - L_1}{L} m_1 r_1 = \frac{120 - 50}{120} \times 240 = 140 \text{kg·mm}$$

$$m'_2 r'_2 = \frac{L - L_2}{L} m_2 r_2 = \frac{120 - 80}{120} \times 300 = 100 \text{kg·mm}$$

$$m'_3 r'_3 = \frac{L - L_3}{L} m_3 r_3 = \frac{120 - 160}{120} \times 210 = -70 \text{kg·mm} \quad (\text{方向与 } r_3 \text{ 相反})$$

$$m''_1 r''_1 = \frac{L_1}{L} m_1 r_1 = \frac{50}{120} \times 240 = 100 \text{kg·mm}$$

$$m''_2 r''_2 = \frac{L_2}{L} m_2 r_2 = \frac{80}{120} \times 300 = 200 \text{kg·mm}$$

$$m''_3 r''_3 = \frac{L_3}{L} m_3 r_3 = \frac{160}{120} \times 210 = 280 \text{kg·mm}$$

在两个平衡平面内的质径积向量方程分别为

$$m'_b \vec{r'_b} + m'_1 \vec{r'_1} + m'_2 \vec{r'_2} + m'_3 \vec{r'_3} = 0$$
$$m''_b \vec{r''_b} + m''_1 \vec{r''_1} + m''_2 \vec{r''_2} + m''_3 \vec{r''_3} = 0$$

取质径积比例尺 $\mu_w = 10 \dfrac{\text{kg·mm}}{\text{mm}}$，分别按上述两个向量方程作向量多边形 $a'b'c'd'$ 和 $a''b''c''d''$，如图 4-2（b）和图 4-2（c）所示，从而求得

$$m'_b r'_b = W'_b \cdot \mu_w = 13.2 \times 10 = 132 \text{kg·mm}$$
$$m''_b r''_b = W''_b \cdot \mu_w = 18.8 \times 10 = 188 \text{kg·mm}$$

则

$$m'_b = \frac{m'_b r'_b}{r'_b} = \frac{132}{30} = 4.4 \text{kg}$$

$$m_b'' = \frac{m_b'' r_b''}{r_b''} = \frac{188}{40} = 4.7 \text{kg}$$

从图 4-2（b）和图 4-2（c）中分别量得其方位角为

$$\alpha_b' = 6°$$
$$\alpha_b'' = 75.5°$$

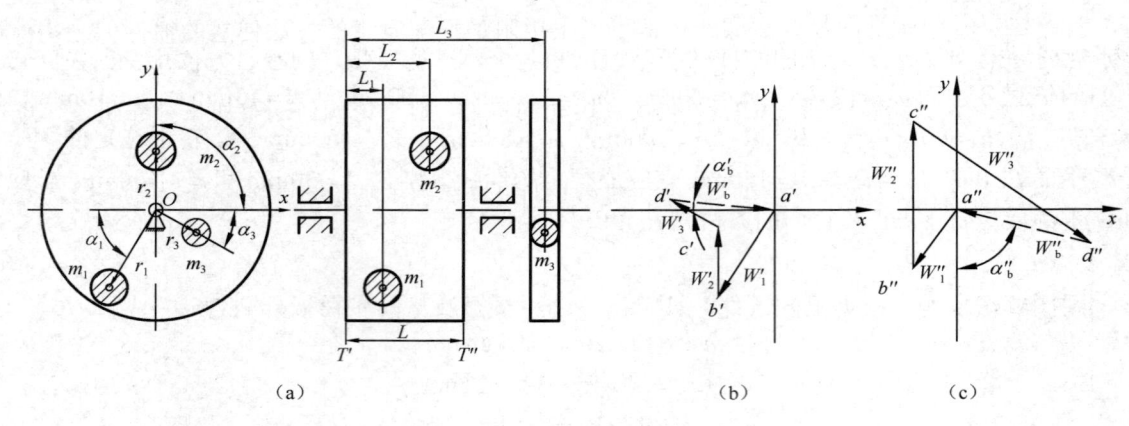

图 4-2

四、复习思考题

1. 为什么要进行机械的平衡？机械平衡有几种？用什么方法进行平衡？
2. 如何计算同一平面内回转质量的平衡？何谓静平衡？其条件是什么？
3. 如何计算平行平面内回转质量的平衡？何谓动平衡？其条件是什么？
4. 哪些构件只需进行静平衡？简述一种静平衡的试验方法。
5. 哪些构件必须进行动平衡？简述一种动平衡机的工作原理。
6. 要求进行动平衡的回转件，如果只进行静平衡，是否一定能减轻不平衡质量造成的不良影响？
7. 何谓质径积？为什么要提出质径积这个概念？
8. 在工程上规定许用不平衡量的目的是什么？为什么绝对的平衡是不可能的？
9. 什么是平面机构的完全平衡法？它有何特点？
10. 什么是平面机构的部分平衡法？为什么要这样处理？

五、习题精解

（一）判断题

1. 若刚性转子满足动平衡条件，则该转子也满足静平衡条件。　　　　　　　　（　　）
2. 不论刚性回转体上有多少个平衡质量，也不论它们如何分布，只需要在任意选定两个平面内，分别适当地加平衡质量即可达到动平衡。　　　　　　　　　　　　　　　　　　（　　）

3．设计形体不对称的回转构件，虽已进行精确的平衡计算，但在制造过程中仍需安排平衡校正工序。（　　）

4．经过动平衡校正的刚性转子，任一回转面内仍可能存在偏心质量。（　　）

5．通常提到的连杆机构惯性力平衡是指使连杆机构与机架相连接的各个运动副内的动反力全为零，从而减小或消除机架的振动。（　　）

6．做往复运动或平面复合运动的构件可以采用附加平衡质量的方法使它的惯性力在构件内部得到平衡。（　　）

7．若机构中存在做往复运动或平面复合运动的构件，则不论如何调整质量分布仍不可能消除运动副中的动压力。（　　）

8．绕定轴摆动且质心与摆动轴线不重合的构件，可在其上加减平衡质量来达到惯性力系平衡的目的。（　　）

【答案】

（二）填空题

1．研究机械平衡的目的是部分或完全消除构件在运动时所产生的_____，减少或消除在机构各运动副中所引起的_____力，减轻有害的机械振动，改善机械工作性能和延长使用寿命。

2．回转构件的直径 D 和轴向宽度 b 之比 D/b 符合_____条件或有重要作用的回转构件，必须满足动平衡条件方能平稳地运转。若不平衡，必须至少在_____个校正平面上各自适当地加上或去除平衡质量，方能获得平衡。

3．只使刚性转子的_____得到平衡称为静平衡，此时只需在____个平衡平面中加减平衡质量；使_____同时达到平衡称为动平衡，此时至少要在____个选定的平衡平面中加减平衡质量，方能解决转子的不平衡问题。

4．刚性转子静平衡的力学条件是_____，而动平衡的力学条件是_____。

5．符合静平衡条件的回转构件，其质心位置在_____。静不平衡的回转构件，由于重力矩的作用，必定在_____位置静止，由此可确定应添加（或减去）平衡质量的方向。

6．当回转构件的转速较低，不超过_____范围时，回转构件可以看作刚性物体，这类平衡称为刚性回转件的平衡。随着转速上升并超越上述范围，回转构件出现明显变形，这类回转件的平衡问题称为_____回转件的平衡。

7．机构总惯性力在机架上平衡的条件是_____。

8．连杆机构总惯性力平衡的条件是_____，它可以采用附加平衡质量或者附加_____等方法来达到。

9．对于绕固定轴回转的构件，可以采用_____的方法使构件上所有质量的惯性力形成平衡力系，达到回转构件的平衡。若机构中存在做往复运动或平面复合运动的构件，应采用_____的方法，方能使作用于机架上的总惯性力得到平衡。

【答案】

（三）选择题

1. 图4-3为一个行星轮系传动装置，设该装置中各零件的材料均匀、制造精确、安装正确，则该装置绕AB轴线回转时，处于_____状态。
（A）静不平衡（$\sum F_b \neq 0$）；　　　　　　　（B）静平衡（$\sum F_b = 0$）；
（C）完全不平衡（$\sum F_b \neq 0$，$\sum M_b \neq 0$）；（D）动平衡（$\sum F_b = 0$，$\sum M_b = 0$）。

2. 设图4-4所示回转体的材料均匀、制造精确、安装正确，当它绕AA轴线回转时，该回转体处于_____状态。
（A）静不平衡（$\sum F_b \neq 0$）；　　　　　　　（B）静平衡（$\sum F_b = 0$）；
（C）完全不平衡（$\sum F_b \neq 0$，$\sum M_b \neq 0$）；（D）动平衡（$\sum F_b = 0$，$\sum M_b = 0$）。

3. 图4-5所示为一个圆柱凸轮，设该凸轮的材料均匀、制造精确、安装正确，则当它绕AA轴线转动时，处于_____状态。
（A）静不平衡（$\sum F_b \neq 0$）；　　　　　　　（B）静平衡（$\sum F_b = 0$）；
（C）完全不平衡（$\sum F_b \neq 0$，$\sum M_b \neq 0$）；（D）动平衡（$\sum F_b = 0$，$\sum M_b = 0$）。

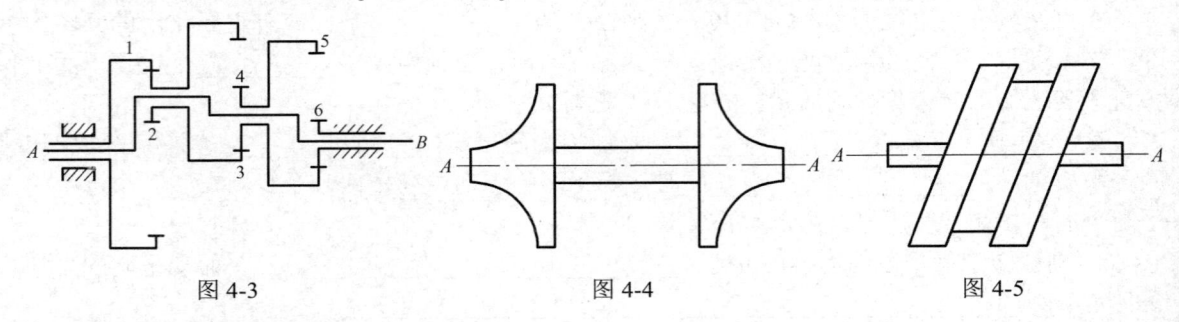

图4-3　　　　　　　　　　图4-4　　　　　　　　　　图4-5

4. 机械的平衡研究的内容是_____。
（A）驱动力与阻力间的平衡；　　　（B）各构件作用力间的平衡；
（C）惯性力系间的平衡；　　　　　（D）输入功率与输出功率间的平衡。

5. 图4-6所示为一个变直径带轮。设该带轮的材料均匀、制造精确、安装正确，当它绕AA轴线回转时，处于_____状态。
（A）静不平衡（$\sum F_b \neq 0$）；
（B）静平衡（$\sum F_b = 0$）；
（C）完全不平衡（$\sum F_b \neq 0$，$\sum M_b \neq 0$）；
（D）动平衡（$\sum F_b = 0$，$\sum M_b = 0$）。

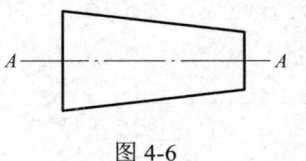

图4-6

6. 图4-7为一个曲柄滑块机构（不计曲柄与连杆的质量）。为了平衡滑块C往复时产生的往复惯性力，在曲柄AB的延长线上附加平衡质量m_b，当合理选择平衡质量质径积$m_b r_b$的大小后，可使该曲柄滑块达到_____。

（A）平衡全部往复惯性力，在其他方向也不引起附加惯性力；
（B）平衡全部往复惯性力，在铅垂方向引起附加惯性力；
（C）平衡滑块第一级惯性力，在其他方向也不引起附加惯性力；
（D）平衡滑块第一级惯性力的全部或部分，在铅垂方向引起附加惯性力。

7. 为了平衡图 4-8 所示曲柄滑块机构 ABC 中滑块 C 的往复惯性力（曲柄和连杆质量不计），在原机构上附加一对称滑块机构 $AB'C'$。设滑块 C 和 C' 质量相等，$I_{AB}=I_{AB'}$，$I_{BC}=I_{B'C'}$，机构在运转时能达到_____。

（A）惯性力全部平衡，不产生附加惯性力偶矩；
（B）惯性力全部平衡，产生附加惯性力偶矩；
（C）惯性力部分平衡，不产生附加惯性力偶矩；
（D）惯性力部分平衡，产生附加惯性力偶矩。

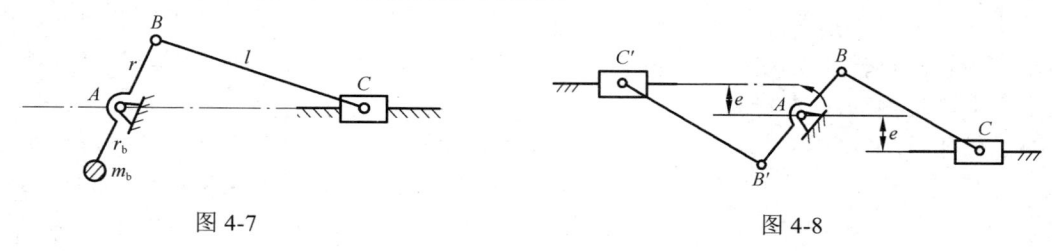

图 4-7

图 4-8

8. 为了平衡图 4-9 所示曲柄滑块机构 ABC 中滑块 C 的往复惯性力，在原机构上附加一对滑块机构 $AB'C'$，给定 $I_{AB}=I_{AB'}$，$I_{BC}=I_{B'C'}$，滑块 C 和 C' 的质量都为 m，曲柄和连杆的质量忽略，该机构在运转时能达到_____。

（A）惯性力全部平衡，不产生附加惯性力偶矩；
（B）惯性力全部平衡，产生附加惯性力偶矩；
（C）惯性力部分平衡，不产生附加惯性力偶矩；
（D）惯性力部分平衡，产生附加惯性力偶矩。

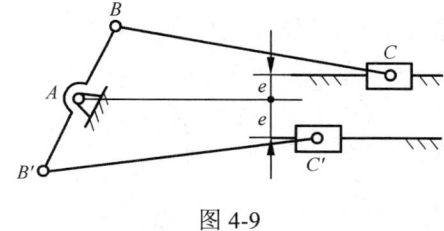

【答案】

图 4-9

（四）分析与计算题

【04401】为什么经过静平衡的转子不一定是动平衡的，而经过动平衡的转子必定是静平衡的？
答：
　　静平衡只是动平衡的一个特例，因为它仅仅考虑了转子在停止状态下的质量平衡，而动平衡则更全面地考虑了转子在转动时的质量平衡和惯性平衡。

【04402】列举出工程中需满足静平衡条件的转子的两个实例，需满足动平衡条件的转子的三个实例。
答：
　　（1）满足静平衡条件的转子实例。

① 电机风扇叶片。在电机停止状态下，风扇叶片的质量应该均匀分布，以确保在启动时不产生振动。

② 汽车车轮。车轮在停车状态下需要静平衡，以避免在行驶时产生不必要的振动。

（2）满足动平衡条件的转子实例。

① 飞机发动机转子。由于高速旋转，飞机发动机转子需要动平衡，以确保在运转时不引起振动，影响飞机的稳定性。

② 磨床主轴。主轴在高速运转时需要动平衡，以防止加工过程中的振动对工件精度造成影响。

③ 离心泵叶轮。为确保泵的稳定运行，叶轮需要动平衡，以减少振动并提高泵的效率。

【04403】何谓转子的静平衡及动平衡？对于任何不平衡转子，采用在转子上加平衡质量使其达到静平衡的方法是否对改善支承反力总是有利的？为什么？

答：

转子的静平衡是指在停止状态下转子的质量均匀分布，没有产生振动力矩的状态。而动平衡则是指转子在转动状态下，质量均匀分布，使得每个质量元素的作用力矩相互抵消，从而转子不会产生振动。

对于任何不平衡的转子，采用在转子上加平衡质量以达到静平衡的方法并不总是对改善支承反力有利。因为静平衡只考虑了停止状态下的质量分布，而不考虑转子在转动时的惯性力矩平衡，因此在转子转动时仍然可能会产生振动力。如果仅考虑静平衡来减少支承反力，可能无法解决转子在运转时的振动问题。

【04404】图 4-10（a）所示的盘状转子上有两个不平衡质量：$m_1 = 1.5\text{kg}$，$m_2 = 0.8\text{kg}$，$r_1 = 140\text{mm}$，$r_2 = 180\text{mm}$，相位如图 4-10（b）所示。现用去重法来平衡，求所需挖去的质量的大小和相位（设挖去质量处的半径 $r = 140\text{mm}$）。

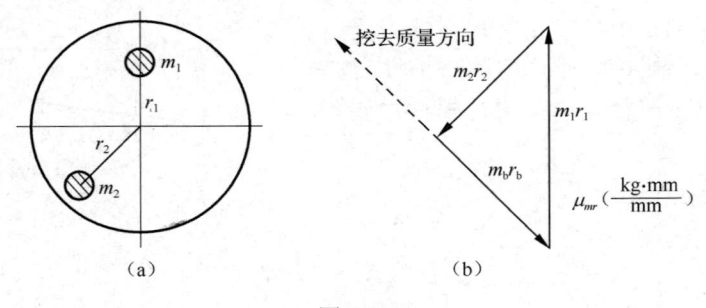

图 4-10

解：

（1）不平衡质径积为 $m_1 r_1 = 210\text{kg·mm}$，$m_2 r_2 = 144\text{kg·mm}$。

（2）静平衡条件为

$$m_1 \vec{r}_1 + m_2 \vec{r}_2 + m_b \vec{r}_b = 0$$

解得

$$m_b r_b = 140\text{kg·mm}$$

（3）应加平衡质量为

$$m_b = 140/140 = 1\text{kg}$$

（4）应在 $m_b \vec{r}_b$ 矢量的反方向 140mm 处挖去 1kg 质量。

【04405】 图 4-11 所示为一个双缸发动机的曲轴，两个曲拐在同一平面内，相隔180°，每个曲拐的质量为50kg，离轴线距离为200mm，A、B 两个支承间的距离为900mm，工作转速 $n=3000\text{r/min}$。试求：

（1）支承 A、B 处的动反力大小；

（2）欲使此曲轴符合动平衡条件，以两端的飞轮平面作为平衡平面，在回转半径为500mm 处应加平衡质量的大小和方向。

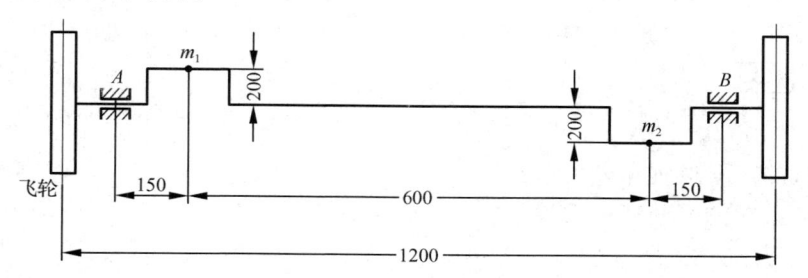

图 4-11 （图中数值单位为 mm）

解：

（1）不平衡质径积引发的离心力偶矩为

$$M_{\text{I}} = m\left(\frac{2\pi n}{60}\right)^2 P \times L$$

$$= 50 \times \left(\frac{2\pi \times 3000}{60}\right)^2 \times \frac{200}{1000} \times \frac{600}{1000}$$

$$\approx 592176 \text{N} \cdot \text{m}$$

由 $M_{\text{I}} = R \times 0.9$，得

$$R = \frac{M_{\text{I}}}{0.9} = \frac{592176}{0.9} \approx 657973 \text{N}$$

（2）为满足动平衡条件，在飞轮处应加平衡质量 m_b 满足

$$m_b \times 1.2 \times 0.5 = 50 \times 0.6 \times 0.2$$

得

$$m_b = 10 \text{kg}$$

左端飞轮，平衡质量在下方；右端飞轮，平衡质量在上方。

第 5 章　机械的运转及其速度波动的调节

一、内容提要

（一）机械的运转过程和外力
（二）机械系统的等效动力学模型
（三）机械运动方程式
（四）机械运转的速度波动及其调节方法

二、本章重点

（一）机械的运转过程和外力

1. 机械运转过程的三个阶段

一般机械运转过程都要经历起动、稳定运转和停车三个阶段。

1）起动阶段

在起动阶段，原动件的角速度由零逐渐上升到稳定运转的平均角速度。在这一阶段有 $W_d = W_r + E$ 关系，即驱动功大于阻抗功，机械系统的动能增加。

2）稳定运转阶段

稳定运转又分为等速稳定运转和变速稳定运转。在等速稳定运转的每个瞬时都有 $W_d = W_r$，$\omega =$ 常数。在变速稳定运转时，原动件的平均角速度是稳定的，但在一个周期内的各个瞬时，原动件的角速度不是常数，会出现周期性波动；而在一个周期的始末，原动件的角速度是相等的。在变速稳定运转阶段的每个瞬时，$W_d \neq W_r$，而整个周期驱动功与阻抗功是相等的。

3）停车阶段

在停车阶段，原动件的角速度从正常工作速度逐渐下降到零。在这一阶段，由于驱动力通常已经撤去，当阻抗功逐渐将机械具有的动能消耗完时，机械便停止运转，因而有 $E = W_r$ 的关系。

2. 作用在机械中的外力

在机械运转过程中，作用在机械中的外力分为驱动力和工作阻力两类。

1）驱动力（驱动力矩）

作用在原动件上的驱动力（驱动力矩），来自原动机所发出的力（力矩）。原动机所发出的驱动力（力矩）与运动参数（位移、速度、时间等）之间的函数关系，称为原动机的机械特性。不同原动机的机械特性各不相同。

2）工作阻力（工作阻力矩）

工作阻力的变化规律，主要取决于工作过程的特点，常见的变化规律有：工作阻力为常数、工作阻力是执行构件位置的函数、工作阻力是执行构件速度或时间的函数。

（二）机械系统的等效动力学模型

1. 等效动力学模型

机械系统的真实运动规律取决于作用在机械系统上的外力、各构件的质量和转动惯量。求解时一般先根据动能定理建立机械系统运动方程式，即 $dE = dW$。由于机械系统是由许多构件组成的复杂系统，其一般的运动方程式比较复杂，求解也十分烦琐。但对于单自由度的机械系统，只要能确定其某一构件的真实运动规律，其余构件的运动规律也可随之确定。因此，我们在研究机械系统的运转情况时，为使问题简化，将整个机械系统的运动问题简化为它的某一个构件的运动问题，且为了保持机械系统原有的运动情况不变，就要把其余所有构件的质量、转动惯量都等效地转化（折算）到这个选定的构件上来，把各构件上所作用的外力、外力矩也都等效地转化到这个构件上来，然后列出此构件的运动方程，研究其运动规律。这一过程，就是建立所谓的等效动力学模型的过程。用于建立等效动力学模型的构件称为等效构件，通常取绕定轴转动的构件作为等效构件（也可取移动构件作为等效构件）。

为使机械系统在转化前后的动力效应不变（运动不变），建立机械系统等效动力学模型时应遵循以下原则。

（1）动能相等：等效构件所具有的动能等于原机械系统的总动能。

（2）功率相等：作用在等效构件上的等效力或等效力矩所产生的瞬时功率等于原机械系统所有外力（力矩）所产生的瞬时功率的代数和。

2. 等效力 F_e 和等效力矩 M_e

若选取机械系统中的移动构件作为等效构件，则其上作用的是等效力 F_e。若选取机械系统中的绕定轴转动的构件作为等效构件，则其上作用的是等效力矩 M_e。根据功率相等原则，等效力 F_e 和等效力矩 M_e 分别为

$$F_e = \sum_{i=1}^{n} \left[F_i \cos\alpha_i \left(\frac{v_i}{v}\right) \pm M_i \left(\frac{\omega_i}{v}\right) \right]$$

$$M_e = \sum_{i=1}^{n} \left[F_i \cos\alpha_i \left(\frac{v_i}{\omega}\right) \pm M_i \left(\frac{\omega_i}{\omega}\right) \right]$$

由上述两式可知以下几点。

（1）等效力 F_e（等效力矩 M_e）不仅和作用在机械上的各外力及外力矩有关，而且还和各构件与等效构件之间的速度比有关。构件之间的速度比是机构位置的函数，因此，等效力 F_e（等效力矩 M_e）也是机构位置的函数。

（2）若整个机械系统是由定传动比的机构所组成（如轮系）的，且作用在机械系统上的所有外力和外力矩均为常数时，则机械的等效力 F_e（等效力矩 M_e）也为常数。

（3）以上两式中各速度比可用任意比例尺所画的速度多边形中的相当线段之比来表示，而不必知道各个速度的真实数值，所以在原动件的真实运动规律尚属未知的情况下，就可以求出等效力（等效力矩）。

（4）如果 F_i 和 M_i 随时间或速度等因素变化，那么等效力 F_e（等效力矩 M_e）便是几个变化因素的函数。

3. 等效质量 m_e 和等效转动惯量 J_e

等效构件所具有的质量（转动惯量）称为等效质量 m_e（等效转动惯量 J_e）。根据动能相等原则，等效质量 m_e 和等效转动惯量 J_e 分别为

$$m_e = \sum_{i=1}^{n}\left[m_i\left(\frac{v_{si}}{v}\right)^2 + J_{si}\left(\frac{\omega_i}{v}\right)^2\right]$$

$$J_e = \sum_{i=1}^{n}\left[m_i\left(\frac{v_{si}}{\omega}\right)^2 + J_{si}\left(\frac{\omega_i}{\omega}\right)^2\right]$$

由上述两式可知以下几点。

（1）等效质量和等效转动惯量是依速度比的平方而定的，因已知各构件的质量和转动惯量为定值，故 m_e 和 J_e 仅仅是机构位置的函数。

（2）若整个机械系统是由定传动比的机构所组成（如轮系）的，则等效质量（等效转动惯量）为常数。

（3）以上两式中各速度比可用任意比例尺所画的速度多边形中的相当线段之比来表示，而不必知道各个速度的真实数值，所以在原动件的真实运动规律尚属未知的情况下，就可以求出等效质量（等效转动惯量）。

（三）机械运动方程式

当建立等效动力学模型后，机械系统的运动方程式可写为如下两种形式。

1）力和力矩形式的机械运动方程式

$$m_e \frac{dv}{dt} + \frac{v^2}{2}\frac{dm_e}{ds} = F_e$$

$$J_e \frac{d\omega}{dt} + \frac{\omega^2}{2}\frac{dJ_e}{d\varphi} = M_e$$

2）动能形式的机械运动方程式

$$\frac{1}{2}m_e v^2 - \frac{1}{2}m_{e0} v_0^2 = \int_{s_0}^{s} F_e ds$$

$$\frac{1}{2}J_e \omega^2 - \frac{1}{2}J_{e0} \omega_0^2 = \int_{\varphi_0}^{\varphi} M_e d\varphi$$

对于不同的机械系统，等效质量（等效转动惯量）是机构位置的函数（或常数），而等效力（等效力矩）可能是位置、速度或时间的函数。上述两种形式的机械运动方程式可根据具体情况来选用，以求出所需要的运动参数。求解方法一般有解析法、数值计算法和图解法。

（四）机械运转的速度波动及其调节方法

机械的等速运转只有在等效驱动力矩 M_{ed} 和等效阻力矩 M_{er} 随时相等的情况下才能实现。否则，在某一瞬时，驱动功和阻抗功就不相等，将出现盈功或亏功，使机械的速度加大或减小，产生速度的波动。

1. 周期性速度波动的调节

当 M_{ed}、M_{er} 的变化是周期性的且不随时相等时，机械运转的速度波动也将是周期性的，在 M_{ed}、M_{er} 和 J_e 变化的公共周期内，驱动功和阻抗功是相等的，机械的动能增量为零，等效构件的角速度在公共周期的始末是相等的。

1）调节方法

对于周期性速度波动，可以利用飞轮储能和放能的特性来调节。当机械出现盈功时，飞轮把多余的能量吸收和储存起来；当机械出现亏功时，飞轮又把储存的能量释放出来，使机械主轴角速度上升和下降的幅度减小，从而降低机械运转的速度波动程度。飞轮调速在机械内部起转化和调节的作用，而其本身并不能产生和消耗掉能量，飞轮在机械系统中相当于一个容量很大的能量储存器。

2）设计指标

机械周期性速度波动的程度可用机械的运转速度不均匀系数 δ 来表示。δ 为稳定运转阶段角速度的最大差值与平均角速度的比值，即 $\delta = (\omega_{max} - \omega_{min})/\omega_m$，其中 $\omega_{max} - \omega_{min}$ 称为机械运转的绝对波动程度（或绝对不均匀度），δ 反映机械的相对波动程度。当机械等效构件的运转速度做周期性波动时，其平均角速度 ω_m 为

$$\omega_m = \frac{\omega_{max} + \omega_{min}}{2}$$

运转速度不均匀系数 δ 和等效构件的平均角速度 ω_m 是机械设计的主参数，等效构件的最大角速度和最小角速度分别为

$$\omega_{max} = \omega_m \left(1 + \frac{\delta}{2}\right)$$

$$\omega_{min} = \omega_m \left(1 - \frac{\delta}{2}\right)$$

3）飞轮转动惯量 J_F 的确定

飞轮设计的基本问题是根据实际的平均角速度 ω_m 和许用运转速度不均匀系数 $[\delta]$ 来确定飞轮转动惯量 J_F。

设计时，忽略等效转动惯量中的变量部分，假设机械的等效转动惯量 J_e 为常数，并认为飞轮安装在等效构件上，则飞轮的转动惯量应为

$$J_F = \frac{\Delta W_{max}}{\omega_m^2 [\delta]} - J_e$$

如果 $J_e \ll J_F$，J_e 可忽略不计，则

$$J_F = \frac{\Delta W_{max}}{\omega_m^2[\delta]} = \frac{900\Delta W_{max}}{\pi^2 n^2[\delta]}$$

式中，ΔW_{max} 为机械系统的最大盈亏功，$\Delta W_{max} = E_{max} - E_{min}$。

由上述公式可知以下几点。

（1）飞轮转动惯量 J_F 与 n^2 成反比，因此为减小飞轮的质量和尺寸，应尽可能将飞轮安装在机械的高速轴上，且取高速轴为等效构件。

（2）飞轮转动惯量 J_F 与许用运转速度不均匀系数 $[\delta]$ 成反比，若过分追求机械运转速度的均匀性（要求 δ 过小），将会使飞轮过于笨重。因此，对 δ 的要求应该恰当，只需使 $\delta \leq [\delta]$ 即可。

（3）J_F 较大时可使 δ 减小，由于 J_F 不可能为无穷大，所以 δ 不可能为零，即安装飞轮后机械运转的速度仍有周期性波动，只是波动的幅度减小而已。

求得飞轮转动惯量后，就可以确定飞轮尺寸。

2．非周期性速度波动的调节

当机械的 M_{ed}、M_{er} 的变化是非周期性的时，机械运转的速度将出现非周期性的波动。对于这类机械，不能用飞轮进行调节，这类机械的驱动功和阻抗功已失去平衡，机械不再是稳定运转的，机械运转的速度将持续升高或持续下降，若不加以调节就不可能恢复到稳定运转状态，会出现"飞车"或停车现象。

在选用电动机作为原动机的机械系统中，电动机的机械特性使得它对于非周期性速度波动具有一定的自调性。而对于不具备自调性的机械系统，通常用调速器对非周期性速度波动进行调节。调速器从机器的外部来调节输入或输出机器的能量，使机械恢复稳定运转。

三、典型例题

【例 5-1】在图 5-1 所示的行星轮系中，已知各轮的齿数为 $z_1=z_2=30$，$z_{2'}=20$，$z_3=60$。各构件的重心均在相对回转的轴线上，其转动惯量为 $J_1 = J_{2'} = 0.02 \text{kg} \cdot \text{m}^2$，$J_2 = 0.04 \text{kg} \cdot \text{m}^2$，$J_H = 0.25 \text{kg} \cdot \text{m}^2$。行星轮的重量 $G_2 = G_{2'} = 20\text{N}$，模数均为 5mm。作用于系杆 H 上的力矩取 $M_H = 50 \text{N} \cdot \text{m}$。当取齿轮 1 为等效构件时，试求：(1) 将 M_H 折算到构件 1 的 O_1 轴上的等效力矩 M_{eH}；(2) 等效转动惯量 J_e（重力加速度 $g \approx 10\text{m/s}^2$）。

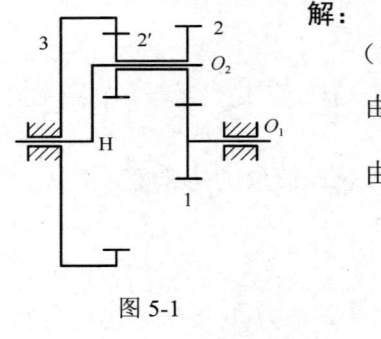

解：

（1）确定 M_{eH}。

由功率相等原则得 $M_H \times \omega_H = M_{eH} \times \omega_1$，需求出 $\dfrac{\omega_H}{\omega_1}$。

由于该轮系为 2K-H 型的行星轮系，因此有

$$i_{1H} = 1 - (-1)\frac{Z_2 Z_3}{Z_1 Z_{2'}} = 1 + \frac{Z_2 Z_3}{Z_1 Z_{2'}} = 1 + \frac{30 \times 60}{30 \times 20} = 4$$

$$\frac{\omega_H}{\omega_1} = \frac{1}{4} \tag{5-1}$$

图 5-1

故有

$$M_{eH} = M_H \times \frac{\omega_H}{\omega_1} = 50 \times \frac{1}{4} = 12.5 \text{N} \cdot \text{m}$$

（2）确定 J_e。

由动能相等原则得

$$J_e = \sum J_i \left(\frac{\omega_i}{\omega}\right)^2 + \sum m_i \left(\frac{v_i}{\omega}\right)^2$$

$$J_e = J_1 + J_2 \left(\frac{\omega_2}{\omega_1}\right)^2 + m_2 \left(\frac{v_{O_2}}{\omega_1}\right)^2 + J_{2'} \left(\frac{\omega_2}{\omega_1}\right)^2 + m_{2'} \left(\frac{v_{O_2}}{\omega_1}\right)^2 + J_H \left(\frac{\omega_H}{\omega_1}\right)^2$$

$$J_e = J_1 + (J_2 + J_{2'}) \left(\frac{\omega_2}{\omega_1}\right)^2 + (m_2 + m_{2'}) \left(\frac{v_{O_2}}{\omega_1}\right)^2 + J_H \left(\frac{\omega_H}{\omega_1}\right)^2$$

在行星轮系中有

$$\frac{\omega_1 - \omega_H}{\omega_2 - \omega_H} = -\frac{z_2}{z_1} = -1 \tag{5-2}$$

联立式（5-1）与式（5-2）得

$$\frac{\omega_1}{\omega_2} = -2$$

$$v_{O_2} = \omega_H l_{O_2 O_1}$$

式中，$l_{O_2 O_1} = \frac{1}{2}m(z_1 + z_2) = \frac{5}{2}(30+30) = 150\text{mm}$。

故

$$J_e = 0.02 + (0.04+0.02)\left(-\frac{1}{2}\right)^2 + 2 \times \frac{20}{10}\left(\frac{0.15}{4}\right)^2 + 0.25\left(\frac{1}{4}\right)^2 = 0.056 \text{kg} \cdot \text{m}^2$$

【例 5-2】在图 5-2 所示的定轴轮系中，已知加于轮 1 和轮 3 上的力矩 $M_1 = 80\text{N} \cdot \text{m}$，$M_3 = 100\text{N} \cdot \text{m}$；各轮的转动惯量 $J_1 = 0.1\text{kg} \cdot \text{m}^2$，$J_2 = 0.225\text{kg} \cdot \text{m}^2$，$J_3 = 0.4\text{kg} \cdot \text{m}^2$；各轮的齿数 $z_1=20$，$z_2=30$，$z_3=40$，在开始转动的瞬时，轮 1 的角速度等于零。求在运动开始后经过 0.5s 时轮 1 的角加速度 ε_1 和角速度 ω_1。

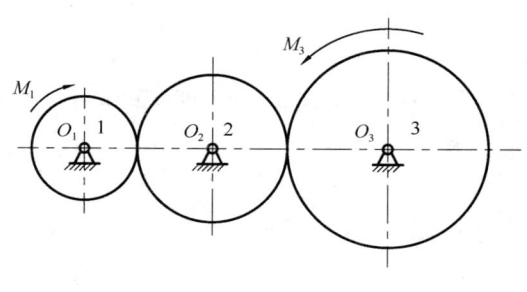

图 5-2

解：

由题意知，本例是求轮 1 的真实运动规律，故应选轮 1 为等效构件，把各轮的转动惯量和所受的力矩都折算到轮 1 上去，求出其等效转动惯量 J_e 和等效力矩 M_e，又因定轴轮系的转速比为常数，J_e、M_e 也必为常数，所以可选用力矩形式的机械运动方程式来解题。

（1）等效转动惯量为

$$J_e = J_1 + J_2\left(\frac{\omega_2}{\omega_1}\right)^2 + J_3\left(\frac{\omega_3}{\omega_1}\right)^2 = J_1 + J_2\left(\frac{z_1}{z_2}\right)^2 + J_3\left(\frac{z_1}{z_3}\right)^2$$

$$= 0.1 + 0.225 \times \left(\frac{20}{30}\right)^2 + 0.4 \times \left(\frac{20}{40}\right)^2 \approx 0.3 \text{kg} \cdot \text{m}^2$$

（2）等效力矩为

$$M_e = M_1 - M_3\left(\frac{\omega_3}{\omega_1}\right) = M_1 - M_3\left(\frac{z_1}{z_3}\right) = 80 - 100 \times \left(\frac{20}{40}\right) = 30 \text{N} \cdot \text{m}$$

（3）利用力矩形式的机械运动方程式，可得

$$\varepsilon_1 = \frac{d\omega_1}{dt} = \frac{M_e}{J_e} = \frac{30}{0.3} = 100 \text{rad/s}^2$$

（4）0.5s 时，轮 1 的角速度为

$$\omega_1 = \varepsilon_1 t = 100 \times 0.5 = 50 \text{rad/s}$$

【例 5-3】 已知某机械的一个稳定运动循环内的等效阻力矩 M_{er} 如图 5-3 所示，等效驱动力矩 M_{ed} 为常数，等效构件的最大及最小角速度分别为 $\omega_{max} = 200\text{rad/s}$，$\omega_{min} = 180\text{rad/s}$。试求：（1）等效驱动力矩 M_{ed} 的大小；（2）运转速度不均匀系数 δ；（3）当要求 δ 在 0.05 范围内，并不计其余构件的转动惯量时，应装在等效构件上的飞轮的转动惯量 J_F。

图 5-3

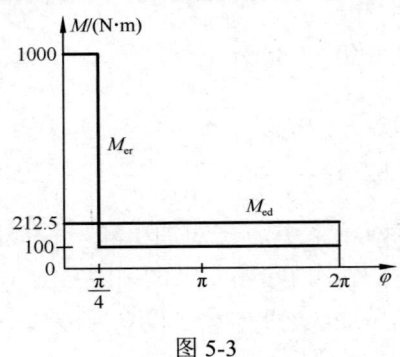

解：

（1）确定等效驱动力矩。

根据一个周期内等效驱动力矩所做的功和等效阻力矩所做的功相等来求等效驱动力矩。

由 $\int_0^{2\pi} M_{ed} d\varphi = \int_0^{2\pi} M_{er} d\varphi$，得

$$M_{ed} = \frac{1}{2\pi}\left(1000 \times \frac{\pi}{4} + 100 \times \frac{7\pi}{4}\right) \approx 212.5 \text{N} \cdot \text{m}$$

（2）确定运转速度不均匀系数。

$$\omega_m = \frac{\omega_{max} + \omega_{min}}{2} = \frac{200 + 180}{2} = 190 \text{rad/s}$$

$$\delta = \frac{\omega_{max} - \omega_{min}}{\omega_m} = \frac{200 - 180}{190} \approx 0.105$$

（3）确定飞轮转动惯量。

由等效力矩图可知最大盈亏功为

$$\Delta W_{\max} = (212.5-100)\frac{7\pi}{4} \approx 618.5\text{J}$$

不计其余构件的转动惯量，飞轮转动惯量 J_F 为

$$J_F = \frac{\Delta W_{\max}}{\omega_m^2 \delta} = \frac{618.5}{190^2 \times 0.05} \approx 0.343\text{kg}\cdot\text{m}^2$$

【例 5-4】 单缸四冲程发动机近似的等效输出转矩 M_{ed} 如图 5-4（a）所示。主轴为等效构件，其平均转速 n_m=1000r/min，等效阻力矩 M_{er} 为常数。飞轮安装在主轴上，除飞轮外的其他构件的质量不计，要求运转速度不均匀系数 $\delta=0.05$。试求：（1）等效阻力矩 M_{er} 的大小和发动机的平均功率 P_d；（2）稳定运转时 $\omega_{\max}$ 和 $\omega_{\min}$ 的大小和位置；（3）最大盈亏功 $\Delta W_{\max}$；（4）在主轴上安装的飞轮的转动惯量 J_F。

解：

首先要求出等效阻力矩，再画出能量指示图求出最大盈亏功，这样才能求出飞轮的转动惯量。

（1）确定等效阻力矩和发动机的平均功率。

根据一个周期内等效驱动力矩所做的功和等效阻力矩所做的功相等，可得

$$M_{er} = \frac{\frac{1}{2}\times 200\pi - 20\pi - 20\pi}{4\pi} = 15\text{N}\cdot\text{m}$$

发动机的平均功率为

$$P_d = M_{er}\times\omega_m = M_{er}\times\frac{\pi n_m}{30} \approx 1571\text{W}$$

（2）确定最大角速度和最小角速度。

画出能量指示图，如图 5-4（b）所示，$\omega_{\max}$ 位于 M_{er} 和 M_{ed} 的交点 d'，斜线部分 $c'd$ 的方程为

$$M_{ed} = 600 - \frac{200}{\pi}\varphi$$

当 $M_{er}=M_{ed}$，即 $600-\frac{200}{\pi}\varphi_{d'}=15$ 时，有 $\varphi_{d'}=2.925\pi$，$\omega_{\min}$ 位于 C 点，即 2π 处。

由公式 $\omega_m = \frac{\omega_{\max}+\omega_{\min}}{2}$，$\delta=\frac{\omega_{\max}-\omega_{\min}}{\omega_m}$ 和 $\omega_m=\frac{\pi n_m}{30}$ 得

$$\omega_{\max} \approx 107\text{rad/s}, \quad \omega_{\min} \approx 102\text{rad/s}$$

（3）确定最大盈亏功。

$$\Delta W_{\max} = \frac{1}{2}\times(200-15)\times(2.925\pi-2\pi) = 85.563\pi\text{J} \approx 268.8\text{J}$$

（4）确定飞轮的转动惯量。

$$J_F = \frac{\Delta W_{\max}}{\omega_m^2\delta} = \frac{268.8}{\left(\frac{\pi\times 1000}{30}\right)^2 \times 0.05} \approx 0.49\text{kg}\cdot\text{m}^2$$

图 5-4

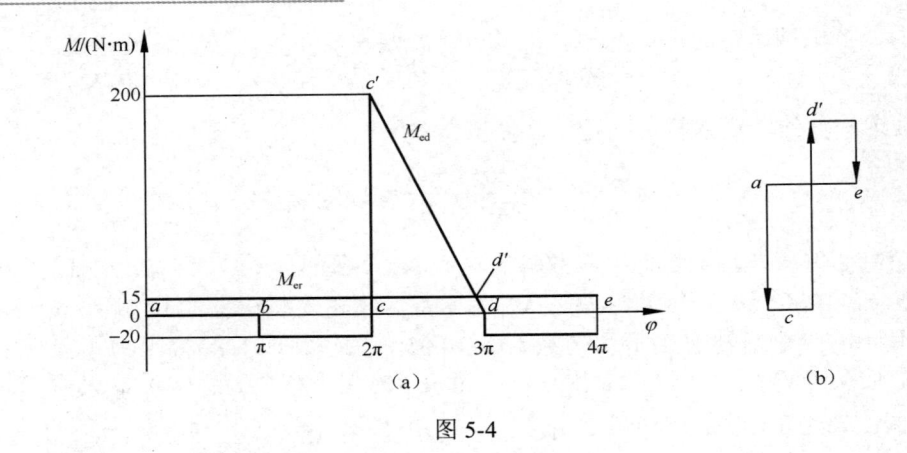

四、复习思考题

1. 为什么要进行机械速度波动的调节？
2. 何谓等效力、等效力矩、等效质量、等效转动惯量？转化时各应满足什么条件？当机组的真实运动尚不知道时是否也能求出？为什么？
3. 在飞轮设计时求等效力或等效力矩是否要考虑惯性力？
4. 具有飞轮的机器，其等效转动惯量包括几部分？哪些是常量？哪些是变量？哪些是待定的？哪些是设计飞轮之前便可求得的？
5. 机械中安装了飞轮后是否会绝对均匀地运转？为什么？

五、习题精解

（一）判断题

1. 为了使机械稳定运转，机器中必须安装飞轮。（ ）
2. 机械中安装飞轮后，可使机器运转时的速度波动完全消除。（ ）
3. 为了减轻飞轮的质量，最好将飞轮安装在转速较高的轴上。（ ）
4. 机械稳定运转的含义是原动件（机器主轴）做等速转动。（ ）
5. 机械做稳定运转，必须在每一瞬时驱动功率等于阻抗功率。（ ）
6. 机械等效动力学模型中的等效质量（转动惯量）是一个假想质量（转动惯量），它的大小等于原机械中各运动构件的质量（转动惯量）之和。（ ）
7. 机械等效动力学模型中的等效力（矩）是一个假想力（矩），它的大小等于原机械所有作用外力的矢量和。（ ）
8. 机械等效动力学模型中的等效力（矩）是一个假想力（矩），它不是原机械中所有外力（矩）的合力，而是根据瞬时功率相等的原则转化后算出来的。（ ）
9. 机械等效动力模型中的等效力（矩）是根据瞬时功率相等原则转化后计算得到的，因而在未求得机构的真实运动前是无法计算的。（ ）

10. 为调节机械运转的速度波动，机械可能要既安装飞轮，又安装调速器。（　　）

【答案】

（二）填空题

1. 设某机械的等效转动惯量为常数，则该机械做匀速稳定运转的条件是_____，做变速稳定运转的条件是_____。
2. 机械安装飞轮的原因，一般是为了_____，同时还可获得_____的效果。
3. 在机械稳定运转时期，机械主轴的转速可有两种不同情况，即_____稳定运转和_____稳定运转，在前一种情况，机械主轴速度是_____，在后一种情况，机械主轴速度是_____。
4. 机械中安装飞轮的目的是_____和_____。
5. 某机械的主轴平均角速度 $\omega_m = 100$ rad/s，机械的运转速度不均匀系数 $\delta = 0.05$，则该机械的最大角速度 ω_{max} 等于_____ rad/s，最小角速度 ω_{max} 等于_____ rad/s。
6. 某机械主轴的最大角速度 $\omega_{max} = 200$ rad/s，最小角速度 $\omega_{max} = 190$ rad/s，则该机械的主轴平均角速度 ω_m 等于_____ rad/s，机械的运转速度不均匀系数 δ 等于_____。
7. 若机械处于起动（开车）阶段，则机械的功能关系应是_____，机械主轴转速的变化情况将是_____。
8. 若机械处于停车阶段，则机械的功能关系应是_____，机械主轴转速的变化情况将是_____。
9. 当机械运转时，由于负荷发生变化使机械原来的能量平衡关系遭到破坏，引起机械运转速度的变化，称为_____，为了重新达到稳定运转，需要采用_____来调节。
10. 在机械稳定运转的一个运动循环中，运动构件的重力做功等于_____，因为_____。
11. 机械运转时的速度波动有_____速度波动和_____速度波动两种，前者采用_____进行调节，后者采用_____进行调节。
12. 若机械处于变速稳定运转时期，机械的功能特征应有_____，它的运动特征是_____。

【答案】

（三）选择题

1. 在机械稳定运转的一个运动循环中，应有_____。
（A）惯性力和重力所做之功均为零；

（B）惯性力所做之功为零，重力所做之功不为零；
（C）惯性力和重力所做之功均不为零；
（D）惯性力所做之功不为零，重力所做之功为零。

2．为了减轻飞轮的质量，飞轮最好安装在_____。
（A）等效构件上；　　　　　　　　　　（B）转速较低的轴上；
（C）转速较高的轴上；　　　　　　　　（D）机器的主轴上。

3．设机械的等效转动惯量为常数，其等效驱动力矩和等效阻力矩的变化如图5-5所示，可判断该机械的运转情况应是_____。
（A）匀速稳定运转；　　　　　　　　　（B）变速稳定运转；
（C）加速过程；　　　　　　　　　　　（D）减速过程。

4．在图 5-6 所示的传动系统中，已知$z_1 = 20$，$z_2 = 60$，$z_3 = 20$，$z_4 = 80$，若以齿轮 4 为等效构件，则齿轮 1 的等效转动惯量将是它自身转动惯量的_____。
（A）12 倍；　　　（B）144 倍；　　　（C）1/12；　　　（D）1/144。

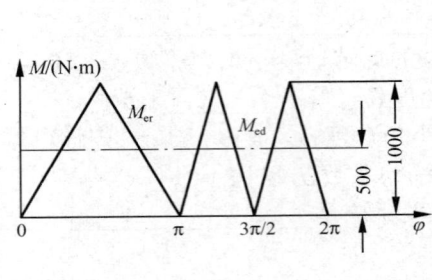

图 5-5 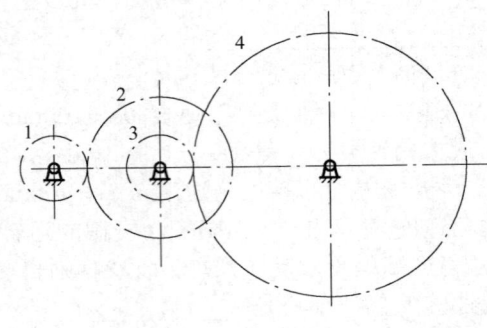　　　　　　　　　　　　　　　图 5-6

5．在图 5-7 所示的传动系统中，已知$z_1 = 20$，$z_2 = 60$，$z_3 = 20$，$z_4 = 80$，若以齿轮 1 为等效构件，则齿轮 4 的等效转动惯量将是它自身转动惯量的_____。
（A）12 倍；　　　（B）144 倍；　　　（C）1/12；　　　（D）1/144。

6．在图 5-8 所示的传动系统中，已知$z_1 = 20$，$z_2 = 60$，$z_3 = 20$，$z_4 = 80$，若以齿轮 4 为等效构件，则作用于齿轮 1 上力矩 M_1 的等效力矩等于_____M_1。
（A）12；　　　　（B）144；　　　　（C）1/12；　　　（D）1/144。

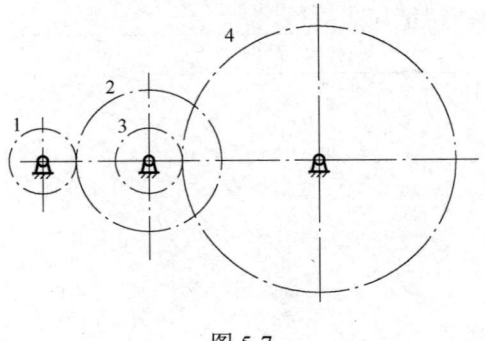

图 5-7 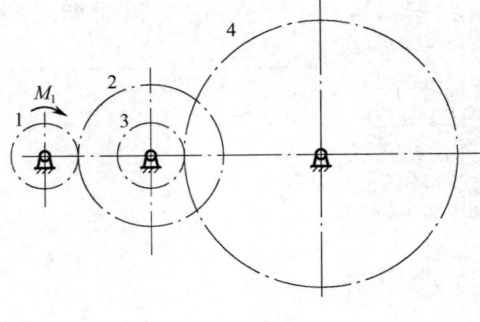　　　　　　　　　　　　　　　图 5-8

7．在图 5-9 所示的传动系统中，已知$z_1 = 20$，$z_2 = 60$，$z_3 = 20$，$z_4 = 80$，若以齿轮 1 为等效构件，则作用于齿轮 4 上力矩 M_4 的等效力矩等于_____M_4。

（A）12； （B）144； （C）1/12； (D) 1/144。

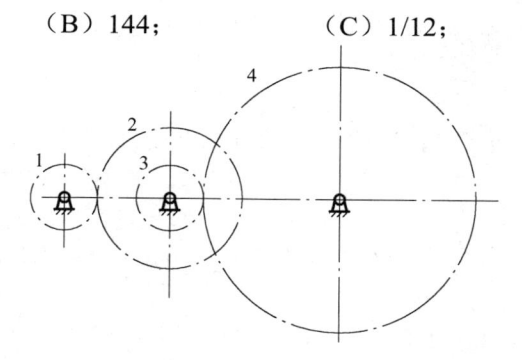

图 5-9

8．设原飞轮的转动惯量为 J_F，在最大盈亏功 ΔW_{max} 和运转速度不均匀系数 δ 不变的前提下，将飞轮安装轴的转速提高一倍，则飞轮的转动惯量将等于_____J_F。
（A）2； （B）4； （C）1/2； (D) 1/4。

9．设原飞轮的转动惯量为 J_F，不改变机械主轴平均角速度，不改变等效驱动力矩和等效阻力矩的变化规律，拟将机械的运转速度不均匀系数从 0.10 降到 0.01，则飞轮的转动惯量将近似等于_____J_F。
（A）10； （B）100； （C）1/10； (D) 1/100。

10．将作用于机械中所有驱动力、阻力、惯性力、重力都转化到等效构件上，求得的等效力矩和机构动态静力分析中求得的等效构件的平衡力矩，两者的关系应是_____。
（A）数值相同，方向一致； （B）数值相同，方向相反；
（C）数值不同，方向一致； （D）数值不同，方向相反。

【答案】

（四）计算题

【05401】在图 5-10 所示的车床主轴箱系统中，带轮半径 $R_0=40$mm，$R_1=120$mm，各齿轮齿数为 $z_1=z_{2'}=20$，$z_2=z_3=40$，各轮转动惯量为 $J_1=J_{2'}=0.01$kg·m²，$J_2=J_3=0.04$kg·m²，小带轮转动惯量 $J_0=0.02$kg·m²，大带轮转动惯量 $J_v=0.08$kg·m²，作用在主轴Ⅲ上的阻力矩 $M_3=60$N·m。当取轴Ⅰ为等效构件时，试求机构的等效转动惯量 J_e 和等效阻力矩 M_{er}。

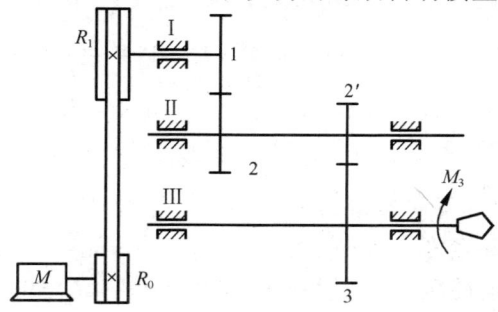

图 5-10

解：

（1）求等效转动惯量。

$$J_e = J_v + J_1 + (J_2 + J_{2'})\left(\frac{\omega_2}{\omega_1}\right)^2 + J_3\left(\frac{\omega_3}{\omega_1}\right)^2 + J_0\left(\frac{\omega_0}{\omega_1}\right)^2$$

$$= J_v + J_1 + (J_2 + J_{2'})\left(\frac{z_1}{z_2}\right)^2 + J_3\left(\frac{z_{2'}z_1}{z_3 z_2}\right)^2 + J_0\left(\frac{R_1}{R_0}\right)^2$$

$$= 0.08 + 0.01 + (0.04 + 0.01)\left(\frac{20}{40}\right)^2 + 0.04 \times \left(\frac{20 \times 20}{40 \times 40}\right)^2 + 0.02 \times \left(\frac{120}{40}\right)^2$$

$$= 0.285 \text{ kg·m}^2$$

（2）求等效阻力矩。

$$M_{er} = -M_3 \frac{\omega_3}{\omega_1} = M_3 \frac{z_{2'} z_1}{z_3 z_2} = -60 \cdot \frac{20 \times 20}{40 \times 40} = -15 \text{ N·m}，\text{方向与} \omega_1 \text{反向}$$

【05402】图 5-11 所示为对心对称曲柄滑块机构，已知曲柄 $OA = OA' = r$，曲柄对 O 轴的转动惯量为 J_1，滑块 B 及 B' 的质量为 m，连杆质量不计，工作阻力 $F = F'$，现以曲柄为等效构件，分别求出图示位置的等效转动惯量和等效阻力矩。

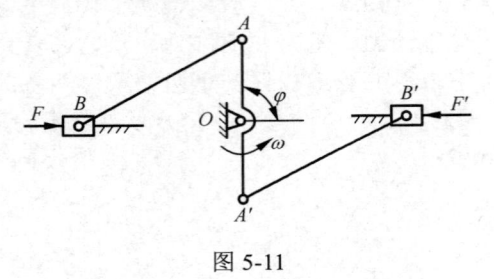

图 5-11

解：

（1）设等效转动惯量为 J_e，则根据机械系统的等效动力学原理可知

$$\frac{1}{2}J_e\omega_1^2 = \frac{1}{2}J_1\omega_1^2 + \frac{1}{2}mv_B^2 + \frac{1}{2}mv_B^2$$

$$J_e = J_1 + m\left(\frac{v_B}{\omega_1}\right)^2 + m\left(\frac{v_B}{\omega_1}\right)^2$$

（2）等效阻力矩为 M_{er}，则

$$M_{er}\omega_1 = Fv_B + Fv_B$$

$$M_{er} = F\frac{v_B}{\omega_1} + F'\frac{v_{B'}}{\omega_1}$$

当 $\varphi = 90°$ 时，由图 5-11 可知

$$v_B = v_{B'} = v_A = \omega_1 r$$

故 $J = J_1 + 2mr^2$；$M_r = 2Fr$，方向与 ω 相反。

【05403】有一个传动系统如图 5-12 所示，1 为电动机，2 为联轴器，3 为飞轮，4、5 为齿轮，已知 $z_4 = 20$，$z_5 = 40$，各构件转动惯量为 $J_1 = 0.05 \text{ kg·m}^2$，$J_2 = 0.003 \text{ kg·m}^2$，$J_3 = 0.1 \text{ kg·m}^2$，$J_4 = 0.004 \text{ kg·m}^2$，$J_5 = 0.01 \text{ kg·m}^2$，电动机转速 $n_1 = 1500 \text{ r/min}$。当电动机断电后，要求系统

在 10s 内停车，试问：

（1）加于轴 Ⅱ 上的制动力矩 $M_{rⅡ}$ 等于多少？

（2）若制动力矩施加在轴 Ⅰ 上，其值应是多少？

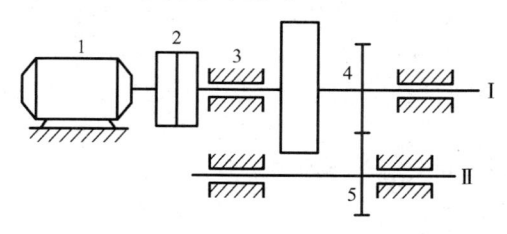

图 5-12

解：

（1）取轴 Ⅱ 为等效构件。

$$J_Ⅱ = (0.05 + 0.003 + 0.1 + 0.004) \times \left(\frac{40}{20}\right)^2 + 0.01 = 0.638 \text{kg} \cdot \text{m}^2$$

$$n_Ⅱ = \frac{n_1}{2} = 750 \text{r/min}$$

$$\omega_Ⅱ = \frac{\pi n_Ⅱ}{30} \approx 78.5 \text{ rad/s}$$

$$\alpha_Ⅱ = \frac{78.5}{10} = 7.85 \text{rad/s}^2$$

$$M_{rⅡ} = J_Ⅱ \cdot \alpha_Ⅱ = 5.0083 \text{N} \cdot \text{m}$$

（2）若 M_r 施加于轴 Ⅰ 上，其值为

$$M_{rⅠ} = M_{rⅡ} \frac{\omega_Ⅱ}{\omega_Ⅰ} = M_{rⅡ} \frac{z_1}{z_2} = 5.0083 \times \frac{20}{40} = 2.50415 \text{N} \cdot \text{m}$$

【05404】图 5-13 中轮系各齿轮的齿数为 $z_1 = z_{2'} = 20$，$z_2 = z_3 = 40$。各构件的转动惯量为 $J_1 = J_2 = 0.4 \text{kg} \cdot \text{m}^2$，$J_3 = 0.8 \text{kg} \cdot \text{m}^2$。鼓轮半径 $R = 0.1 \text{m}$，吊起重量 $Q = 1600 \text{N}$。若电动机的恒驱动力矩 $M_1 = 500 \text{N} \cdot \text{m}$，试求：

（1）起动时轮 1 的角加速度 α_1；

（2）达到角速度 $\omega = 8\pi \text{rad/s}$ 所需的时间 t。

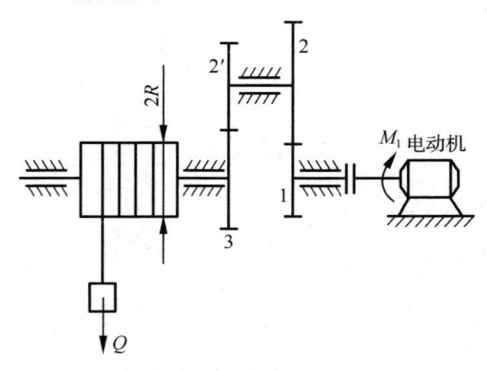

图 5-13

解：

（1）以轮 1 为等效构件。

$$J_e = J_1 + J_2\left(\frac{z_1}{z_2}\right)^2 + J_3\left(\frac{z_1 z_{2'}}{z_3 z_2}\right)^2 = 0.55 \text{kg} \cdot \text{m}^2$$

$$M_e = M_1 - Q\left(\frac{v}{\omega_1}\right); \quad v = R\omega_3$$

代入数据得

$$M_e = 460 \text{N} \cdot \text{m}$$

因为

$$J_e \alpha_1 = M_e$$

所以

$$\alpha_1 \approx 836.36 \text{ rad/s}^2$$

（2） $t = \dfrac{\omega}{\alpha_1} = \dfrac{8\pi}{836.36} \approx 0.03\text{s}$。

【05405】 在图 5-14 所示的机构中，齿轮 2 和曲柄 O_2A 固联在一起。已知 $l_{O_2A} = 300$ mm，$\varphi_2 = 30°$，齿轮齿数 $z_1 = 40$，$z_2 = 80$，转动惯量 $J_{O1} = 0.01 \text{kg} \cdot \text{m}^2$，$J_{O2} = 0.15 \text{kg} \cdot \text{m}^2$，构件 4 质量 $m_4 = 10 \text{kg}$，滑块 3 的质量忽略不计，阻力 $F_4 = 200\text{N}$，试求：

（1）阻力 F_4 换算到 O_1 轴上的等效力矩 M_r 的大小与方向；

（2）m_4、J_{O1}、J_{O2} 换算到 O_1 轴上的等效转动惯量 J_e。

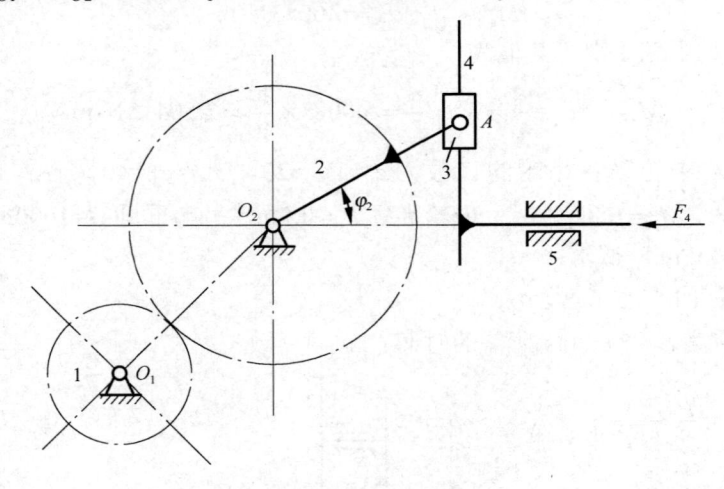

图 5-14

解：

（1）根据功率不变原则 $\omega_1 M_r = -F_4 \times v_{A4}$ 得 $M_r = -F_4 \dfrac{v_{A4}}{\omega_1}$。

构件 3、4 在 A 点做相对运动，有

$$v_{A4} = v_{A3} + v_{A4A3}$$

由

$$v_{A4} = \frac{v_{A3}}{2} = \frac{v_{A2}}{2} = \frac{\omega_2 l_{O_2A}}{2} = \frac{\omega_1 z_1}{z_2} \times \frac{l_{O_2A}}{2}$$

得

$$\frac{v_{A4}}{\omega_1} = \frac{z_1}{z_2} \times \frac{l_{O_2A}}{2}$$

则

$$M_r = -F_4 \times \frac{z_1}{z_2} \times \frac{l_{O_2A}}{2} = -200 \times \frac{40}{80} \times \frac{300}{2} = -15000\text{N}\cdot\text{mm} = -15\text{N}\cdot\text{m}$$

可知齿轮 1 逆时针运转，M_r 方向应为顺时针。

（2）根据等效构件瞬时动能不变原则，得

$$J = J_{O1} + J_{O2}\left(\frac{\omega_2}{\omega_1}\right)^2 + M_4\left(\frac{v_4}{\omega_1}\right)^2 = 0.01 + 0.15 \times \left(\frac{1}{2}\right)^2 + 10 \times \left(\frac{0.3}{4}\right)^2 = 0.10375\text{kg}\cdot\text{m}^2$$

【05406】在图 5-15 所示的机构中，已知各构件长度，机构的速度多边形如图 5-15（b）所示。$m_1 = 4\text{kg}$，质心在 A 点，$J_{S1} = 0.02\text{kg}\cdot\text{m}^2$，$m_2 = 5\text{kg}$，质心 S_2 在构件 2 上的 C_2 点，$J_{S2} = 0.05\text{kg}\cdot\text{m}^2$，$m_3 = 1\text{kg}$，质心 S_3 点在 C 点，$J_{S3} = 0.01\text{kg}\cdot\text{m}^2$，$m_5 = 1.4\text{kg}$，质心 S_5 在 E 点，$J_{S5} = 0.21\text{kg}\cdot\text{m}^2$。忽略滑块 4 的质量。试求机构中所有构件质量和转动惯量转化到构件 1 上 B 点的等效质量。

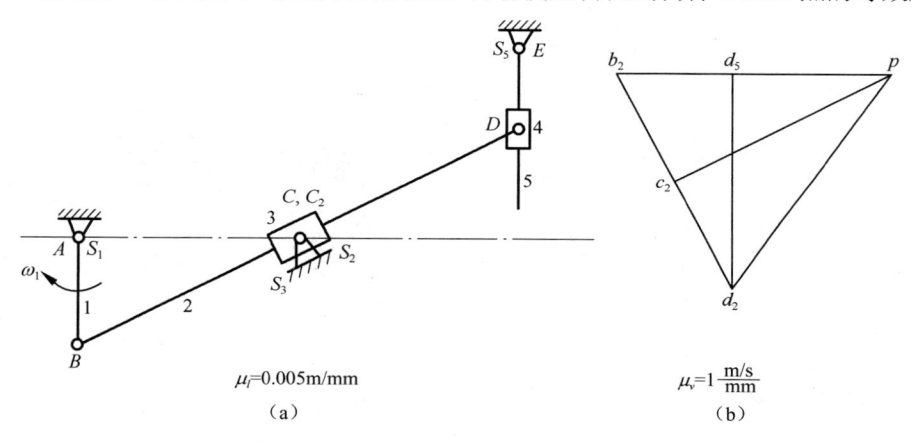

图 5-15

解：

（1）求解等效到构件 1 上的等效转动惯量。

$$J = J_{S1} + J_{S2}\left(\frac{\omega_2}{\omega_1}\right)^2 + m_2\left(\frac{v_{S2}}{\omega_1}\right)^2 + J_{S3}\left(\frac{\omega_3}{\omega_1}\right)^2 + J_{S5}\left(\frac{\omega_5}{\omega_1}\right)^2$$

式中：$\omega_2 = \dfrac{v_{C2B2}}{l_{CB}} = \dfrac{\mu_v \cdot \overline{b_2c_2}}{\mu_l \cdot \overline{BC}}$；$v_{S2} = \mu_v \cdot \overline{pc_2}$；$\omega_3 = \omega_2$；$\omega_1 = \dfrac{\mu_v \cdot \overline{pb_2}}{l_{AB}}$；$l_{AB} = \overline{AB} \cdot \mu_l = 14 \times 0.005 = 0.07\text{m}$；$\omega_5 = \dfrac{\mu_v \cdot \overline{pd_5}}{\mu_l \cdot \overline{DE}}$。

（2）求等效质量。

$$J = J_{S1} + J_{S2}\left(\frac{\overline{b_2c_2} \cdot l_{AB}}{\mu_l \cdot \overline{BC} \cdot \overline{pb_2}}\right)^2 + m_2\left(\frac{\overline{pc_2} \cdot l_{AB}}{\overline{pb_2}}\right)^2 + J_{S3}\left(\frac{\overline{b_2c_2} \cdot l_{AB}}{\mu_l \cdot \overline{BC} \cdot \overline{pb_2}}\right)^2 + J_{S5}\left(\frac{\overline{pd_5} \cdot l_{AB}}{\mu_l \cdot \overline{DE} \cdot \overline{pb_2}}\right)^2$$

$$= 0.02 + 0.05 \times \left(\frac{17 \times 0.07}{0.005 \times 33 \times 36}\right)^2 + 5 \times \left(\frac{32 \times 0.07}{36}\right)^2 +$$

$$0.01 \times \left(\frac{17 \times 0.07}{0.005 \times 33 \times 36}\right)^2 + 0.21 \times \left(\frac{21 \times 0.07}{0.005 \times 11 \times 36}\right)^2 \approx 0.158 \text{ kg} \cdot \text{m}^2$$

由公式 $J = m l_{AB}^2$，得 $m = \dfrac{J}{l_{AB}^2} = \dfrac{0.158}{0.07^2} \approx 32.24 \text{ kg}$。

【05407】在图 5-16 所示的机构中，已知齿轮 1 的齿数 $z_1 = 20$，齿轮 2 的齿数 $z_2 = 30$，杆 2 长 $l_{BC} = 100 \text{mm}$，齿轮 1、2 对各自中心的转动惯量分别为 $J_{S1} = 0.01 \text{kg} \cdot \text{m}^2$，$J_{S2} = 0.02 \text{kg} \cdot \text{m}^2$，杆 4 的质量 $m_4 = 2 \text{kg}$，忽略滑块 3 的质量。齿轮 1、2 的角速度为 ω_1、ω_2。杆 4 的速度为 v_4，$v_4 = \omega_2 l_{BC} \sin\varphi_2$。在杆 4 上作用有阻力 $F_4 = 100 \text{N}$，轮 1 上作用有驱动力矩 $M_1 = 10 \text{N} \cdot \text{m}$，$M_1$ 和 F_4 均为常数。在 $\varphi_2 = 30°$ 时，以齿轮 1 为等效构件，试求：

（1）等效转动惯量 J_e 和等效力矩 M_e；

（2）齿轮 1 的角加速度 α_1；

（3）根据 M_1、F_4 为常数，是否能判断齿轮 1 的运动为等加速或等减速运动规律？为什么？

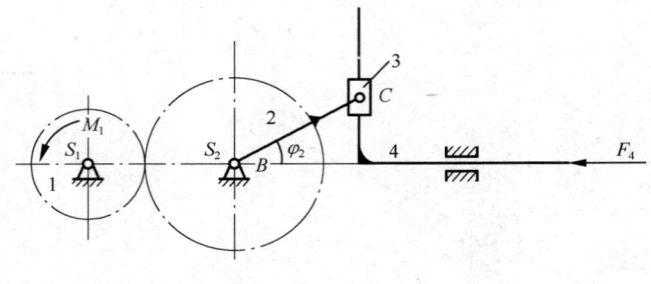

图 5-16

解：

（1）等效转动惯量为

$$J_e = J_{S1} + J_{S2} \left(\frac{z_1}{z_2}\right)^2 + m_4 l_{BC}^2 \cdot \left(\frac{z_1}{z_2}\right)^2 \sin^2 30°$$

$$= 0.01 + 0.02 \times \left(\frac{20}{30}\right)^2 + 2 \times 0.1^2 \times \left(\frac{20}{30}\right)^2 \times \left(\frac{1}{2}\right)^2 \approx 0.021 \text{kg} \cdot \text{m}^2$$

等效力矩为

$$M_e = M_1 - \frac{F_4 v_4}{\omega_1} = 10 - 3.33 \approx 6.67 \text{N} \cdot \text{m}$$

（2）角加速度为

$$\alpha_1 = \frac{M_e}{J_e} \approx 317.6 \text{rad/s}^2$$

（3）虽然 F_4 和 M_1 均为常数，但由于连杆机构属于变传动比机构，v_4/ω_1 不是常数，所以 J_e 和 M_e 都非常数，因而机构运动不能判断为等加速或等减速运动规律。

【05408】在图 5-17（a）所示的机构中，已知齿轮 1、2 的齿数 $z_1 = 20$，$z_2 = 40$，其转动惯量分别为 $J_1 = 0.001 \text{kg} \cdot \text{m}^2$，$J_2 = 0.002 \text{kg} \cdot \text{m}^2$，导杆 4 对轴 C 的转动惯量 $J_4 = 0.003 \text{kg} \cdot \text{m}^2$。其余构件质量不计。在齿轮 1 上作用有驱动力矩 $M_1 = 5 \text{N} \cdot \text{m}$，在杆 4 上作用有阻力矩 $M_4 = 25 \text{N} \cdot \text{m}$。又已知 $l_{AB} = 0.1 \text{m}$，其余尺寸如图 5-17 所示。试求在图 5-17（a）所示位置起动时，与轮 2 固联的杆 AB 的角加速度 α_2。

解：

（1）以构件 2 为等效构件，等效转动惯量 J_e 为

$$J_e = J_2 + J_1\left(\frac{\omega_1}{\omega_2}\right)^2 + J_4\left(\frac{\omega_4}{\omega_2}\right)^2$$

（2）用瞬心法求 $\frac{\omega_4}{\omega_2}$，过 B 作导杆的垂线，交 AC 于 P_{24}，如图 5-17（b）所示，故

$$\frac{\omega_4}{\omega_2} = \frac{\overline{AP_{24}}}{\overline{CP_{24}}}, \quad \overline{AP_{24}} = \overline{BP_{24}}\sin 30°, \quad \overline{CP_{24}} = \frac{\overline{BP_{24}}}{\sin 30°}$$

所以

$$\frac{\omega_4}{\omega_2} = \frac{1}{4}$$

$$J_e = 0.002 + 0.001 \times \left(\frac{40}{20}\right)^2 + 0.003 \times \left(\frac{1}{4}\right)^2 \approx 0.00619 \text{kg}\cdot\text{m}^2$$

（3）等效力矩 $M_e = M_1\left(\dfrac{z_2}{z_1}\right) - M_4\left(\dfrac{1}{4}\right) = 5 \times 2 - 25 \times 0.25 = 3.75 \text{ N}\cdot\text{m}$。

（4）$\alpha_2 = \dfrac{M_e}{J_e} = \dfrac{3.75}{0.00619} \approx 605.82 \text{rad/s}^2$。

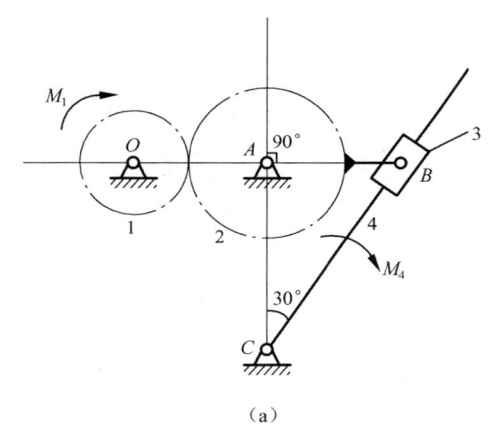

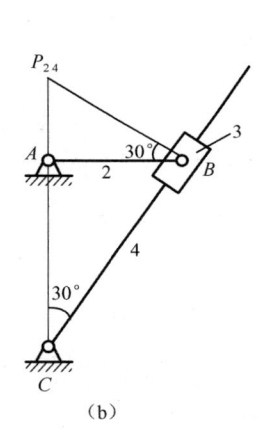

图 5-17

【05409】 图 5-18 所示为某机械等效到主轴上的等效阻力矩 M_{er} 在一个工作循环中的变化规律，设等效驱动力矩 M_{ed} 为常数，主轴平均转速 $n=300$r/min，等效转动惯量 $J_e = 25\text{ kg}\cdot\text{m}^2$。试求：

（1）等效驱动力矩 M_{ed}；
（2）ω_{max} 与 ω_{min} 的位置；
（3）最大盈亏功 ΔW_{max}；
（4）若运转速度不均匀系数 $\delta = 0.1$，并不计其余构件的转动惯量，则安装在主轴上的飞轮转动惯量 J_F。

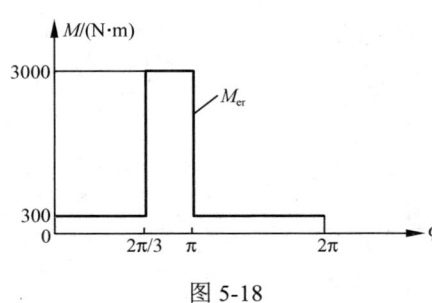

图 5-18

解：

（1）由 $M_{ed} \cdot 2\pi = \int_0^{2\pi} M_{er} d\varphi = 300 \times \left(\dfrac{2\pi}{3} + \pi\right) + 3000 \times \dfrac{\pi}{3} = 1500\pi$，得 $M_{ed} = 750 \text{ N}\cdot\text{m}$。

（2） ω_{max} 位于 $\varphi=\dfrac{2\pi}{3}$ 处，ω_{min} 位于 $\varphi=\pi$ 处。

（3） $\Delta W_{max}=(3000-750)\times\dfrac{\pi}{3}=750\pi\,\text{J}$。

（4） $J_F=\dfrac{900\Delta W_{max}}{\pi^2 n^2 \delta}=\dfrac{900\times 750\pi}{\pi^2\times 300^2\times 0.1}\approx 23.87\,\text{kg}\cdot\text{m}^2$。

【05410】一个机构做稳定运动，其中一个运动循环中的等效阻力矩 M_{er} 与等效驱动力矩 M_{ed} 的变化如图 5-19 所示。机构的等效转动惯量 $J_e=1\,\text{kg}\cdot\text{m}^2$，在运动循环开始时，等效构件的角速度 $\omega_0=20\,\text{rad/s}$，试求：

（1）等效驱动力矩 M_{ed}；
（2）等效构件的最大角速度、最小角速度 ω_{max} 与 ω_{min}，并指出其出现的位置，确定运转速度不均匀系数；
（3）最大盈亏功 ΔW_{max}；
（4）若运转速度不均匀系数 $\delta=0.1$，则应在等效构件上加多大转动惯量的飞轮？

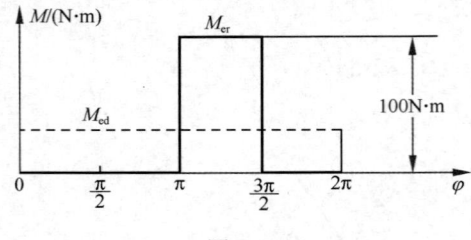

图 5-19

解：

（1）设起始角为 0°，等效驱动力矩为

$$M_{ed}=\left(100\times\dfrac{\pi}{2}\right)/2\pi=25\,\text{N}\cdot\text{m}$$

（2）最大角速度在 $\varphi=\pi$ 处，最小角速度在 $\varphi=\dfrac{3\pi}{2}$ 处。

① 求 $\int_0^\pi (M_{ed}-M_{er})\,d\varphi=\dfrac{1}{2}J_e(\omega_{max}^2-\omega_0^2)$，则 $\omega_{max}^2=2\times 25\pi+20^2$，得 $\omega_{max}\approx 23.6\,\text{rad/s}$。

② 同理 $\omega_{min}^2=2\times(25\pi-75\pi/2)+20^2$，得 $\omega_{min}\approx 17.9\,\text{rad/s}$，则可得 $\omega_m=\dfrac{1}{2}(\omega_{max}+\omega_{min})=20.75\,\text{rad/s}$。

③ $\delta=\dfrac{\omega_{max}-\omega_{min}}{\omega_m}=\dfrac{23.6-17.9}{20.75}\approx 0.275$。

（3） $\Delta W_{max}=(100-25)\times\dfrac{\pi}{2}\approx 117.81\,\text{J}$。

（4） $J_F=\dfrac{117.81}{20.75^2\times 0.1}-1\approx 1.736\,\text{kg}\cdot\text{m}^2$。

第 6 章　平面连杆机构及其设计

一、内容提要

（一）平面四杆机构的基本型式及其演化
（二）平面四杆机构的主要工作特性
（三）平面四杆机构的设计

二、本章重点

（一）平面四杆机构的基本型式及其演化

平面连杆机构是指用平面低副连接起来的平面机构。其中，铰链四杆机构是用转动副连接的最基本的平面四杆机构，其他型式的平面四杆机构可以看成是由其演化而来的。因此，研究铰链四杆机构具有典型性。

在铰链四杆机构中，直接和机架相连的构件称为连架杆；相对机架能做整周回转的连架杆称为曲柄；相对机架不能做整周回转的连架杆称为摇杆；不与机架相连的中间构件称为连杆。连杆上点的轨迹称为连杆曲线，因为连杆做平面复合运动，所以连杆上点的轨迹很复杂，常在轨迹设计中利用它。在铰链四杆机构中，若某转动副所连接的两个构件能做整周回转，则称此转动副为整转副，否则称为摆动副。

铰链四杆机构根据两个连架杆为曲柄或摇杆的不同可分为曲柄摇杆机构、双曲柄机构和双摇杆机构。平面四杆机构还有其他型式，这些型式的四杆机构可以看成是由铰链四杆机构按以下方法演化而来的。

（1）曲柄摇杆机构可通过改变摇杆的形状和运动尺寸得到曲柄滑块机构（转动副演化成移动副），改变曲柄滑块机构的连杆形状和运动尺寸可得到正弦机构。

（2）曲柄滑块机构可通过改变转动副的尺寸（使连接曲柄和连杆的转动副尺寸超过曲柄尺寸），演化得到偏心轮机构。

（3）同一运动链中，通过选取不同的构件为机架而演化成新的机构，这样的机构称互为倒置机构。例如，曲柄摇杆机构、双曲柄机构和双摇杆机构；曲柄滑块机构、转动（摆动）导杆机构、曲柄摇块机构和定块机构（或称移动导杆机构）。

（二）平面四杆机构的主要工作特性

1．平面四杆机构中存在整转副的充分必要条件

平面四杆机构中存在整转副的充分必要条件是最短杆和最长杆杆长之和小于或等于其他两个杆杆长之和（杆长之和条件）。

平面四杆机构中，某一个转动副为整转副的充分必要条件是组成该转动副的两个构件中必有一个构件为最短构件，且四个构件的长度满足杆长之和条件。

若铰链四杆机构不满足杆长之和条件，四个转动副均是摆动副，不论取哪个构件为机架，机构都是双摇杆机构。

若铰链四杆机构满足杆长之和条件，并且只有一个杆是最短杆，则最短杆上的两个转动副均为整转副，另外两个转动副均为摆动副。

若铰链四杆机构满足杆长之和条件，并有两个杆是最短杆，另外两个杆必然也相等。若两个最短杆是相邻的，则存在三个整转副；若两个最短杆是对边的，则铰链四杆机构为平行四边形机构，四个转动副均为整转副。

对于铰链四杆机构的演化型式，可以把移动副看作转动中心位于垂直导路无穷远处的转动副，从而可以推导出含有移动副的四杆机构中存在整转副的条件。

2．急回特性和行程速比系数 K

当平面四杆机构的原动件做匀速定轴转动时，从动件（相对于机架）做往复运动（摆动或移动），若从动件的正行程（或工作行程）和反行程（或回程）的平均速度不相等，称该机构具有急回特性。急回特性的程度用行程速比系数 K 来衡量，行程速比系数 K 是从动件的快行程（反行程）平均速度 v_2 与其慢行程（正行程）的平均速度 v_1 的比值，即

$$K=\frac{v_2}{v_1}=\frac{180°+\theta}{180°-\theta} \quad \text{或} \quad \theta=180°\frac{K-1}{K+1}$$

式中，θ 表示极位夹角，即从动件处于两个极限位置时，原动件所对应的两个位置之间的夹角。

要判断机构是否具有急回特性的关键是确定机构是否存在极位夹角 θ，若 $\theta=0$，则 $K=1$，表明机构无急回特性。若 $\theta \neq 0$，则 $K>1$，表明机构具有急回特性，θ 角愈大，则 K 值也愈大，表明机构急回特性愈显著。

从动件慢行程的转向不仅与原动件的转向有关，而且还与机构的运动尺寸有关。根据 K 值及从动件慢行程摆动方向与曲柄转向的异同，曲柄摇杆机构可分为以下三种型式。

（1）I型曲柄摇杆机构：摇杆慢行程（工作行程）摆动方向与曲柄转动方向一致，各构件应满足的条件为 $a^2+d^2<b^2+c^2$（a 为曲柄长度，b 为连杆长度，c 为摇杆长度，d 为机架长度）。

（2）II型曲柄摇杆机构：摇杆慢行程（工作行程）摆动方向与曲柄转动方向相反，各构件应满足的条件为 $a^2+d^2>b^2+c^2$。

（3）III型曲柄摇杆机构：摇杆无急回特性，各构件应满足的条件为 $a^2+d^2=b^2+c^2$。

3．平面四杆机构的压力角、传动角和死点

在平面四杆机构中，在不考虑构件所受的重力、惯性力及运动副中的摩擦力的情况下，

从动件受力点的作用力方向与速度方向之间的夹角称为压力角 α，压力角的余角称为传动角 γ。压力角 α 愈小（传动角 γ 愈大），作用在从动件上的有效分力就愈大，对机构的传动就愈有利。在铰链四杆机构中，连杆和从动件之间所夹锐角即其传动角，很直观，便于计算，故计算时常使用传动角的概念。

机构运转过程中，机构的传动角是变化的，为了使机构传动质量良好，一般规定机构的最小传动角 $\gamma_{min} \geq 40°$。根据三种曲柄摇杆机构的几何尺寸，最小传动角出现在以下位置：

Ⅰ型曲柄摇杆机构出现在曲柄与机架重叠共线位置；

Ⅱ型曲柄摇杆机构出现在曲柄与机架拉直共线位置；

Ⅲ型曲柄摇杆机构在曲柄与机架拉直共线位置和重叠共线位置。

在曲柄摇杆机构（或曲柄滑块机构）中，若以摇杆（或滑块）为原动件，曲柄为从动件，当连杆和曲柄共线时，机构传动角为零，这时不论驱动力多大，都不能使机构运动，出现顶死现象，这时的机构位置称为死点。当机构需要克服死点连续工作时，可利用惯性或采用机构错位排列的方式，来保证机构顺利通过死点。工程上也常利用死点来实现某种工作要求。

（三）平面四杆机构的设计

1. 平面四杆机构设计的基本问题

平面四杆机构的设计通常包括选型和运动尺寸设计两个方面。选型设计是确定平面连杆机构的结构组成，包括构件数目及运动副的类型和数目。运动尺寸设计是指确定机构运动简图的参数，包括转动副中心之间的距离、移动副位置尺寸等。连杆机构的运动尺寸设计是本章的难点。

平面四杆机构运动尺寸设计的基本问题一般可归纳为以下三类。

（1）按给定位置设计问题，即要求连杆机构中的连杆能按规定顺序准确或近似地经过预定的若干位置。

（2）按已知运动规律设计问题，即要求连杆机构中的两个连架杆实现已知的若干组对应位置关系；或者在原动件规律一定时，从动件能够准确或近似地实现预定的运动规律要求。

（3）按已知运动轨迹设计问题，即要求连杆机构运动时，连杆上的某点能够准确或近似地实现预定的轨迹要求。

设计平面连杆机构的方法主要有图解法、解析法和实验法，这里主要介绍图解法。

2. 图解法设计铰链四杆机构

用图解法设计铰链四杆机构的实质是根据设计要求，通过作图确定四个铰链中心的位置，之后铰链四杆机构各杆长度也就确定了。

1）按给定连杆位置设计铰链四杆机构

按设计条件可分为以下两类问题进行讨论。

（1）已知两个活动铰链中心 B 和 C 的位置及其预定位置 B_iC_i（$i=1,2,\cdots,N$），要求设计此铰链四杆机构。设计该铰链四杆机构的实质是求固定铰链中心 A 和 D 的位置。设计方法是作活动铰链中心 B 各位置点连线的中垂线，其交点即固定铰链中心 A。同理，通过活动铰链中心 C 找到固定铰链中心 D，此方法称为圆心法。若 $N=2$，有无穷多解（这时可增加一些附加条件，如固定铰链中心 A 和 D 的位置范围，以获得唯一解）；若 $N=3$，则有唯一解。

（2）已知连杆标线 EF 的预定位置 E_iF_i（$i=1,2,\cdots,N$）和固定铰链中心 A 和 D，要求设计此铰链四杆机构。设计该铰链四杆机构的实质是求活动铰链中心 B 和 C，此时，可采用转换机架法，即利用相对运动原理，把某一个连杆标线 E_iF_i 作为转换机架，而与其相对的机架作为转换后的连杆，这时把机构几个对应位置的四边形进行刚化，并把其他标线转到和转换机架相重合，这样就得到转换后的几个连杆的对应位置 A_iD_i，从而可以利用以上圆心法进行求解。此方法又称刚化反转法。

2）按两个连架杆对应位置设计铰链四杆机构

设计条件为已知两个连架杆的两组对应角位移 α_{12} 和 β_{12} 及 α_{13} 和 β_{13}，机架 AD 的长度 d。求解时，先定出机架的位置 AD，根据附加条件定出主动连架杆 AB 的尺寸、第一个位置 AB_1、从动连架杆相应标线位置 DE_1，并按对应的角位移作 AB_2 和 AB_3 及 DE_2 和 DE_3。此时，求解的实质是定出活动铰链中心 C 的位置。可采用转换机架法，把某一个连架杆标线 D_iE_i 作为转换机架，而与其相对的主动连架杆 AB 作为转化后的连杆，这时把机构另两个对应位置的四边形进行刚化，并把其他标线转到和转换机架相重合，这样就得到转换后的几个连杆的对应位置 $A_i'B_i'$，从而可以利用以上圆心法进行求解。

若连架杆 AB 的长度可任取，有无穷解。若给定 AB 的长度，却只给定一对对应角位移时有无穷解。以上给定两对对应角位移，有唯一解。

3）按行程速比系数设计铰链四杆机构

设计条件为已知曲柄摇杆机构中摇杆 CD 的长度 c，摇杆的摆角 φ，以及机构行程速比系数 K，要求设计此四杆机构。首先，根据 K 值算出极位夹角 θ，任取一点 D 作为固定铰链中心，以摇杆长度 c、摆角 φ 作出摇杆两个极限位置 C_1D 和 C_2D。其次，通过 C_1 和 C_2 作一个圆，使得 C_1C_2 所对应的圆心角为 2θ，则该圆就是固定铰链中心 A 所在的轨迹。至于 A 点的具体位置要综合机构处于极限位置时的曲柄与连杆共线，并且 A 点到 C_1 点和 C_2 点的连线长度差的一半为曲柄长度 a 的几何特点和其他辅助条件（如曲柄长度 a、连杆长度 b 或机架长度 d）来确定。

至于含移动副的曲柄滑块机构的设计，设计方法与此类似。

三、典型例题

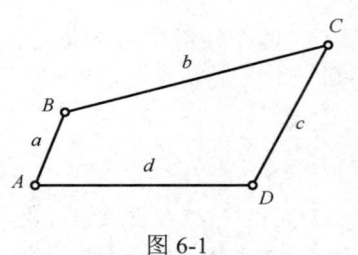

【例 6-1】如图 6-1 所示，已知平面四杆机构各杆件的长度为 $a=150$mm，$b=500$mm，$c=300$mm，$d=400$mm。试问：（1）当取杆件 AD 为机架时，是否存在曲柄？若存在，则哪一个杆件为曲柄？（2）若选取别的杆件为机架，则分别得到什么类型的机构？

解：

图 6-1

判断机构是否存在曲柄的实质是判断两个固定铰链是否有整转副存在。因为该铰链四杆机构中最短杆为 AB 杆，最长杆为 BC 杆，且有 500+150<300+400，所以存在整转副，并且最短杆上的两个铰链为整转副。当取杆件 AD 为机架时，连架杆 AB 为曲柄，连架杆 CD 为摇杆。机构为曲柄摇杆机构。

当取杆件 AB 为机架时，连架杆 BC 和 AD 都为曲柄，机构为双曲柄机构；当取杆件 BC

为机架时，连架杆 AB 为曲柄，连架杆 CD 为摇杆，机构为曲柄摇杆机构；当取杆件 CD 为机架时，连架杆 BC 和 AD 都为摇杆，机构为双摇杆机构。

【例 6-2】 图 6-2 所示为一个飞机起落架机构。实线 CD_1E_1F 表示降落时的位置，虚线 CD_2E_2F 表示飞行时的位置。已知 $l_{FC} = 520\text{mm}$，$l_{FE} = 340\text{mm}$，且 $\alpha = 90°$，$\beta = 60°$，$\theta = 10°$。试用图解法求出构件 CD 和 DE 的长度 l_{CD} 和 l_{DE}。

解：

本题属于已知两个连架杆的两组对应位置关系、连架杆 EF 长度及未知活动铰链 D 的轨迹的设计问题。可用转换机架法求解，以 D_1C 为转换机架，D_1 为转换后的固定铰链中心，则转换后 E 绕 D_1 转动。作图步骤如下。

（1）作构件 EF 的两个位置 E_1F、E_2F 和 C 点；

（2）机构位置刚化反转：令 E_2 点绕 C 点逆时针转动 β 角（此时 CD_2 与 CD_1 重合），得 E'_2 点；

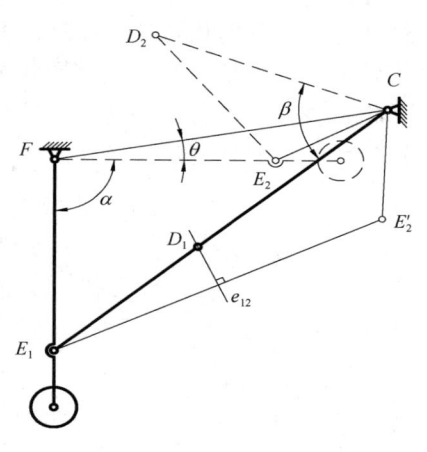

图 6-2

（3）连接 $E_1E'_2$，作其垂直平分线 e_{12}，e_{12} 与直线 E_1C 的交点为 D_1，FE_1D_1C 即所求的铰链四杆机构。根据图量取 l_{CD} 和 l_{DE}。

【例 6-3】 图 6-3 所示的曲柄滑块机构是按比例绘制而成的。(1) 设曲柄为主动件，滑块朝右运动为工作行程，试确定曲柄的合理转向，并简述其理由；(2) 若滑块为主动件，试用图解法确定该机构的死点位置。

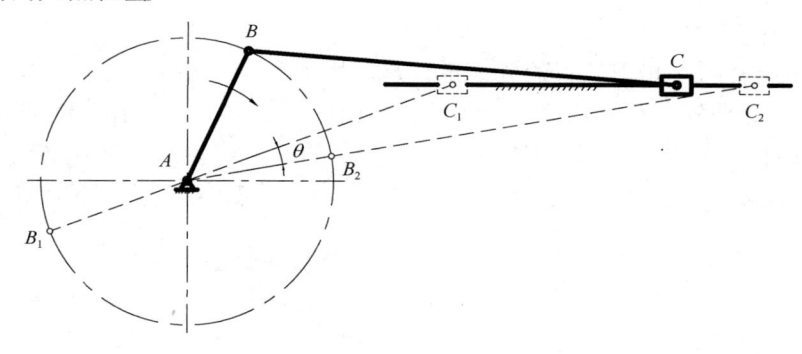

图 6-3

解：

（1）曲柄的合理转向。

以 A 为圆心、$\overline{BC} - \overline{AB}$ 为半径画弧交滑块的导路于 C_1，连接 C_1、A 点交 B 点的轨迹圆于 B_1，如图 6-3 所示。

以 A 为圆心、$\overline{BC} + \overline{AB}$ 为半径画弧交滑块的导路于 C_2 点，连接 A、C_2 点交 B 点的轨迹圆于 B_2，则 AB_1 与 AB_2 所夹的锐角 θ 为极位夹角。

从图中可以看出：若曲柄的转向为顺时针，工作行程曲柄转角为 $180° + \theta$；若曲柄的转向为逆时针，工作行程曲柄转角为 $180° - \theta$。又因工作行程要求为慢行程，所以曲柄转向应为顺时针。

（2）机构的死点位置。

由前面的作图过程可知，当以滑块为主动件时，AB_1C_1 和 AB_2C_2 为机构的两个死点位置。

【例 6-4】设计一个曲柄摇杆机构,要求满足以下条件:(1)当机构处于一个极限位置时,连杆处于 B_1C_1 上,当机构处于另一个极限位置时,连杆处于 S_2 这条线上,如图 6-4 所示。(2)机构处于一个极限位置时,压力角为零。

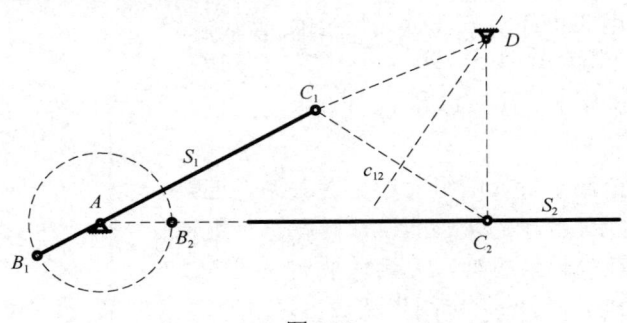

图 6-4

解:
由于 S_1 和 S_2 是机构处于两个极限位置时连杆所在的两个相应位置,故其中一个必为曲柄与连杆重叠共线的位置而另一个必为曲柄与连杆拉直共线的位置,因而曲柄的固定铰链中心必在 S_1 与 S_2 的交点上。本题的作图步骤如下。
(1)延长 S_2,与 S_1 相交于 A 点,A 点为曲柄的固定铰链中心;
(2)以 A 为起点,在 S_2 上截取 $\overline{AB_2} = \overline{AB_1}$ 得 B_2 点;
(3)截取 $\overline{B_2C_2} = \overline{B_1C_1}$,得 C_2 点;
(4)作 C_1C_2 的垂直平分线 c_{12};
(5)由于机构在一个极限位置的压力角为零,故作 $DC_2 \perp B_2C_2$ 交 c_{12} 于 D;
(6)AB_1C_1D 即曲柄摇杆机构第一位置的机构简图。若作 $DC_1 \perp B_1C_1$ 还可得一个解。

【例 6-5】已知连杆上标线 BE(其中 B 为活动铰链)的三个位置及固定铰链中心 D 的位置,如图 6-5(a)所示。试用图解法设计此铰链四杆机构,并问该机构为何种机构?

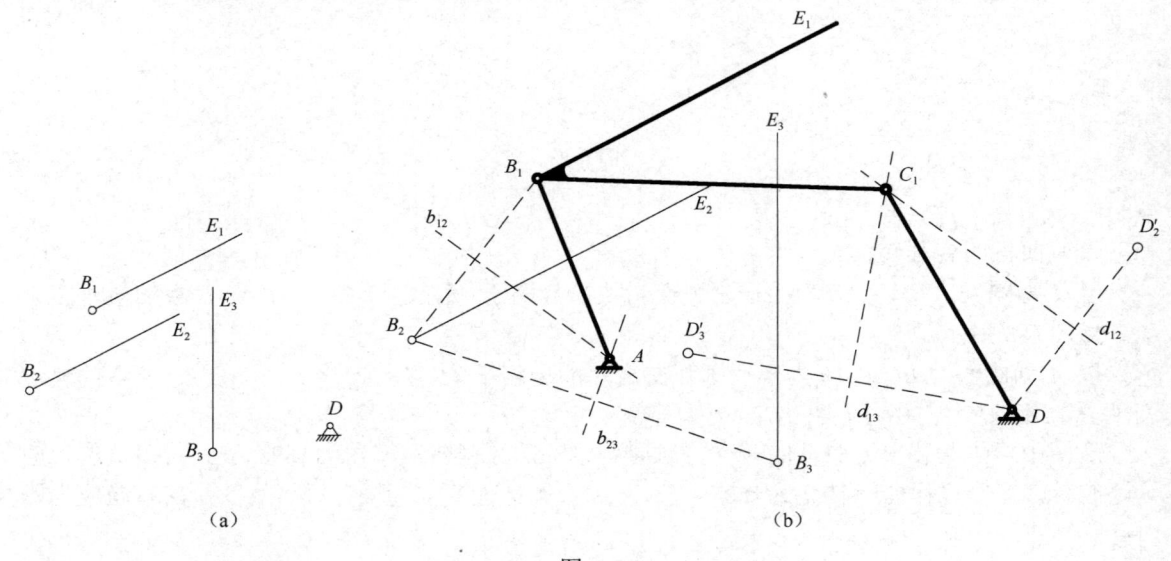

(a)

(b)

图 6-5

解：

由题设条件可知本题属于给定连杆三个位置设计铰链四杆机构的问题。它又分为两部分：其一，给定活动铰链中心 B 的位置，求固定铰链中心 A 的位置；其二，给定固定铰链中心 D 的位置，求活动铰链中心 C 的位置。本题的作图步骤如下。

（1）确定固定铰链中心 A。

① 连接 B_1、B_2，作其垂直平分线 b_{12}；

② 连接 B_2、B_3，作其垂直平分线 b_{23}，则 b_{12} 和 b_{23} 的交点即连架杆 AB 的固定铰链中心 A。

（2）确定活动铰链中心 C。

采用转换机架法，连杆第一个位置为转换机架。

① 作 $\triangle B_1 E_1 D_2' \cong \triangle B_2 E_2 D$，得 D_2'；

② 作 $\triangle B_1 E_1 D_3' \cong \triangle B_3 E_3 D$，得 D_3'；

③ 连接 D_2'、D，作其垂直平分线 d_{12}；

④ 连接 D_3'、D，作其垂直平分线 d_{13}，则 d_{12} 和 d_{13} 的交点即活动铰链中心 C 的第一位置点 C_1。连接 A、B_1、C_1、D，并将 $B_1 E_1$ 与 $B_1 C_1$ 固连为一体，即得该机构第一位置的机构简图。

（3）确定该机构属于何种机构。

从图上量得 $l_{AD}=54$mm，$l_{BC}=47$mm，$l_{AB}=26$mm，$l_{CD}=35$mm。

由于 $l_{AD}+l_{AB}=54+26=80$mm，而 $l_{BC}+l_{CD}=47+35=82$mm，故 $l_{AD}+l_{AB}<l_{BC}+l_{CD}$，而最短杆 AB 又为连架杆，所以该机构为曲柄摇杆机构。

【例 6-6】 设计一个曲柄摇杆机构，已知其摇杆 CD 的长度 $l_{CD}=290$mm，摇杆两个极限位置的夹角 $\varphi=32°$，行程速比系数 $K=1.25$，若曲柄的长度 $l_{AB}=75$mm，求连杆的长度 l_{BC} 和机架的长度 l_{AD}，并校验 $\gamma_{\min}$ 是否在允许值范围内。

解：

（1）机构尺寸设计。

作图过程如图 6-6 所示，任选一点作为固定铰链中心 D 的位置，并按摇杆两个极限位置的夹角 φ，作出摇杆的两个极限位置 $C_1 D$ 及 $C_2 D$。计算极位夹角为

$$\theta = 180° \frac{K-1}{K+1} = 180° \times \frac{1.25-1}{1.25+1} = 20°$$

作出极位夹角 $\theta=20°$ 时铰链 A 的轨迹圆Ⅰ，其圆心为 O。

以 C_2（或 C_1）为圆心，$2l_{AB}=150$mm 为半径作圆Ⅱ。

延长直线 DO 与圆Ⅰ交于 O'，以 $\overline{O'C_1}$（或 $\overline{O'C_2}$）为半径、O' 为圆心作圆Ⅲ。

圆Ⅱ及圆Ⅲ相交于 E 点，连接 C_2、E 并延长使之交圆Ⅰ于 A 点，则 A 点即所要求的固定铰链中心 A。

AC_2 的长度减去曲柄的长度即连杆 BC 的长度，由图得 $l_{BC}=178$mm，$l_{AD}=279$mm。

（2）校验机构的最小传动角。

因该曲柄摇杆机构各构件的几何尺寸满足 $l_{AB}^2 + l_{AD}^2 < l_{BC}^2 + l_{CD}^2$，所以该曲柄摇杆机构为Ⅰ型曲柄摇杆机构，因而机构最小传动角出现在曲柄和机架重叠共线位置。以 A 为圆心、l_{AB} 为半径画圆，交 AD 线段得 B 点，再以 B 为圆心、l_{BC} 为半径画弧，与圆弧Ⅳ相交得 C 点（圆弧Ⅳ为摇杆上 C 点的轨迹）。$ABCD$ 即机构出现最小传动角的位置，$\gamma_{\min}=\angle BCD$。图中 $\angle BCD > 40°$，在允许值范围内。

本例若把已知曲柄长度改成已知连杆长度或机架长度，解题方法类似。

图 6-6

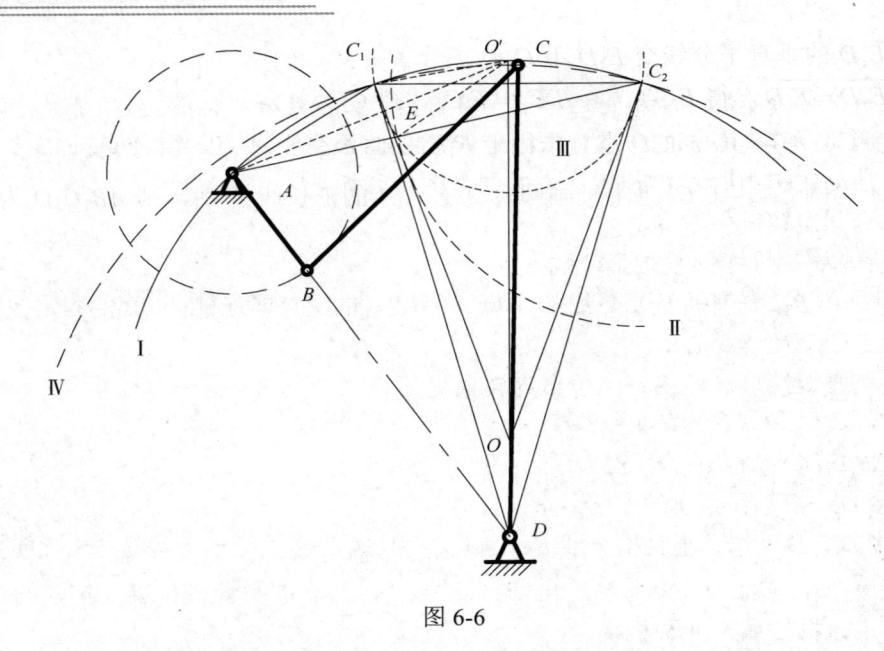

【例 6-7】设计图 6-7 所示的 ABCDEF 六杆机构。已知 AB 为曲柄且为原动件，摇杆 CD 的行程速比系数 K=1，滑块行程 F_1F_2=24mm，e=8mm，x=32mm，摇杆两个极限位置为 DG_1 和 DG_2，$\varphi_1=45°$，$\varphi_2=90°$，摇杆上的两个活动铰链中心 C、E 在 DG 线上，$l_{EC}=l_{CD}$，且 A、D 在平行于滑道的一条水平线上。试求出各杆的尺寸。

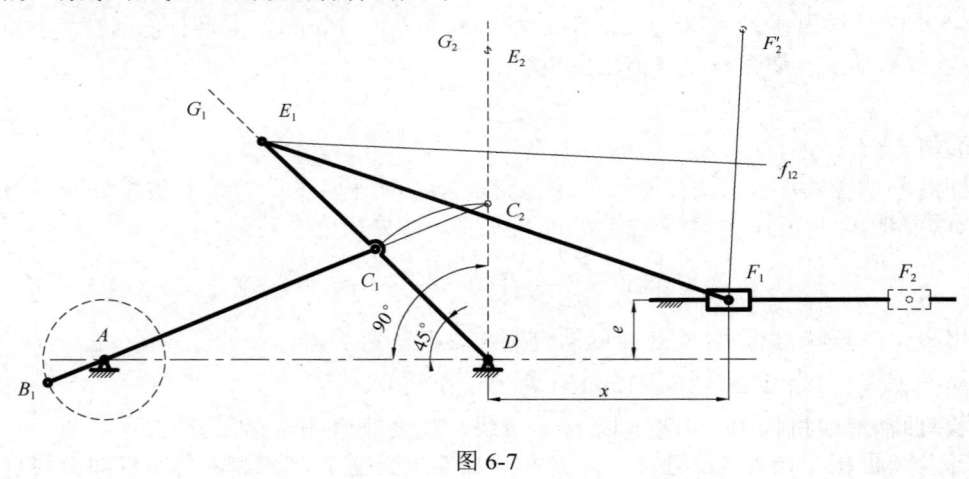

图 6-7

解：

（1）确定 E_1 点。

在滑块机构 DEF 中，求解 E 点属于给定两个连架杆的两组对应位置设计四杆机构的问题，因而其作图步骤如下。

① 作 $\triangle DG_2F_2 \cong \triangle DG_1F_2'$ 得 F_2' 点。

② 连接 F_2'、F_1 并作其垂直平分线 f_{12} 交 DG_1 于 E_1，则 DE_1F_1 为 DEF 在第一位置的机构简图。

（2）曲柄摇杆机构 ABCD 的杆长。

因 DC 杆的行程速比系数 K=1，故 AC_1 和 AC_2 应重合为一条直线。因而确定其各杆长的作图步骤如下。

① 作 E_1D 的垂直平分线交 E_1D 于 C_1；
② 取 $\overline{E_2D} = \overline{E_1D}$，得 E_2 点，取 $\overline{E_2C_2} = \overline{E_1C_1}$，得 C_2 点；
③ 连接 C_1、C_2，其与过 D 点且平行于 F_1F_2 的直线交于 A 点，得 A 点；
④ 以 A 为圆心、$\frac{1}{2}\overline{C_1C_2}$ 为半径画圆，交 C_2C_1A 的延长线于 B_1，则 AB_1C_1D 为曲柄摇杆机构第一位置的机构简图。

作图结果为 l_{DE}=42mm，l_{EF}=65mm，l_{AD}=51mm，l_{BC}=47mm，l_{AB}=8mm，l_{CD}=21mm。

四、复习思考题

1．有无含三个移动副的平面四杆机构？
2．铰链四杆机构中取不同的构件为机架可以得到不同的四杆机构，这种说法的理论基础是什么？机构中某一个转动副是整转副还是摆动副与选用哪个构件为机架是否有关？
3．在铰链四杆机构中，四个构件的几何尺寸满足什么关系时，四个回转副有三个是整转副？
4．在曲柄摇杆机构中，当以曲柄为原动件时，机构是否一定存在急回运动且一定无死点？为什么？
5．Ⅰ型、Ⅱ型、Ⅲ型曲柄摇杆机构的运动特征、结构特征及构件尺寸关系如何？最小传动角分别出现在什么位置？
6．铰链四杆机构可通过哪几种方式演化成其他型式的平面四杆机构？试说明曲柄摇块机构是如何演化来的。

五、习题精解

（一）判断题

1．任何一种曲柄滑块机构，当曲柄为原动件时，它的行程速比系数 K=1。　　　　（　　）
2．在摆动导杆机构中，若取曲柄为原动件时，机构无死点位置；而取导杆为原动件时，机构有两个死点位置。　　　　（　　）
3．在曲柄滑块机构中，只要原动件是滑块，就必然有死点存在。　　　　（　　）
4．在铰链四杆机构中，凡是双曲柄机构，其杆长关系必须满足：最短杆和最长杆杆长之和大于其他两个杆杆长之和。　　　　（　　）
5．铰链四杆机构是由平面低副组成的四杆机构。　　　　（　　）
6．任何平面四杆机构出现死点时，都是不利的，因此应设法避免。　　　　（　　）
7．平面四杆机构有无急回特性取决于极位夹角是否大于零。　　　　（　　）
8．在曲柄摇杆机构中，若以曲柄为原动件时，最小传动角 γ_{min} 可能出现在曲柄与机架两个共线位置之一处。　　　　（　　）
9．在偏置曲柄滑块机构中，若以曲柄为原动件时，最小传动角 γ_{min} 可能出现在曲柄与机架（滑块的导路）相平行的位置。　　　　（　　）
10．摆动导杆机构不存在急回特性。　　　　（　　）

11. 增大构件的惯性是机构通过死点位置的唯一办法。（　　）
12. 在平面连杆机构中，在从动件同连杆两次共线的位置，出现最小传动角。（　　）
13. 双摇杆机构不会出现死点位置。（　　）
14. 凡曲柄摇杆机构，极位夹角 θ 必不等于 0，故它总具有急回特性。（　　）
15. 曲柄摇杆机构只能将回转运动转换为往复摆动。（　　）
16. 在铰链四杆机构中，若存在曲柄，则曲柄一定为最短杆。（　　）
17. 在单缸内燃机中若不计运动副的摩擦，则活塞在任何位置均可驱动曲柄。（　　）
18. 当曲柄摇杆机构把往复摆动运动转变成旋转运动时，曲柄与连杆共线的位置就是曲柄的"死点"位置。（　　）
19. 杆长不等的双曲柄机构无死点位置。（　　）
20. 在转动导杆机构中，不论取曲柄还是导杆为原动件，机构均无死点位置。（　　）

【答案】

（二）填空题

1. 在＿＿＿＿＿＿＿＿＿＿＿＿＿＿条件下，曲柄滑块机构具有急回特性。
2. 机构中传动角 γ 和压力角 α 之和等于＿＿＿＿＿。
3. 在铰链四杆机构中，当最短杆和最长杆杆长之和大于其他两个杆杆长之和时，只能获得＿＿＿＿＿＿机构。
4. 平面连杆机构是由许多刚性构件用＿＿＿＿＿连接而形成的机构。
5. 在摆动导杆机构中，导杆摆角 $\psi=30°$，其行程速比系数 K 的值为＿＿＿＿＿。
6. 对心曲柄滑块机构曲柄长为 a，连杆长为 b，则最小传动角 γ_{min} 等于＿＿＿＿＿，它出现在＿＿＿＿＿＿＿＿＿＿＿位置。
7. 在平面四连杆机构中，能实现急回运动的机构有（1）＿＿＿＿＿＿＿＿＿、(2)＿＿＿＿＿＿＿＿＿、(3)＿＿＿＿＿＿＿＿＿。
8. 通常压力角 α 是指＿＿＿＿＿＿＿＿＿＿＿＿＿＿＿＿＿＿＿间所夹锐角。
9. 铰链四杆机构转换机架（倒置）以后，各杆间的相对运动不变，原因是＿＿＿＿＿＿＿＿＿＿＿＿＿＿。
10. 铰链四杆机构演化成其他型式的四杆机构，可通过（1）＿＿＿＿＿＿＿＿＿、(2)＿＿＿＿＿＿＿＿＿、(3)＿＿＿＿＿＿＿＿＿等三种方法。

【答案】

（三）选择题

1. 平面连杆机构的行程速比系数是指从动杆反、正行程_____。
   （A）瞬时速度的比值；　　　　　　　　（B）最大速度的比值；
   （C）平均速度的比值。

2. 平行四杆机构工作时，其传动角_____。
   （A）始终保持为90°；　　　　　　　　（B）始终是0°；
   （C）是变化值。

3. 设计连杆机构时，为了具有良好的传动条件，应使_____。
   （A）传动角大一些，压力角小一些；　　（B）传动角和压力角都小一些；
   （C）传动角和压力角都大一些。

4. 在曲柄摇杆机构中，当摇杆为主动件，且_____处于共线位置时，机构处于死点位置。
   （A）曲柄与机架；　　（B）曲柄与连杆；　　（C）连杆与摇杆。

5. 在摆动导杆机构中，当曲柄为主动件时，其传动角_____变化的。
   （A）是由小到大；　　（B）是由大到小；　　（C）是不。

6. 在曲柄摇杆机构中，当曲柄为主动件且_____共线时，其传动角为最小值。
   （A）曲柄与连杆；　　（B）曲柄与机架；　　（C）摇杆与机架。

7. 压力角是在不考虑摩擦情况下作用力和力作用点的_____方向所夹的锐角。
   （A）法线；　　（B）速度；　　（C）加速度；　　（D）切线。

8. 为使机构具有急回运动，要求行程速比系数_____。
   （A）$K=1$；　　（B）$K>1$；　　（C）$K<1$。

9. 铰链四杆机构中有两个构件长度相等且最短，其余构件长度不同，若取一个最短构件作为机架，则得到_____机构。
   （A）曲柄摇杆；　　（B）双曲柄；　　（C）双摇杆。

10. 对于双摇杆机构，若取不同构件作为机架，_____使其成为曲柄摇杆机构。
    （A）一定；　　（B）有可能；　　（C）不能。

11. 当铰链四杆机构中存在曲柄时，曲柄_____是最短构件。
    （A）一定；　　（B）不一定；　　（C）一定不。

12. 要将一个曲柄摇杆机构转换成双摇杆机构，可以用转换机架法将_____。
    （A）原机构的曲柄作为机架；　　　　　（B）原机构的连杆作为机架；
    （C）原机构的摇杆作为机架。

13. 铰链四杆机构的压力角是指在不计摩擦和外力的条件下连杆作用于_____上的力与该力作用点的速度间所夹的锐角。压力角越大，对机构传力越_____。
    （A）主动连架杆；　　（B）从动连架杆；　　（C）机架；
    （D）有利；　　（E）不利；　　（F）无影响。

【答案】

（四）分析与计算题

1. 按连杆机构基本运动特性设计

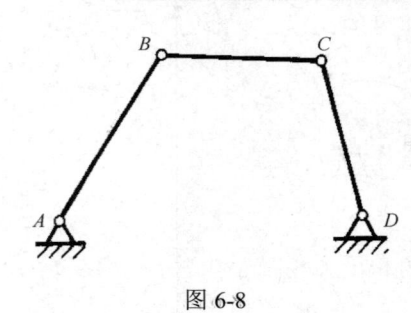

【06401】 在图 6-8 所示的铰链四杆机构中，已知 $l_{AB} = 50\text{mm}$，$l_{BC} = 40\text{mm}$，$l_{AD} = 80\text{mm}$，AD 为机架，若要得到双摇杆机构，试求 CD 杆长的取值范围。

解：

分以下两种情况讨论。

（1）机构存在整转副，且是 B、C，则 l_{BC} 为最短。

① CD 杆最长。

由 $l_{BC} + l_{CD} \leq l_{AD} + l_{AB}$，得 $l_{CD} \leq l_{AD} + l_{AB} - l_{BC} = 80 + 50 - 40 = 90\text{mm}$，则 $80\text{mm} \leq l_{CD} \leq 90\text{mm}$。

图 6-8

② CD 杆中间长。

由 $l_{BC} + l_{AD} \leq l_{AB} + l_{CD}$，得 $l_{BC} + l_{AD} - l_{AB} \leq l_{CD}$，则 $40 + 80 - 50 \leq l_{CD}$，因此 $70\text{mm} \leq l_{CD} < 80\text{mm}$。

（2）机构不存在整转副，即不符合杆长和条件。

① CD 杆最长。

由 $l_{BC} + l_{CD} > l_{AB} + l_{AD}$，得 $l_{CD} > l_{AB} + l_{AD} - l_{BC} = 50 + 80 - 40 = 90\text{mm}$。

但 CD 杆长不超过三杆和，即 $50 + 40 + 80 = 170\text{mm}$，因此 $90\text{mm} < l_{CD} < 170\text{mm}$。

② CD 杆中间长。

由 $l_{BC} + l_{AD} > l_{CD} + l_{AB}$，得 $l_{CD} < l_{BC} + l_{AD} - l_{AB} = 40 + 80 - 50 = 70\text{mm}$，因此 $40\text{mm} \leq l_{CD} < 70\text{mm}$。

③ CD 杆最短。

由 $l_{CD} + l_{AD} > l_{BC} + l_{AB}$，得 $l_{CD} > l_{BC} + l_{AB} - l_{AD} = 40 + 50 - 80 = 10\text{mm}$，因此 $10\text{mm} < l_{CD} < 40\text{mm}$。

综上得 $10\text{mm} < l_{CD} < 170\text{mm}$。

【06402】 在图 6-9（a）所示的牛头刨床机构中，已知行程速比系数 K 为 1.67，刨头的最大行程 $H = 320\text{mm}$，曲柄 $l_{AB} = 80\text{mm}$，试用解析法求机架长度 l_{AC}、导路至摆动中心 C 的距离 y。

解：

参考图 6-9（b），解析过程如下。

（1） $\theta = 180° \dfrac{K-1}{K+1} = 180° \times \dfrac{1.67-1}{1.67+1} \approx 45°$。

（2）确定两个固定铰链中心 A、C 位置：

任取一个点 A 作固定铰链中心，并以 l_{AB} 为半径作圆。作中心线 AC，并作 $\angle BAC = 90° - \dfrac{\theta}{2} = 67.5°$。

在圆周上得点 B，过 B 作该圆切线与中心线交点，得固定铰链中心 C。

$$l_{AC} = l_{AB} / \sin\dfrac{\theta}{2} \approx 209\text{mm}$$

（3）由 $\tan\dfrac{\theta}{2}=\dfrac{H/2}{y}$，得 $y=160/\tan 22.5°\approx 386.3\text{mm}$。

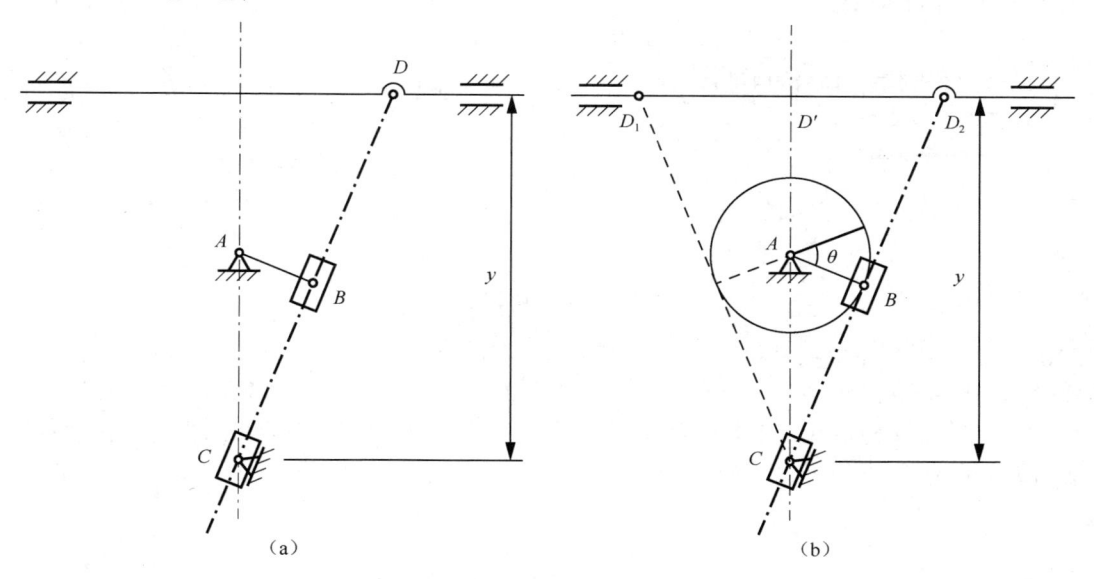

图 6-9

【06403】如图 6-10（a）所示，在刨床走刀机构中，原动件 AC 做匀速转动，$l_{AB}=100\text{mm}$。

（1）设刨刀的行程速比系数 $K=\dfrac{v_{E'E'}}{v_{E'E''}}$，求满足 $K=2$ 时，构件 AC 的长度 l_{AC}；

（2）给定刨刀的最大行程 $\overline{E'E''}=s_{\max}=660\text{mm}$，$\overline{E'B}=H=170\text{mm}$，试求构件 BD 和 DE 的长度 l_{BD}、l_{DE}；

（3）求该机构运动中的最大压力角 $\alpha_{\max}$。

解：

（1）如图 6-10（b）所示，AC 做匀速转动，其轨迹为一个圆，此圆与移动导轨的交点为 C'、C"，显然，当 AC 分别位于 AC' 和 AC" 时，滑块处于两个极限位置 E'、E"，则 AC' 与 AC" 所夹锐角为极位夹角 θ。

由 $K=\dfrac{180°+\theta}{180°-\theta}=2$，得 $\theta=60°$。

在 $\triangle ABC''$ 中，$\angle C'AB=60°$，即 $l_{AC'}=2l_{AB}=200\text{mm}$。

（2）当 AC 位于 AC' 时，滑块在右极限位置 E'，此时 BD 与 DE 重叠共线，且
$$\overline{E'B}=\overline{ED}-\overline{BD}=H=170\text{mm} \tag{6-1}$$

当 AC 位于 AC" 时，滑块处于左极限位置 E"，此时 BD 与 DE 拉直共线，且
$$\overline{E''B}=\overline{ED}+\overline{BD}=\overline{E''E'}+\overline{E'B}=660+170=830\text{mm} \tag{6-2}$$

将式（6-1）、式（6-2）联立求解，得 $l_{ED}=500\text{mm}$，$l_{BD}=330\text{mm}$。

（3）ED 为二力杆，作用力沿 ED 方向，而滑块的速度始终保持水平方向，故 $\angle BED$ 为压力角。当 BD 垂直于导路时，机构有最大压力角 $\alpha_{\max}$，如图 6-10 所示。

由 $\sin\alpha_{\max}=\dfrac{\overline{BD}}{\overline{ED}}=\dfrac{330}{500}$，得 $\alpha_{\max}\approx 41.3°$。

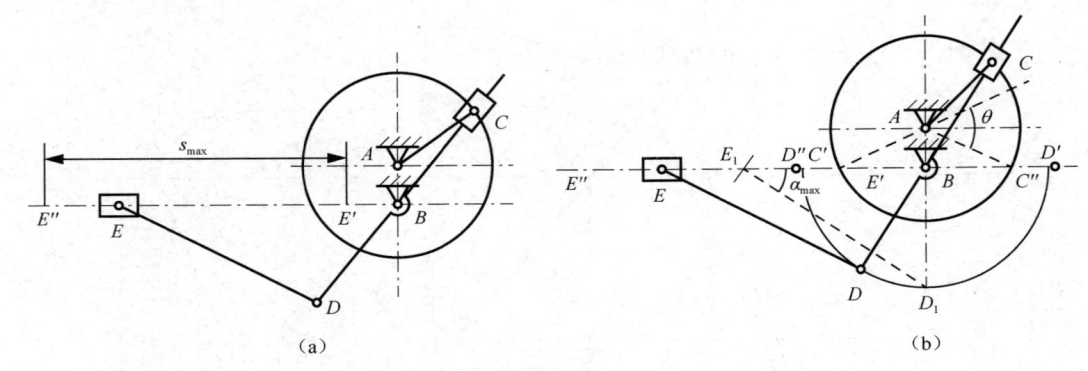

图 6-10

【06404】设计一个曲柄摇杆机构，已知两个固定铰链中心 A、D，$\overline{AD}$ = 46mm，连杆左极限位置 M_1N_1 与 AD 成夹角 65°（见图 6-11），摇杆以过 D 点的铅垂线为对称轴左右各摆动一个角度，且恰为极位夹角 θ。求其行程速比系数 K。（注：M_1、N_1 为连杆 BC 线上任意两点，取适当的比例尺。）

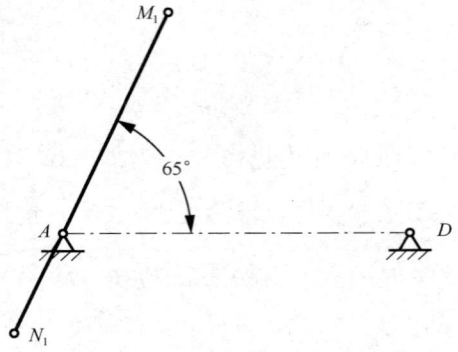

图 6-11

解：

设该机构已按要求设计，则 A、C_1、C_2 三点应在以 $\overline{C_1C_2}$ 为弧、θ 角为圆周角的圆上，且圆心在 D 点，即 $\overline{AD} = \overline{DC_1} = \overline{DC_2}$，如图 6-12 所示，作图过程如下。

（1）以 D 为圆心、$\overline{AD}$ 为半径作圆，交 N_1M_1 延长线于 C_1 点；

（2）过 D 作铅垂线 Dn，过 C_1 作 Dn 的垂线交圆于 C_2，C_1、C_2 即摇杆上活动铰链的两个极限位置；

（3）以 A 为圆心、$\overline{AC_1}$ 为半径画弧，交 AC_2 线于 E 点；

（4）$\overline{AB} = \frac{1}{2}\overline{EC_2}$；

（5）以 A 为圆心、$\overline{AB}$ 为半径画圆，得 B_1C_1 的长度为连杆长；

（6）AB_1C_1D 为所设计的平面四杆机构，得 l_{AB} = 22mm，$l_{B_1C_1}$ = 62mm，l_{AD} = 46mm，l_{C_1D} = 46mm，$l_{AB} + l_{B_1C_1}$ = 84mm，$l_{AD} + l_{C_1D}$ = 92mm，$l_{AB} + l_{B_1C_1} < l_{AD} + l_{C_1D}$。

可知设计的四杆机构为曲柄摇杆机构，因 $\angle ADC_1$ = 50°，故 θ = 40°，$K = \frac{180° + \theta}{180° - \theta} = \frac{180° + 40°}{180° - 40°} \approx 1.5714$。

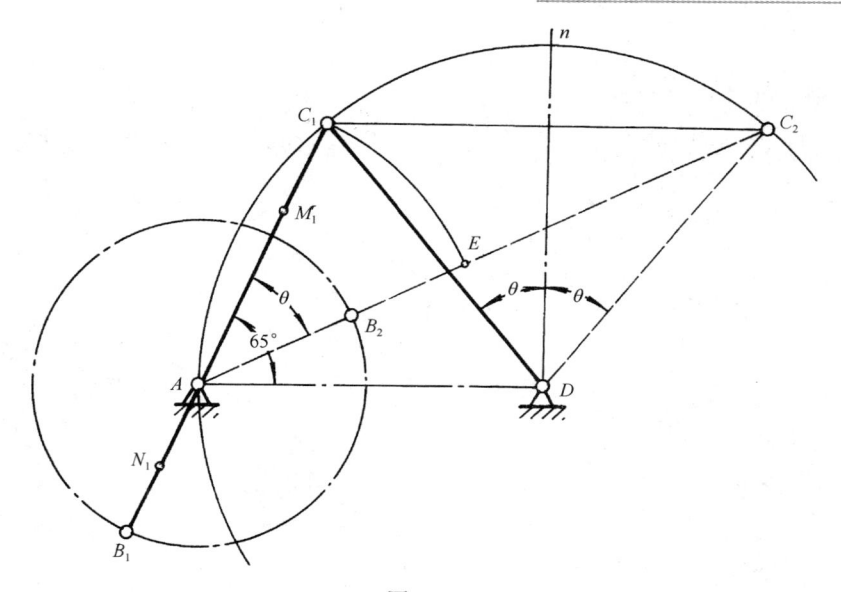

图 6-12

2. 图解法设计连杆机构

【06405】设计一个曲柄摇杆机构，已知其行程速比系数 $K=1.4$，曲柄长 $a=30$mm，连杆长 $b=80$mm，摇杆的摆角 $\psi=40°$。求摇杆长度 c 及机架长度 d。

解：

作图方法如图 6-13 所示，过程如下。

（1）取适当的 μ_l，取 $\mu_l=0.5$mm/mm。

（2）$\theta=180°(K-1)/(K+1)=30°$，$\overline{AC_1}=b-a=50$mm，$\overline{AC_2}=b+a=110$mm。

（3）任选一个点为 A，过 A 点作 $\angle C_1AC_2=\theta$，$\overline{AC_1}=50$mm，$\overline{AC_2}=110$mm。又过 C_1、C_2 两个点分别作 $\angle C_1C_2D=\angle C_2C_1D=90°-\psi/2$，得两个射线交点 D，连接 C、D 和 A、D 得 AD 和 CD，得 $d=l_{AD}=92$mm，$c=l_{CD}=105$mm。

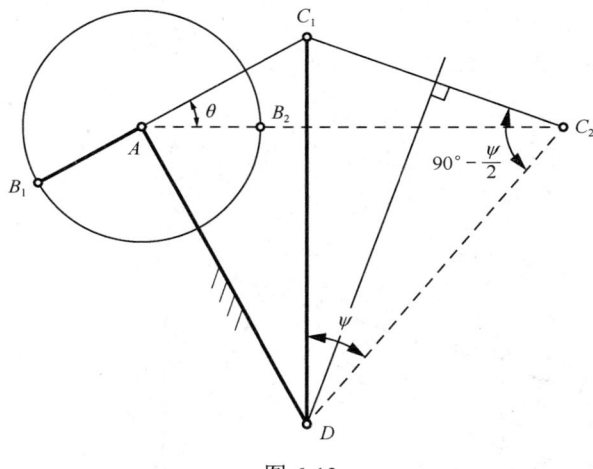

图 6-13

【06406】如图 6-14（a）所示，已给出平面四杆机构的连杆和主动连架杆 AB 的两组对应位置，以及固定铰链中心 D 的位置，已知 $l_{AB}=25$mm，$l_{AD}=50$mm。试设计此平面四杆机构。

解：

作图方法如图 6-14（b）所示。

采用**机构倒置法**，以比例尺 $\mu_l = \dfrac{l_{AB}}{AB}$ mm/mm 作图，机构简图为 AB_1C_1D，解得 $l_{BC} = BC \times \mu_l$，

$l_{CD} = CD \times \mu_l$，$l_{BC} = 60$ mm，$l_{CD} = 55$ mm。

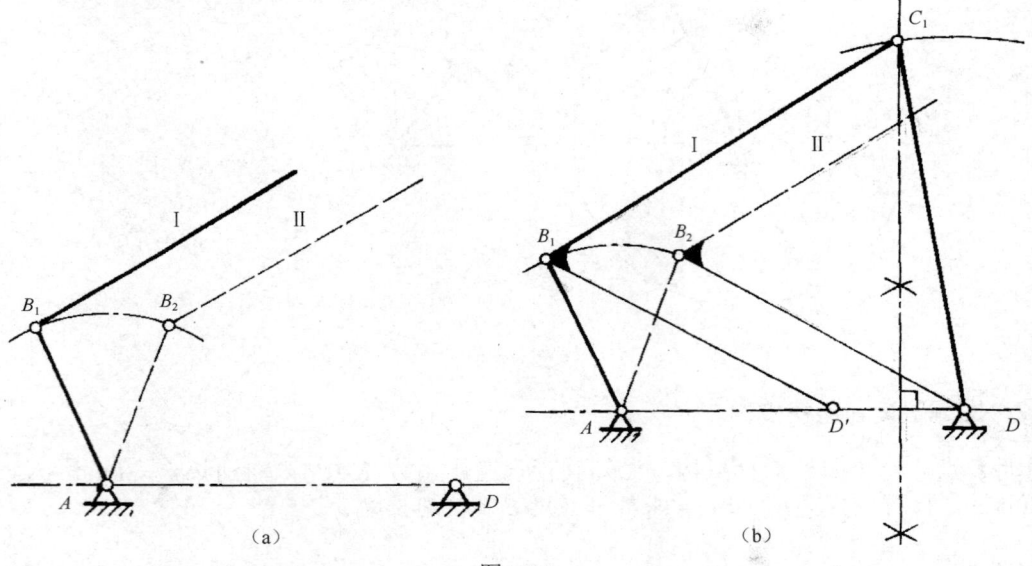

图 6-14

【06407】图 6-15 中 $ABCD$ 为已知平面四杆机构，$l_{AB} = 40$mm，$l_{BC} = 100$mm，$l_{CD} = 60$mm，$l_{AD} = 90$mm。又知 $l_{FD} = 140$mm 且 $FD \perp AD$，摇杆 EF 通过连杆 CE 传递运动。当曲柄 AB 由水平位置转过 90° 时，摇杆 EF 由铅垂位置转过 45°。试用图解法求连杆长度 l_{CE} 及摇杆长度 l_{EF}（E 点取在 DF 线上，作图过程中的线条应保留，并注明位置符号）。

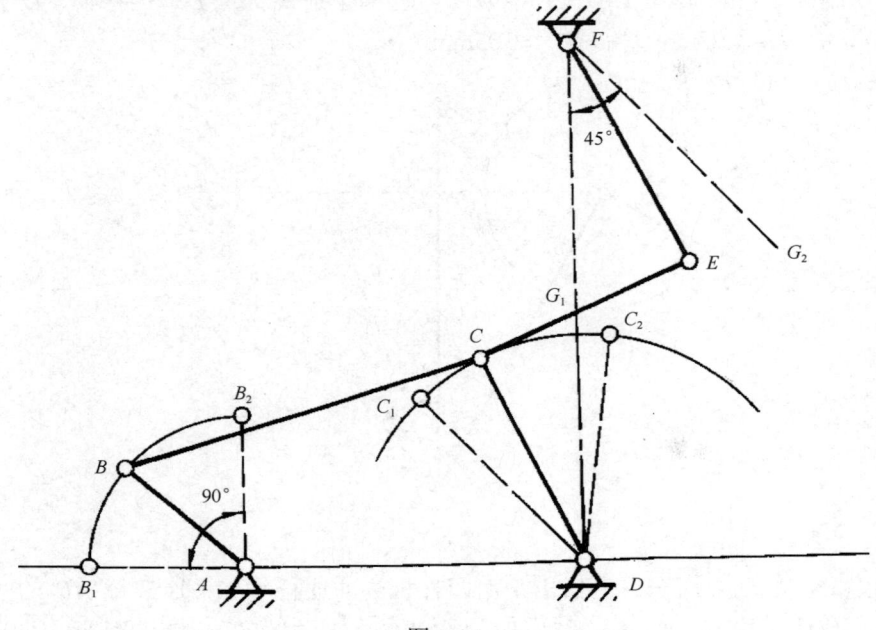

图 6-15

解：

作图方法如图 6-16 所示，过程如下。

（1）采用**机构反转法**确定摇杆 EF 的 E_1 点位置。

确定曲柄 AB 由水平位置转过 $90°$ 时 AB 及 CD 对应位置：AB_1、AB_2 及 C_1D、C_2D；将 $\triangle FC_2G_2$ 反转 $45°$（使 FG_2 与 FG_1 重合）得点 C_2'；连接 C_1、C_2'，作 C_1C_2' 的垂直平分线与 FD 线相交得点 E_1。

（2）确定 CE、EF 的尺寸。

$l_{CE} = \overline{CE}\mu_l$；$l_{EF} = \overline{EF}\mu_l$。

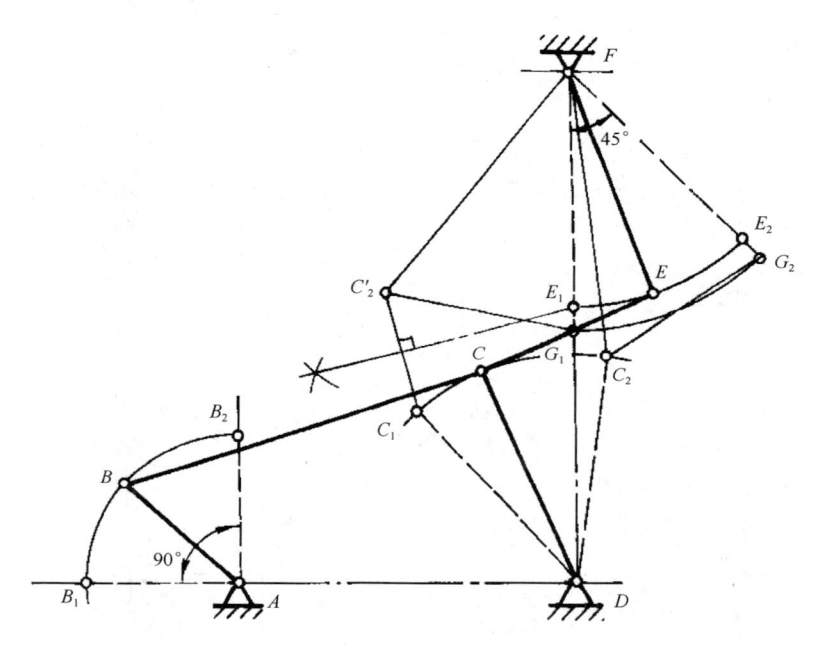

图 6-16

【06408】 如图 6-17（a）所示，已知曲柄 AB 的长度为 a，机架 AD 的长度为 d，曲柄的两个位置 AB_1、AB_2 与摇杆 CD 上某一条直线 DE 的两个位置 DE_1、DE_2 对应，试设计一个连杆 BC 与机架 AD 相等的平面四杆机构。

解：

采用**半角转动法**作图，作图方法如图 6-17（b）所示，过程如下。

（1）过 A、D 点从 A、D 连线分别量 $-\dfrac{\varphi_{12}}{2}$、$-\dfrac{\psi_{12}}{2}$ 作两条射线，其交点即相对极点 R_{12}；

（2）固化 $\angle AR_{12}D$，将其中一条边转至过 B_1，则在其另一条边上应有另一个铰接点 C_1，过 B_1 点、以长度 d 为半径作弧交该边一点即所求 C_1 点。

3．解析法设计连杆机构

【06409】 设计平面六杆机构（见图 6-18）。已知构件长度 $l_{AD} = l_{CD} = 380\text{mm}$，滑块行程 $s = \overline{E_1E_2} = 260\text{mm}$，要求滑块在极限位置 E_1、E_2 时的机构压力角 $\alpha_1 = \alpha_2 = 30°$。

（1）计算各构件长度 l_{AB}、l_{BC} 和 l_{CE}。

（2）设滑块工作行程由 E_1 至 E_2 的平均速度 $v_m = 0.52\text{m/s}$，求曲柄转速。

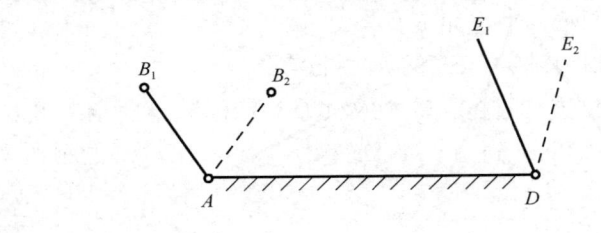

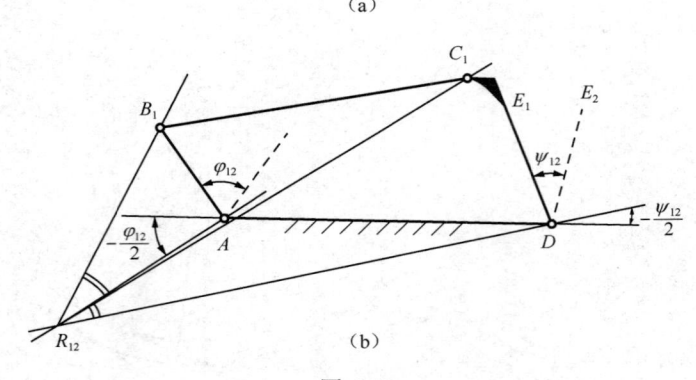

图 6-17

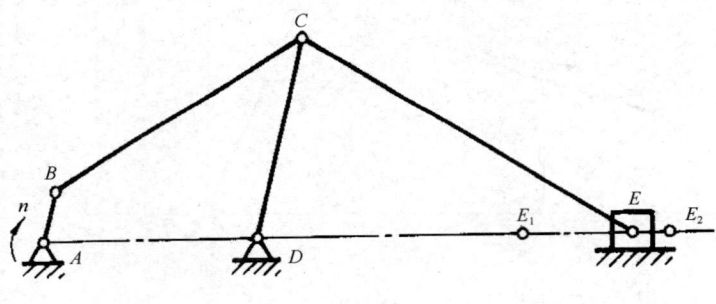

图 6-18

解：

参考图 6-19，解析过程如下。

（1）由 $\alpha_1 = \alpha_2$ 知摇杆 CD 的摆动极限位置是左右对称的。设其摆角为 ψ，则
$$\psi/2 = \arcsin(s/2l_{CD}) = \arcsin(260 \div 2 \div 380) \approx 20°$$

在 $\triangle DE_2C_2$ 中，$l_{CE} = \dfrac{l_{CD}\cos\psi/2}{\sin 30°} \approx 714\text{mm}$。

在 $\triangle AC_1D$ 中，$\overline{AC_1} = 2l_{AD}\cos 55° \approx 436\text{mm}$。

在 $\triangle AC_2D$ 中，$\overline{AC_2} = 2l_{AD}\cos 35° \approx 623\text{mm}$。

得 $l_{AB} = 93.5\text{mm}$；$l_{BC} = 529.5\text{mm}$；$l_{CE} = 714\text{mm}$。

（2）曲柄极位夹角 $\theta = 20°$，工作行程转角 $\varphi_1 = 180° + \theta = 200°$。

工作行程时间 $t_1 = s/v_m = 0.5\text{s}$；曲柄转速 $n = \dfrac{60 \times 200}{0.5 \times 360} \approx 66.7\text{r/min}$。

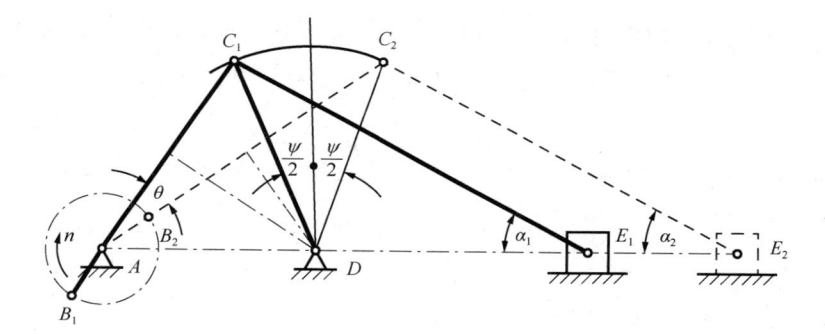

图 6-19

【06410】在偏置曲柄滑块机构中，如图 6-20（a）所示，已知滑块行程为80mm，当滑块处于两个极限位置时，机构压力角各为30°和60°，试求：

（1）杆长 l_{AB}、l_{BC} 及偏距 e；
（2）该机构的行程速比系数 K；
（3）该机构的最大压力角 $\alpha_{\max}$。

解：

参考图 6-20（b），解析过程如下。

（1）在 $\triangle AC_1C_2$ 中，因为 $\angle C_1AC_2 = \angle AC_1C_2 = 30°$，所以 $\triangle AC_1C_2$ 为等腰三角形，$\overline{AC_2} = \overline{C_1C_2}$。

$$\overline{AC_1} = 2\overline{C_1C_2}\cos 30° = 2 \times 80 \times \cos 30° \approx 138.56 \text{mm}$$

$$\begin{cases} \overline{AB} + \overline{BC} = 138.56 \\ \overline{BC} - \overline{AB} = 80 \end{cases}$$

联立解得

$$\overline{BC} = 109.28 \text{mm}，\overline{AB} = 29.28 \text{mm}$$

$$e = \overline{AC_2} \times \sin 60° = 80 \times \sin 60° \approx 69.28 \text{mm}$$

（2）极位夹角 $\theta = \angle C_1AC_2 = 30°$，则

$$K = \frac{180 + \theta}{180 - \theta} = \frac{180° + 30°}{180° - 30°} = 1.4$$

（3）$\alpha_{\max} = \arcsin\dfrac{e + l_{AB}}{l_{BC}} = \arcsin\dfrac{69.28 + 29.28}{109.28} \approx 64.4°$。

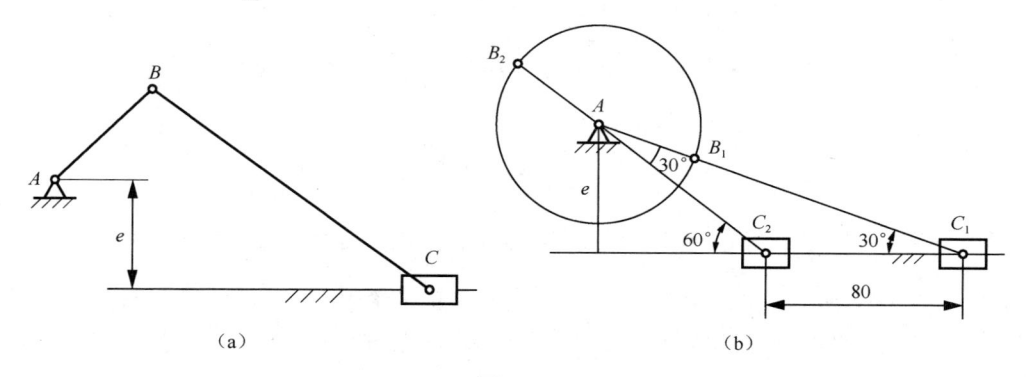

图 6-20

【06411】在图 6-21 所示的发动机中，已知 $x=320\text{mm}$，$y=160\text{mm}$，$e=10\text{mm}$，$\alpha=30°$，$l_{DE}:l_{DC}=1.25$，$l_{EF}:l_{DE}=5$，滑块冲程 $H=300\text{mm}$，试用解析法求该机构各杆长 l_{AB}、l_{BC}、l_{DE}、l_{EF}。

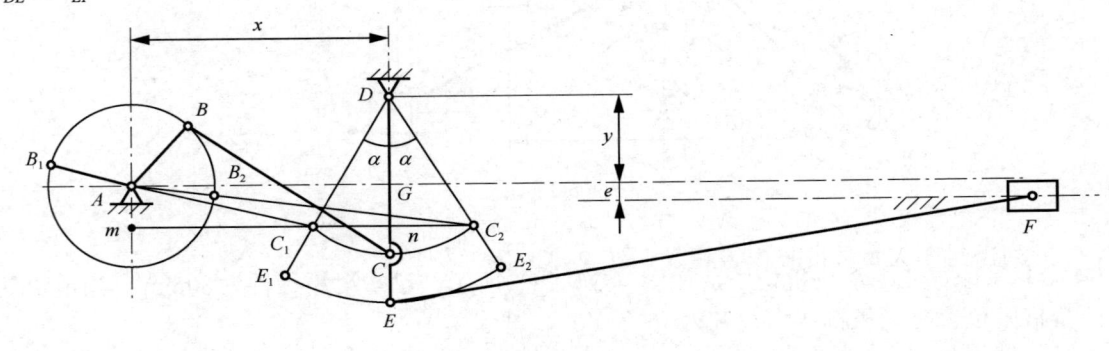

图 6-21

解：

（1）计算 l_{DE}。

摇杆 DE 的摆角 $\angle E_1DE_2=2\alpha=60°$，所以 ΔE_1DE_2、ΔC_1DC_2 均为等边三角形，且 $l_{DE}=\overline{E_1E_2}=H=300\text{mm}$。

（2）计算 l_{EF}。

$$l_{EF}:l_{DE}=5，\quad l_{EF}=5l_{DE}=5\times300=1500\text{mm}$$

（3）计算 l_{AB}、l_{BC}。

$$l_{DE}:l_{DC}=1.25，\quad l_{DC}=l_{DE}/1.25=300/1.25=240\text{mm}$$

$$\overline{Dn}=l_{DC}\cos30°=240\times\cos30°\approx207.8\text{mm}$$

$$\overline{Am}=\overline{Gn}=\overline{Dn}-y=207.8-160=47.8\text{mm}$$

$$\overline{mC_1}=x-\frac{\overline{C_1C_2}}{2}=x-\frac{l_{DC}}{2}=320-\frac{240}{2}=200\text{mm}$$

$$\overline{mC_2}=x+\frac{\overline{C_1C_2}}{2}=320+\frac{240}{2}=440\text{mm}$$

在直角 ΔAmC_1 和直角 ΔAmC_2 中，

$$l_{AC_1}=\sqrt{\overline{Am}^2+\overline{mC_1}^2}=\sqrt{47.8^2+200^2}\approx205.6\text{mm}$$

$$l_{AC_2}=\sqrt{\overline{Am}^2+\overline{mC_2}^2}=\sqrt{47.8^2+440^2}\approx442.5\text{mm}$$

则

$$l_{AB}=\frac{1}{2}(l_{AC_2}-l_{AC_1})=\frac{1}{2}\times(442.5-205.6)\approx118.5\text{mm}$$

$$l_{BC}=\frac{1}{2}(l_{AC_2}+l_{AC_1})=\frac{1}{2}\times(442.5+205.6)\approx324.1\text{mm}$$

【06412】在图 6-22 所示的控制机构中，已知摆杆 AB 与滑块 C 的 3 组对应位置为 $\varphi_1=45°$，$s_1=130\text{mm}$；$\varphi_2=90°$，$s_2=80\text{mm}$；$\varphi_3=135°$，$s_3=30\text{mm}$。试用解析法求解各构件长度及偏距 e。

第 6 章 平面连杆机构及其设计

图 6-22

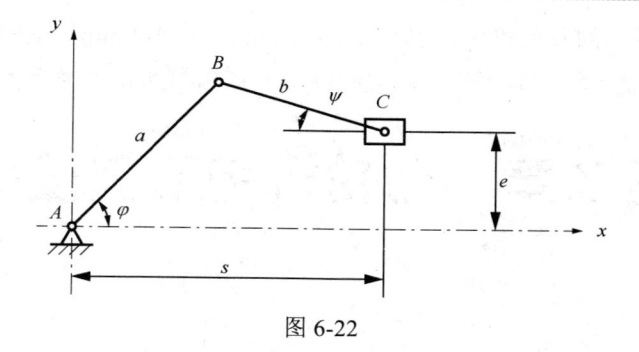

解：

（1）列出封闭矢量环的投影方程（$i=1,2,3$）为
$$a\cos\varphi_i + b\cos\psi_i = s_i$$
$$a\sin\varphi_i - b\sin\psi_i = e$$

（2）将各位置的值代入，联立求解，得
$$b = 80.7\text{mm}, \quad e = 60.36\text{mm}, \quad a = 70.71\text{mm}$$

【06413】欲设计一个夹紧机构，拟采用全铰链四杆机构 $ABCD$。已知连杆的两个位置：$x_{P1}=0.5$，$y_{P1}=0.5$，$\theta_1=20°$；$x_{P2}=1.5$，$y_{P2}=1.8$，$\theta_2=38°$（见图 6-23）。连杆到达第二个位置时为夹紧位置，即若以 CD 为主动件，则在此位置时，机构应处于死点位置，并且要求此时 C_2D 处于垂直位置。试写出设计方程。

图 6-23

解：

设计变量为 x_A、y_A、x_{B1}、y_{B1}、x_{C1}、y_{C1}、x_D、y_D。

（1）连杆的位移矩阵为
$$\boldsymbol{D}_{12} = \begin{bmatrix} \cos\theta_{12} & -\sin\theta_{12} & x_{P2}-x_{P1}\cos\theta_{12}+y_{P1}\sin\theta_{12} \\ \sin\theta_{12} & \cos\theta_{12} & y_{P2}-x_{P1}\sin\theta_{12}-y_{P1}\cos\theta_{12} \\ 0 & 0 & 1 \end{bmatrix} = \begin{bmatrix} 0.95 & -0.31 & 1.179 \\ 0.31 & 0.95 & 1.170 \\ 0 & 0 & 1 \end{bmatrix}$$

其中，$\theta_{12} = \theta_2 - \theta_1 = 38° - 20° = 18°$。

点 B、C 均为连杆上的点，故有
$$[x_{B2} \quad y_{B2} \quad 1]^\text{T} = \boldsymbol{D}_{12}[x_{B1} \quad y_{B1} \quad 1]^\text{T}$$
$$[x_{C2} \quad y_{C2} \quad 1]^\text{T} = \boldsymbol{D}_{12}[x_{C1} \quad y_{C1} \quad 1]^\text{T}$$

代入数值得

$$x_{B2} = 0.95x_{B1} - 0.31y_{B1} + 1.179, \quad y_{B2} = 0.31x_{B1} + 0.95y_{B1} + 1.170 \quad (6\text{-}3)$$
$$x_{C2} = 0.95x_{C1} - 0.31y_{C1} + 1.179, \quad y_{C2} = 0.31x_{C1} + 0.95y_{C1} + 1.170 \quad (6\text{-}4)$$

（2）点 B、C 的约束方程为
$$(x_{B2}-x_A)^2 + (y_{B2}-y_A)^2 = (x_{B1}-x_A)^2 + (y_{B1}-y_A)^2 \quad (6\text{-}5)$$
$$(x_{C2}-x_D)^2 + (y_{C2}-y_D)^2 = (x_{C1}-x_D)^2 + (y_{C1}-y_D)^2 \quad (6\text{-}6)$$

（3）由设计要求又有
$$(y_{C2}-y_A)/(x_{C2}-x_A) = (y_{B2}-y_A)/(x_{B2}-x_A) \quad (6\text{-}7)$$

（4）
$$x_{C2} = x_D \quad (6\text{-}8)$$

（5）将式（6-3）、式（6-4）代入式（6-5）、式（6-6）、式（6-7）、式（6-8），便可以得到机构的设计方程。

第7章 凸轮机构及其设计

一、内容提要

（一）凸轮机构的应用和分类
（二）推杆的运动规律
（三）凸轮轮廓曲线的设计
（四）凸轮机构基本尺寸的确定

二、本章重点

（一）凸轮机构的应用和分类

凸轮机构最大的优点就是能使推杆获得各种预期的运动规律，以便于和其他机构协调工作，因而其广泛应用于自动机械和自动控制装置中。

凸轮机构有很多类型，通常可按以下方法分类。

1．按凸轮的形状分

（1）盘形凸轮机构：凸轮是一个绕固定轴线回转并具有变化向径的盘形构件。

（2）移动凸轮机构：凸轮可看作是转轴在无穷远处的盘形凸轮的一部分，凸轮做往复直线运动。

（3）圆柱凸轮机构：凸轮是一个在圆柱面上开有曲线凹槽，或是在圆柱端面上作出曲线轮廓的构件，这种凸轮可看成是将移动凸轮卷成圆柱体而演化成的。由于凸轮和推杆不在同一平面内运动，因此是一种空间凸轮机构。

2．按推杆的形状分

（1）尖端推杆凸轮机构：推杆能够实现任意规律的运动，但推杆极易磨损，故只适用于低速轻载场合。

（2）滚子推杆凸轮机构：推杆耐磨损，可以承受较大的载荷，应用较广。

（3）平底推杆凸轮机构：推杆平底和凸轮的接触面间易形成油膜，润滑较好，可用于高速传动的场合。

3．按凸轮与推杆的锁合方式分

（1）力锁合式凸轮机构：利用弹簧力、推杆的重力或其他外力使推杆与凸轮保持接触。

（2）几何锁合式凸轮机构：利用推杆和凸轮的特殊几何形状来保持推杆与凸轮之间的接触。

4．按推杆的运动形式分

（1）直动推杆凸轮机构：推杆的运动形式为往复的直线运动。
（2）摆动推杆凸轮机构：推杆的运动形式为往复的摆动。

凸轮机构的名称要能表明凸轮与推杆的形状和推杆的运动形式，若是直动推杆还得表明推杆导路和凸轮回转中心的位置关系。

（二）推杆的运动规律

凸轮轮廓曲线的形状取决于推杆的运动规律。因此在设计凸轮轮廓曲线之前，应先了解推杆常用的几种运动规律。推杆的运动规律是指当凸轮以等角速度转动时，推杆的位移 s、速度 v 和加速度 a 随时间 t 或凸轮的转角 φ 变化的规律。推杆常用的 4 种运动规律有等速运动规律、等加速等减速运动规律、余弦加速度（简谐）运动规律和正弦加速度运动规律。推杆运动规律的选择是否恰当，将严重影响到凸轮机构以至整个机器工作的质量，因此选择推杆运动规律应注意以下几点。

（1）了解推杆常用 4 种规律的位移、速度及加速度线图，以及曲线变化情况。
（2）哪些运动规律存在刚性冲击，哪些存在柔性冲击及发生冲击的位置。
（3）各种运动规律的 v_{max} 及 a_{max} 值的大小。
（4）各种运动规律适用的场合，如哪种可适合于高速、哪种只适合于低速及适用于什么样的载荷。

（三）凸轮轮廓曲线的设计

1．平面凸轮轮廓曲线设计的基本原理

凸轮轮廓曲线的设计方法有图解法和解析法。两种方法都利用相对运动原理。下面以尖端直动推杆盘形凸轮机构为例说明其原理。根据相对运动原理，假设给整个凸轮机构加上一个绕凸轮的回转中心 O、角速度为 $-\omega$（ω 为凸轮的角速度）的转动，凸轮和推杆之间的相对运动并没有改变，这时凸轮的角速度为零，而推杆一方面以 $-\omega$ 绕凸轮的回转中心 O 转动，另一方面以预期的运动规律 $s=s(\varphi)$ 沿导路运动。推杆在这种复合运动中，其尖端的运动轨迹即凸轮轮廓曲线。这种设计凸轮轮廓曲线的方法称为反转法。

2．图解法设计凸轮轮廓曲线

（1）偏置尖端直动推杆盘形凸轮机构凸轮轮廓曲线的设计步骤如下。
① 根据选定的推杆运动规律，按选定的某一分度值用作图法或计算法求出推杆在推程和回程中相应各分点的位移。
② 根据选定的尺寸比例尺 μ_l 作出基圆、偏距圆及推杆的初始位置。将偏距圆从初始位置开始分成推程运动角 φ_0、远休止角 φ_{01}、回程运动角 φ_0' 及近休止角 φ_{02}。把推程运动角和回程运动角分成与选定的分度值对应的份数，并求得推杆在反转运动中所占据的各相应位置。
③ 在偏距圆的各切线上，从基圆开始取相应的推杆位移，得到推杆尖端在复合运动中依

次占据的位置。

④ 将各点用曲线光滑地连接起来，就可得到凸轮轮廓曲线。

（2）对心尖端直动推杆盘形凸轮机构凸轮轮廓曲线的设计，可以看成是偏置尖端直动推杆盘形凸轮机构凸轮轮廓曲线设计的一个特例（偏距为零），其特点是推杆在反转运动中所占据的位置始终为通过凸轮回转中心的径向线，推杆的位移是沿这些径向线由基圆开始向外量取的。

（3）在摆动尖端直动推杆盘形凸轮机构凸轮轮廓曲线的设计中，推杆的位移要用角位移表示，即将相应的直动推杆位移方程中的位移 s 改为角位移 φ，行程 h 改为角行程 φ_{max}。凸轮轮廓曲线的求法仍为反转法，在反转运动中推杆的摆动中心 A 在以凸轮的回转中心 O 为圆心、凸轮回转中心到推杆摆动中心的距离 a 为半径的圆上。以各个 A_i 点为圆心、推杆长 l 为半径画弧与基圆相交于 B_i 点，则 $\angle B_iA_iO$ 为推杆的初始角位移 φ_0，推杆的角位移以相应的各 A_i 点为顶点，以相应的 B_iA_i 为一边向外量取，这样就可得到 B_i' 点，将各 B_i' 点用曲线光滑地连接起来，就得到凸轮轮廓曲线。

（4）滚子推杆和平底推杆盘形凸轮机构凸轮轮廓曲线的设计应注意以下两点。

① 在设计滚子推杆盘形凸轮机构凸轮轮廓曲线时，以尖端推杆盘形凸轮轮廓曲线为理论廓线，以理论廓线上各点为圆心作一簇滚子圆，再作出这一簇滚子圆的包络线则得滚子推杆盘形凸轮机构的实际廓线。理论廓线与实际廓线在法线方向上处处相差一个滚子半径。

② 平底推杆盘形凸轮机构凸轮轮廓曲线的作法为以尖端推杆盘形凸轮轮廓曲线为理论廓线，在理论廓线上的各点作一系列垂直于各导路的平底，最后作平底的各位置构成的多边形的内切曲线得凸轮实际廓线。

3．解析法设计凸轮轮廓曲线

解析法的基本原理仍然是反转法，据此方法就可以建立凸轮理论廓线和实际廓线的方程，建立凸轮轮廓曲线直角坐标方程的一般步骤如下。

（1）画出基圆及推杆的起始位置，并定出推杆在理论廓线上的起始位置 B_0 点，然后建立直角坐标系。

（2）根据反转法，求出推杆反转 φ 角时，推杆尖端 B 点的坐标方程，得理论廓线方程。

（3）求出理论廓线上 B 点处的法线及法线与实际廓线的交点 B'，B' 点的坐标方程即实际廓线方程。

（四）凸轮机构基本尺寸的确定

在推杆运动规律选定以后，凸轮机构的基本尺寸，如基圆半径 r_b、滚子半径 r_T、平底长度 l、偏距 e 等，直接关系到凸轮机构的传动效率、运动灵活性、结构紧凑性等。如果这些基本尺寸选择不当，将会出现一些问题。

1．凸轮机构的压力角

1）压力角与作用力的关系

不考虑摩擦时，凸轮机构高副作用力方向和推杆上力作用点的速度方向之间所夹的锐角称为凸轮机构的压力角，简称压力角 α。

凸轮机构高副作用力 F 可分解为沿推杆运动方向的有效分力 F' 和使推杆紧压导路的有害分力 F''。压力角是衡量有效分力 F' 和有害分力 F'' 之比的重要参数，它影响着凸轮机构的受力状况。在推杆受同样载荷 Q 的情况下，当压力角增大到或超过某个临界值时，有害分力 F'' 所引起的导路中的摩擦阻力将会超过有效分力 F'，这时，无论凸轮驱动力有多大，都不能使推杆运动，这种现象称为凸轮机构自锁。

机构开始出现自锁的压力角 $\alpha_{\lim}$ 称为极限压力角，它的数值和推杆支承间的距离、悬臂长度、支承面间的摩擦系数等有关。当压力角增大到接近 $\alpha_{\lim}$ 时，机构虽未出现自锁，可驱动力会急剧增大，轮廓会严重磨损，传动效率会迅速下降。因此，根据工程实际要求，规定了凸轮机构的许用压力角 $[\alpha]$，其值远小于 $\alpha_{\lim}$。在实际设计中规定摆动推杆推程许用压力角 $[\alpha]=40°\sim 50°$，直动推杆推程许用压力角 $[\alpha]=30°\sim 38°$，推杆形状为尖端的取下限，推杆形状为滚子的取上限。回程许用压力角按锁合形式来规定：力锁合的凸轮机构，回程不是由凸轮驱动的，所以不会出现自锁，许用压力角 $[\alpha]=70°\sim 80°$；几何锁合的凸轮机构，回程许用压力角按推程许用压力角规定。

2）压力角与机构尺寸的关系

凸轮机构的压力角为

$$\alpha=\arctan\frac{|ds/d\varphi-\eta\delta e|}{s+s_0}=\arctan\frac{|ds/d\varphi-\eta\delta e|}{s+\sqrt{r_b^2-e^2}}$$

式中：r_b——理论廓线的基圆半径；

e——偏距；

s——推杆的位移；

$ds/d\varphi$——位移曲线的斜率；

η——凸轮转向系数，当凸轮转向为顺时针时 $\eta=1$，逆时针时 $\eta=-1$；

δ——推杆偏置方向系数，推杆导路线偏置于凸轮回转中心左侧时 $\delta=1$，偏置于右侧时 $\delta=-1$，经过凸轮回转中心时 $\delta=0$。

由上式可得以下几点。

（1）当其他条件不变时，基圆半径减小，压力角增大，过小的基圆半径会导致压力角超过许用值。因此，不能为了得到结构紧凑的凸轮机构，一味减小基圆半径。

（2）压力角是机构位置的函数，设计时应在 $\alpha_{\max}\leq[\alpha]$ 的前提下，选取尽可能小的基圆半径。

（3）对于凸轮机构，若 $\eta\delta=1$，称为正配置；若 $\eta\delta=-1$，称为负配置。因推程 $ds/d\varphi\geq 0$，回程 $ds/d\varphi\leq 0$，故凸轮机构按正配置时，可减小推程的压力角，但同时使回程的压力角增大；而按负配置时，虽可减小回程压力角，但却使推程压力角增大。所以力锁合的凸轮机构，一般采用正配置，以减小推程压力角。在配置形式选定后，推杆的偏置方向应根据凸轮的转向合理配置。

2. 滚子半径的确定

凸轮理论廓线求出之后，若滚子半径选择不当，其实际廓线也会出现过度切割而导致运动失真。当凸轮的理论廓线为内凹时，$\rho_a=\rho+r_T$，ρ_a 为实际廓线的曲率半径，ρ 为理论廓线的曲率半径。无论滚子半径 r_T 多大，实际廓线总可以作出。当凸轮的理论廓线为外凸时，

$\rho_a = \rho - r_T$，若 $\rho > r_T$，实际廓线总可以作出；若 $\rho = r_T$，则 $\rho_a = 0$，实际廓线变尖，这种廓线极易磨损，不能实用；若 $\rho < r_T$，则 $\rho_a < 0$，实际廓线将出现交叉，在加工时，使实际廓线产生过度切割（交点以外部分将被切去），致使推杆不能按照预期的运动规律运动，这种现象称为运动失真。若实际廓线的最小曲率半径不满足 $\rho_{a\min} = \rho_{\min} - r_T \geqslant 1 \sim 5\text{mm}$ 的要求，则应加大基圆半径 r_b 或减小滚子半径 r_T。其中，凸轮理论廓线的最小曲率半径 $\rho_{\min}$ 可用解析法求得，也可以用作图法作出。当给定工作要求的实际廓线曲率半径的最小允许值 $\rho_{a\min}$ 时，就可确定出滚子半径可取的最大值。

3. 平底长度的确定

在设计平底推杆凸轮机构时，为保证推杆的平底与凸轮廓线始终接触，需要确定其长度。当用图解法设计凸轮轮廓曲线（可简称为凸轮廓线）时，平底长度可从设计图中直接确定，即确定出推杆的平底与凸轮廓线的切点到推杆轴线的最大距离 $l_{\max}$，则平底长度 l 应取

$$l = 2l_{\max} + (5 \sim 7)\text{mm}$$

当用解析法设计凸轮廓线时，平底长度 l 应取

$$l = 2\left|\frac{ds}{d\varphi}\right|_{\max} + (5 \sim 7)\text{mm}$$

式中，$\left|\dfrac{ds}{d\varphi}\right|_{\max}$ 应根据推杆推程和回程时的运动规律分别计算，取其最大值。

三、典型例题

【例 7-1】图 7-1（a）所示为偏置尖端直动推杆盘形凸轮机构，已知凸轮为偏心轮，半径 $R=50\text{mm}$，$l_{OA}=20\text{mm}$，偏距 $e=10\text{mm}$，试求：（1）基圆半径 r_b；（2）推程运动角 φ_0 及回程运动角 φ_0'；（3）推程及回程的最大压力角 $\alpha_{\max}$ 及 $\alpha_{\max}'$；（4）若凸轮尺寸不变，把尖端推杆改成滚子推杆，推杆运动规律是否改变？

解：

该凸轮机构为一个偏置尖端直动推杆盘形凸轮机构，又因凸轮是一个偏心圆盘，凸轮廓线各点的曲率中心不变，所以若高副低代后，引入的连杆长度不变，该凸轮机构的运动特性可以完全用一个偏心曲柄滑块机构来代替。利用等效的曲柄滑块机构，求凸轮的推程运动角和回程运动角及推程和回程的最大压力角非常方便。

（1）确定基圆半径 r_b。

偏置尖端直动推杆盘形凸轮机构的基圆半径 r_b 是凸轮廓线上点的最小向径，因偏心圆盘的偏心距（圆盘的几何中心到回转中心的距离）为 20mm，所以 $r_b = 50 - 20 = 30\text{mm}$。

（2）确定推程运动角 φ_0 及回程运动角 φ_0'。

凸轮的推程运动角和回程运动角对应于等效曲柄滑块机构的工作行程和回程曲柄所转角度。以连杆和曲柄之差为半径、A 为圆心作圆弧交滑块导路于一点 C_1，以连杆和曲柄之和为半径、A 为圆心作圆弧交滑块导路于一点 C_3，这两个点即滑块的两个极限位置。AC_1 与 AC_3 夹角即曲柄滑块机构的极位夹角，则 $\varphi_0 = 180° + \angle C_1AC_3 = 191.3°$，$\varphi_0' = 180° - \angle C_1AC_3 = 168.7°$。

（3）确定推程及回程的最大压力角 α_{max} 及 α'_{max}。

凸轮推程及回程的最大压力角对应于等效曲柄滑块机构的工作行程及回程的最大压力角。连杆和滑块导路之间的夹角即曲柄滑块机构的压力角，连杆上 B 点距离导路垂直距离最大时机构压力角最大。

图 7-1（b）中 B_1C_1 和导路之间的夹角为推程的最大压力角 $\alpha_{max} = 19.5°$，B_4C_4 和导路之间的夹角为回程的最大压力角 $\alpha'_{max} = 36.9°$。

（4）若凸轮尺寸不变，尖端推杆改成滚子推杆，此时基圆半径为 $r_b = r_T + 30$，其中，r_T 为滚子半径，并且理论廓线的曲率半径 $R' = r_T + 50$，推杆运动规律发生变化。

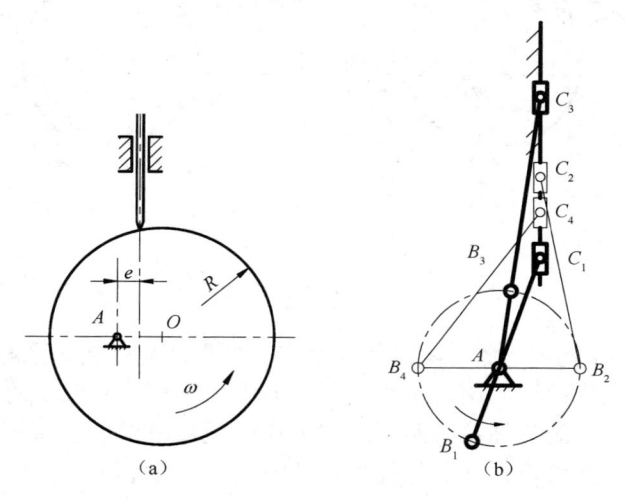

图 7-1

【例 7-2】 在图 7-2（a）所示的凸轮机构中，圆弧形表面的摆动推杆与凸轮在 B_1 点接触。当凸轮从图示位置逆时针转过 90° 时，试用图解法求出或标出：（1）推杆在凸轮上的接触点；（2）推杆摆动的角度大小；（3）该位置处机构的压力角。

解：

该凸轮机构可看成一个摆动滚子推杆盘形凸轮机构，又因凸轮是一个偏心圆盘，凸轮廓线各点的曲率中心不变，所以高副低代后，引入的连杆长度不变，该凸轮机构的运动特性可以完全用一个曲柄摇杆机构来代替。本题也可仿上例用代替机构来解，本例采用机构反转法，如图 7-2（b）所示，解题步骤如下。

（1）确定推杆在凸轮上的接触点。

① 以 O_1 为圆心、$\overline{O_1O_2}$ 为半径画圆，得凸轮的理论廓线；

② 以 O 为圆心、$\overline{OA_1}$ 为半径画弧，采用机构反转法作图中 A 点所在的轨迹，作 $\angle A_1OA_2 = 90°$ 交大圆于 A_2；

③ 以 A_2 为圆心、$\overline{A_1O_2}$ 为半径画弧交凸轮的理论廓线于 O_3，连接 O_1、O_3 交凸轮的实际廓线于 B_2，B_2 点即所求的点。

（2）确定推杆摆动的角度大小。

① 作 $\angle OA_2O'_2 = \angle OA_1O_2$；

② 得 $\angle OA_2O'_2$ 与 $\angle OA_2O_3$ 之差 $\phi = \angle O_3A_2O'_2$，ϕ 即推杆摆动的角度大小。

131

(3) 确定该位置处机构的压力角。

① 连接 O_1、O_3，得理论廓线在 O_3 点的法线 nn，即推杆的受力方向；

② 过 O_3 点作 O_3A_2 的垂线，则该垂线与 nn 所夹的锐角 α 为机构在该位置处的压力角。

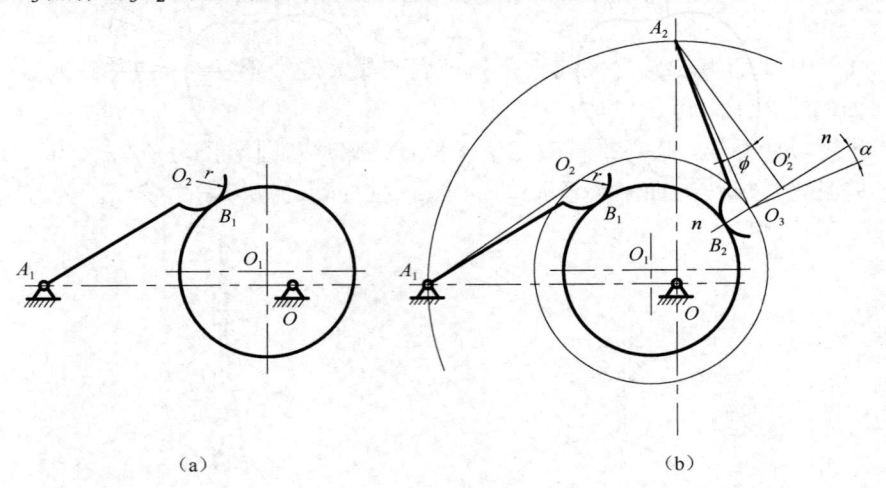

图 7-2

【例 7-3】 图 7-3（a）所示为一个尖端偏置直动推杆盘形凸轮机构。凸轮廓线的 AB 段和 CD 段为两段圆弧，圆心均为凸轮的回转中心 O。(1) 为使推程具有较小的压力角，试确定凸轮的转向；(2) 试画出凸轮的基圆及偏距圆；(3) 在图上标出推程运动角、远休止角、回程运动角和近休止角的大小，以及推杆的行程 h；(4) 求推杆从在 E 点与凸轮接触到在 F 点与凸轮接触所上升的位移 Δs 及在 F 点接触时凸轮机构的压力角 α。

解：

（1）凸轮机构压力角的计算公式为

$$\tan\alpha = \frac{|\mathrm{d}s/\mathrm{d}\varphi - \eta\delta e|}{s + \sqrt{r_b^2 - e^2}}$$

因推程 $\mathrm{d}s/\mathrm{d}\varphi$ 为正值，推杆的偏置方向和凸轮转向之间若采用正配置（$\eta\delta = 1$），推程将具有较小的压力角。因推杆导路偏置于凸轮回转中心右侧，推杆偏置方向系数 $\delta = -1$，所以凸轮转向系数 $\eta = -1$，凸轮转向应为逆时针。

（2）如图 7-3（b）所示，以 O 为圆心、$\overline{OA}$ 为半径画圆，即得凸轮的基圆。过凸轮的回转中心 O 作推杆导路的垂线交于 J 点，则 $\overline{OJ}$ 为偏距圆的半径，以 O 为圆心、$\overline{OJ}$ 为半径作圆即偏距圆。

（3）过 C 点作偏距圆的切线 CH，切偏距圆于 H（CH 为机构反转后推杆所占据的位置），则 $\angle JOH$ 即推程运动角；过 D 点作偏距圆的切线 DG，切偏距圆于 G，则 $\angle HOG$ 即远休止角；过 A 点作偏距圆的切线 AI，切偏距圆于 I，则 $\angle IOG$ 即回程运动角；$\angle IOJ$ 为近休止角；CH 与基圆相交于 K，则 $\overline{CK}$ 即推杆的行距 h。

（4）过 E 点作偏距圆的切线 EM，交基圆于 M；过 F 点作偏距圆的切线 FP，交基圆于 P，则 $\overline{FP}$ 与 $\overline{EM}$ 之差即 Δs；作凸轮 F 点的法线 nn，则 nn 与 FP 的夹角即推杆在 F 点与凸轮接触时凸轮机构的压力角 α。

（a） （b）

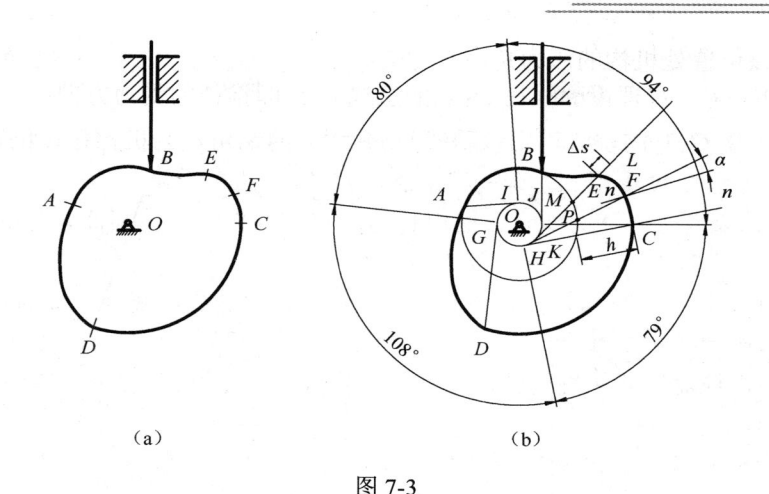

图 7-3

四、复习思考题

1. 试比较尖端、滚子和平底推杆的优缺点和应用场合。
2. 试从避免冲击的观点来比较等速、等加速等减速、余弦加速度、正弦加速度 4 种常用运动规律，并说明它们适用的场合。
3. 基圆半径是指凸轮转动中心至理论廓线的最小半径，还是指凸轮转动中心至实际廓线的最小半径？
4. 对于同一凸轮机构和同一导路，若分别采用尖端推杆、滚子推杆和平底推杆，推杆的运动规律是否相同？相应的理论廓线是否相同？
5. 何谓凸轮机构的压力角？压力角的大小对凸轮尺寸、作用力和传动性能各有哪些影响？
6. 力封闭与几何形状封闭凸轮机构的许用压力角的确定是否一样？为什么？
7. 如何减小直动推杆盘形凸轮机构的推程压力角？
8. 设计滚子推杆盘形凸轮廓线时，若发现实际廓线变尖，则在几何尺寸上应采用什么措施？

五、习题精解

（一）判断题

1. 在偏置尖端直动推杆盘形凸轮机构中，其推程运动角等于凸轮对应推程廓线所对中心角；其回程运动角等于凸轮对应回程廓线所对中心角。　　　　　　　　　　　　（　　）
2. 在直动推杆盘形凸轮机构中进行合理的偏置，是为了同时减小推程压力角和回程压力角。　　　　　　　　　　　　　　　　　　　　　　　　　　　　　　　　　（　　）
3. 当凸轮机构的压力角的最大值超过许用值时，必然出现自锁现象。　　　　（　　）
4. 凸轮机构中，滚子推杆使用最多，因为它是 3 种推杆中最基本的形式。　　（　　）
5. 直动平底推杆盘形凸轮机构在工作时，其压力角始终不变。　　　　　　　（　　）

6．在滚子推杆盘形凸轮机构中，基圆半径和压力角应在凸轮的实际廓线上来度量。（　　）

7．滚子推杆盘形凸轮的实际廓线是理论廓线的等距曲线。因此，只要将理论廓线上各点的向径减去滚子半径，便可得到实际廓线上相应点的向径。（　　）

8．推杆按等速运动规律运动时，推程起始点存在刚性冲击，因此常用于低速的凸轮机构中。（　　）

9．在对心尖端直动推杆盘形凸轮机构中，当推杆按等速运动规律运动时，对应的凸轮廓线是一条阿基米德螺线。（　　）

10．在直动推杆盘形凸轮机构中，当推杆按简谐运动规律运动时，必然不存在刚性冲击和柔性冲击。（　　）

11．在直动推杆盘形凸轮机构中，推杆无论选取何种运动规律，推杆回程加速度均为负值。（　　）

12．凸轮的理论廓线与实际廓线大小不同，但其形状总是相似的。（　　）

13．为实现推杆的某种运动规律而设计一对心尖端直动推杆凸轮机构。当该凸轮制造完后，若改为直动滚子推杆代替原来的尖端直动推杆，仍能实现原来的运动规律。（　　）

14．偏置直动滚子推杆位移变化与相应理论廓线极径增量变化相等。（　　）

15．设计对心直动平底推杆盘形凸轮机构时，若要求平底与导路中心线垂直，则平底左右两侧的宽度必须分别大于导路中心线到左右两侧最远切点的距离，以保证在所有位置平底都能与凸轮廓线相切。（　　）

16．在凸轮理论廓线一定的条件下，推杆上的滚子半径越大，则凸轮机构的压力角越小。（　　）

17．在对心直动平底推杆凸轮机构中，若平底与推杆导路中心线垂直，平底与实际轮廓线相切的切点位置是随凸轮的转动而变化的，从导路中心线到左右两侧最远的切点分别对应于升程和回程出现 v_{max} 的位置处。（　　）

18．在盘形凸轮机构中，其对心尖端直动推杆的位移变化与相应实际廓线极径增量的变化相等。（　　）

19．在盘形凸轮机构中，其对心直动滚子推杆的位移变化与相应理论廓线极径增量变化相等。（　　）

20．在盘形凸轮机构中，其对心直动滚子推杆的位移变化与相应实际廓线极径增量变化相等。（　　）

【答案】

（二）填空题

1．凸轮机构中的压力角是_____和_____所夹的锐角。

2．在凸轮机构中，使凸轮与推杆保持接触的方法有_____和_____两种。

3．在回程过程中，对凸轮机构的压力角加以限制的原因是_____。

4．在推程过程中，对凸轮机构的压力角加以限制的原因是_____。

5．在直动滚子推杆盘形凸轮机构中，凸轮的理论廓线与实际廓线间的关系是_____
_____。

6．在凸轮机构中，推杆根据其端部结构形状，一般有_____、_____、
_____3种型式。

7．设计滚子推杆盘形凸轮机构时，滚子中心的轨迹称为凸轮的_____廓线；与滚子相包络的凸轮廓线称为_____廓线。

8．盘形凸轮的基圆半径是_____上距凸轮转动中心的最小向径。

9．当初步设计尖端直动推杆盘形凸轮机构中发现有自锁现象时，可采用_____
_____、_____、_____
_____等办法来解决。

10．在设计滚子推杆盘形凸轮时，若出现_____
_____时，会发生推杆运动失真现象。此时，可采用_____
_____方法避免推杆的运动失真。

11．用图解法设计滚子推杆盘形凸轮时，在由理论廓线求实际廓线的过程中，若实际廓线出现尖点或交叉现象，则与_____的选择有关。

12．在设计滚子推杆盘形凸轮机构时，选择滚子半径的条件是_____
_____。

13．凸轮的基圆半径越小，则凸轮机构的压力角越_____，而凸轮机构的尺寸越_____。

14．凸轮基圆半径的选择，需考虑到_____、_____，以及凸轮的实际廓线是否出现变尖和失真等因素。

15．在许用压力角相同的条件下，_____推杆可以得到比_____推杆更小的凸轮基圆半径。或者说，当基圆半径相同时，推杆正确偏置可以_____凸轮机构的推程压力角。

【答案】

（三）选择题

1．若推杆的运动规律选择等速运动规律、等加速等减速运动规律、余弦加速度运动规律或正弦加速度运动规律，当把凸轮转速提高一倍时，推杆的速度是原来的_____倍。
（A）1；　　　　　（B）2；　　　　　（C）4。

2．凸轮机构中推杆做等加速等减速运动时将产生_____冲击。它适用于_____场合。
（A）刚性；　　　（B）柔性；　　　（C）无刚性也无柔性；
（D）低速；　　　（E）中速；　　　（F）高速。

3．当凸轮基圆半径相同时，采用适当的偏置推杆可以_____凸轮机构推程的压力角。
（A）减小；　　　（B）增加；　　　（C）保持原来。

4．滚子推杆盘形凸轮机构的滚子半径应_____凸轮理论廓线外凸部分的最小曲率半径。
（A）大于；　　　　　（B）小于；　　　　　（C）等于。

5．直动平底推杆盘形凸轮机构的压力角_____。
（A）永远等于0°；　　（B）等于常数；　　　（C）随凸轮转角而变化。

6．在设计直动滚子推杆盘形凸轮机构的实际廓线时，发现压力角超过了许用值，且廓线出现变尖现象，此时应采取的措施是_____。
（A）减小滚子半径；　（B）加大基圆半径；　（C）减小基圆半径。

7．设计一个直动推杆盘形凸轮，当凸轮转速ω及推杆运动规律$v=v(s)$不变时，若α_{max}由40°减小到20°，则凸轮尺寸会_____。
（A）增大；　　　　　（B）减小；　　　　　（C）不变。

8．用同一凸轮驱动不同类型（尖顶、滚子或平底；直动或摆动）的推杆时，各推杆的运动规律_____。
（A）相同；　　　　　（B）不同；　　　　　（C）在无偏距时相同。

9．在直动推杆盘形凸轮机构中，当推程为等速运动规律时，最大压力角发生在行程_____。
（A）起点；　　　　　（B）中点；　　　　　（C）终点。

【答案】

（四）分析与计算题

1．推杆常用运动规律

【07401】设$T=\dfrac{t}{t_\Phi}$，$S=\dfrac{s}{h}$，式中，t为时间，s为位移，h为行程，t_Φ为推杆完成一个推程所用时间，Φ为推程运动角，φ为凸轮转角，凸轮以等角速度ω转动。证明以下两式。

（1）类速度：$\dfrac{ds}{d\varphi}=\dfrac{h}{\Phi}\cdot\dfrac{dS}{dT}$；（2）类加速度：$\dfrac{d^2s}{d\varphi^2}=\dfrac{h}{\Phi^2}\cdot\dfrac{d^2S}{dT^2}$。

证明：

（1）$\dfrac{h}{\Phi}\cdot\dfrac{dS}{dT}=\dfrac{h}{\Phi}\cdot\dfrac{\frac{ds}{h}}{\frac{dt}{t_\Phi}}=\dfrac{t_\Phi}{\Phi}\cdot v=\dfrac{v}{\omega}=\dfrac{ds}{d\varphi}$

（2）$\dfrac{h}{\Phi^2}\cdot\dfrac{d^2S}{dT^2}=\dfrac{h}{\Phi^2}\cdot\dfrac{d\left(\dfrac{dS}{dT}\right)}{dT}=\dfrac{h}{\Phi^2}\cdot\dfrac{d\left(\dfrac{t_\Phi}{h}v\right)}{\dfrac{dt}{t_\Phi}}=\dfrac{t_\Phi^2}{\Phi^2}a=\dfrac{a}{\omega^2}=\dfrac{d^2s}{d\varphi^2}$

【07402】有一个偏置尖端直动推杆盘形凸轮机构，凸轮等速沿顺时针方向转动。当凸轮转过180°时，推杆从最低位上升16mm，再转过180°时，推杆下降到原位置。推杆的加速度线图

如图 7-4 所示，若凸轮角速度 $\omega = 10\,\text{rad/s}$，试求：
(1) 画出推杆在推程阶段的 $v-\varphi$ 线图；
(2) 画出推杆在推程阶段的 $s-\varphi$ 线图；
(3) 求出推杆在推程阶段的加速度 a 和 $v_{\max}$；
(4) 该凸轮机构是否存在冲击？若存在冲击，属于何种性质的冲击？

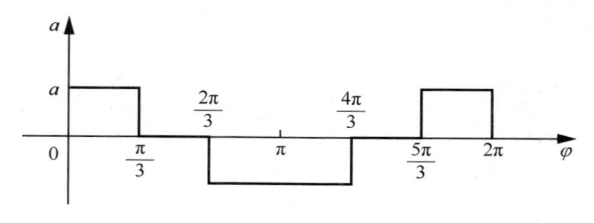

图 7-4

解：

(1) $v-\varphi$ 线图如图 7-5（a）所示。

(2) $s-\varphi$ 线图如图 7-5（b）所示，在 $0 \sim \dfrac{\pi}{3}$ 和 $\dfrac{2\pi}{3} \sim \pi$ 为二次曲线。

(3) 推杆在 $0 \sim \dfrac{\pi}{3}$ 以等加速上升，在 $\dfrac{\pi}{3} \sim \dfrac{2\pi}{3}$ 以等速上升，在 $\dfrac{2\pi}{3} \sim \pi$ 以等减速上升，故 $h = 16\text{mm} = h_1 + h_2 + h_3$。

① 等加速上升段。

$$h_1 = \frac{1}{2}a\left(\frac{\varPhi_1}{\omega}\right)^2 = \frac{a\pi^2}{2 \times 9 \times 10^2} = \frac{\pi^2 a}{18 \times 10^2}$$

② 等速上升段。

$$h_2 = \frac{\varPhi_2}{\omega}v = \left(\frac{\pi/3}{\omega}\right) \times a \times t = \left(\frac{\pi/3}{\omega}\right)^2 \times a = \frac{\pi^2 a}{9 \times 10^2}$$

③ 等减速上升段。

$h_3 = h_1 = \dfrac{\pi^2 a}{18 \times 10^2}$，则 $h = 16 = \dfrac{2\pi^2 a}{9 \times 10^2}$，则

$$a = \frac{16 \times 9 \times 10^2}{2\pi^2} \approx 0.7295\,\text{m/s}^2$$

$$v_{\max} = \frac{\pi/3}{10}a \approx 0.076\,\text{m/s}$$

(4) 凸轮转至 $\dfrac{\pi}{3}$ 时，位移 $s_1 = 4\,\text{mm}$，由 $\dfrac{2\pi}{3}$ 转至 π 时的位移也为 4mm。在凸轮转至 $\dfrac{\pi}{3}$、$\dfrac{2\pi}{3}$ 时存在柔性冲击。

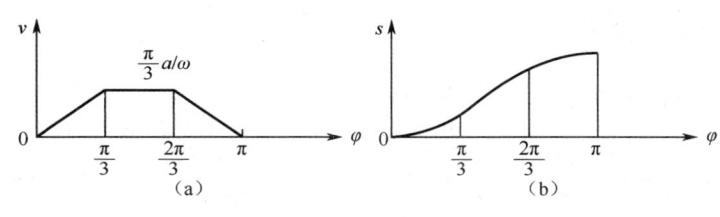

图 7-5

【07403】已知在直动推杆盘形凸轮机构中，行程 $h=40$mm，推杆运动规律如图 7-6 所示，其中 AB 段和 CD 段均为正弦加速度运动规律。试写出从坐标原点量起的 AB 和 CD 段的位移方程。

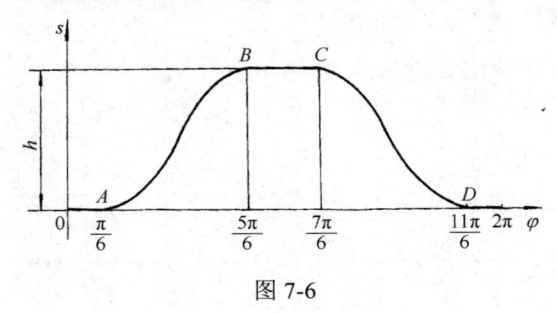

图 7-6

解：

（1）推程 AB 段。

标准推程正弦曲线方程为

$$s_{AB} = \frac{h}{\Phi}\varphi - \frac{h}{2\pi}\sin\left(\frac{2\pi}{\Phi}\varphi\right)$$

式中，推程角 $\Phi = \frac{5}{6}\pi - \frac{\pi}{6} = \frac{2}{3}\pi$。

把标准推程正弦曲线方程向右平移 $\frac{\pi}{6}$ 个单位得

$$s_{AB} = \frac{3h}{2\pi}\left(\varphi_{AB} - \frac{\pi}{6}\right) - \frac{h}{2\pi}\sin\left[3\left(\varphi_{AB} - \frac{\pi}{6}\right)\right]$$

（2）回程 CD 段。

AB 段曲线与 CD 段曲线关于 $\varphi = \pi$ 轴线对称，则 $\varphi_{AB} + \varphi_{CD} = 2\pi \Rightarrow \varphi_{AB} = 2\pi - \varphi_{CD}$，代入 s_{AB} 曲线方程得

$$s_{CD} = \frac{3h}{2\pi}\left(\frac{11}{6}\pi - \varphi_{CD}\right) - \frac{h}{2\pi}\sin\left(\frac{11\pi}{2} - 3\varphi_{CD}\right)$$

2. 凸轮机构设计基本原理（机构反转法设计原理）

【07404】设计一个偏置尖端直动推杆盘形凸轮机构的凸轮廓线，已知凸轮基圆半径为 $r_0 = 30$mm，偏距为 $e = 10$mm，如图 7-7（a）所示，并以等角速度 $\omega_1 = 1$ rad/s 逆时针方向转动，当凸轮从推程起始点处转过 $30°$ 时，推杆上升 10mm，此时推杆的移动速度 $v_2 = 20$mm/s。

（1）试用机构反转法找出此时凸轮廓线上与推杆相接触的点。

（2）在图上标出该点的压力角，并求出其值。

（3）若推杆的偏距减为零，则上述位置处压力角的值为多少？

解：（1）接触点 $B_{30°}$ 如图 7-7（b）所示。

（2）$l_{OP} = \dfrac{v_2}{\omega_1} = \dfrac{20}{1} = 20$mm，压力角 α 如图 7-7（b）所示。

$$\tan\alpha = \frac{l_{OP} - e}{s_0 + s} = \frac{l_{OP} - e}{\sqrt{r_0^2 - e^2} + s} = \frac{20 - 10}{\sqrt{30^2 - 10^2} + 10} \approx 0.2612$$

$$\alpha \approx 14.639° \approx 14°38'20''$$

（3）若 $e=0$，则 $\tan\alpha = \dfrac{20}{40} = 0.5$，$\alpha \approx 26.565°$，压力角增大。

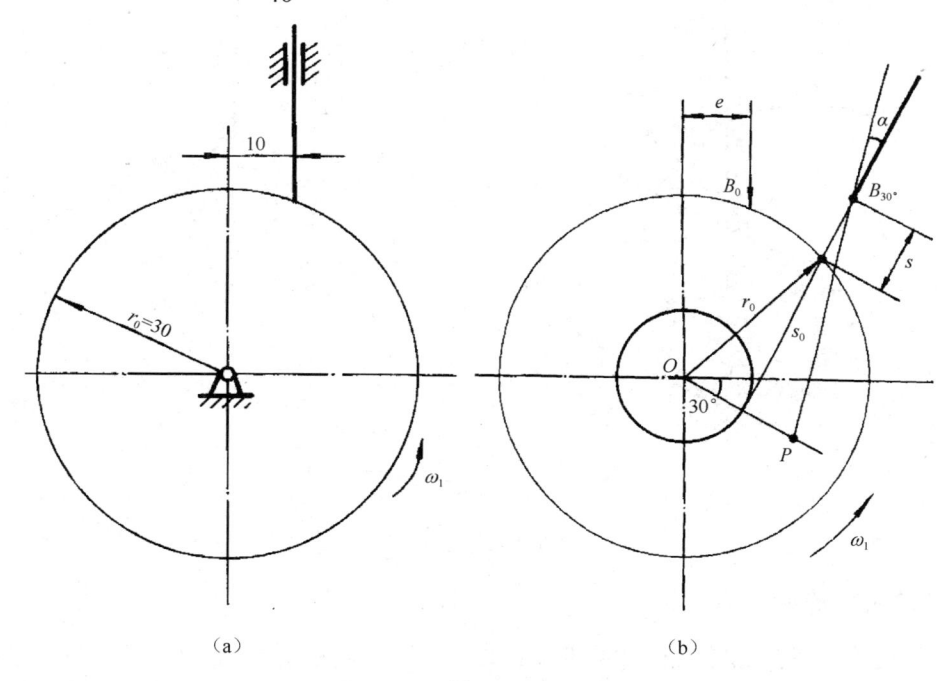

图 7-7

【07405】图 7-8（a）为偏置尖端直动推杆盘形凸轮机构，其基圆半径 $r_0=20\text{mm}$，凸轮回转中心位于导路左侧，偏距 $e=10\text{mm}$。当凸轮逆时针转过 30° 时，推杆从最低位置 K_0 点上升，其位移 $s=5\text{mm}$，试求该位置处的凸轮廓线上极坐标值 θ_K、r_K，并在图上标出凸轮转角 φ、位移 s、θ_K、r_K。

解：

（1）画出解题参考图 7-8（b），并标出 φ、s、θ_K、r_K。

（2）K 点的极坐标方程为

$$\theta_K = \varphi + \beta_0 - \beta$$
$$r_K = \sqrt{(s_0+s)^2 + e^2}$$

（3）求解极坐标方程，得

$$s_0 = \sqrt{r_0^2 - e^2} = \sqrt{20^2 - 10^2} \approx 17.32\text{mm}$$

$$r_K = \sqrt{(17.32+5)^2 + 10^2} \approx 24.46\text{mm}$$

$$\beta_0 = \arccos\left(\dfrac{e}{r_0}\right) = 60°$$

$$\beta = \arccos\left(\dfrac{e}{r_K}\right) \approx 65.87°$$

$$\theta_K = 30° + 60° - 65.87° = 24.13°$$

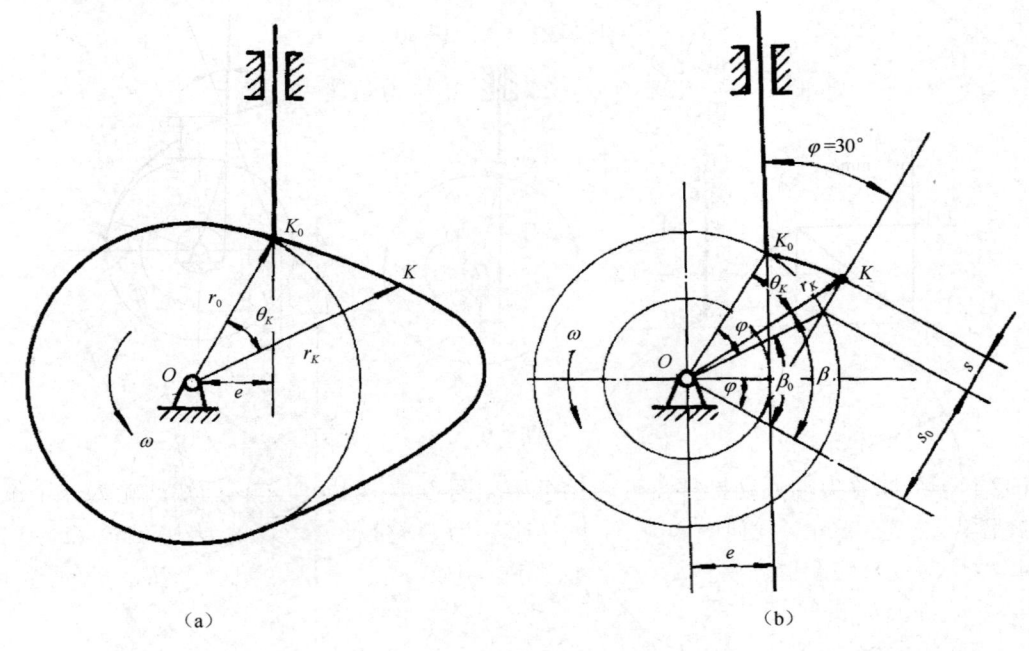

图 7-8

3. 凸轮机构基本尺寸问题

【07406】 直动推杆盘形凸轮机构中的尖顶推杆的推程速度线图如图 7-9（a）所示；凸轮的基圆半径 $r_0 = 20\,\text{mm}$，角速度 $\omega_1 = 10\,\text{rad/s}$，偏距 $e = 5\,\text{mm}$，如图 7-9（b）所示。试在图 7-9（b）中绘出凸轮转角 $\varphi = \dfrac{\pi}{2}$ 时，凸轮与推杆的相对瞬心，并计算出该位置时的凸轮机构的压力角。

解：
（1）根据瞬心法定义及三心定理求瞬心的位置。

$$\overline{OP}_{12} \times \omega_1 = v_2 \Rightarrow \overline{OP}_{12} \times \frac{\mathrm{d}\varphi}{\mathrm{d}t} = \frac{\mathrm{d}s}{\mathrm{d}t} \Rightarrow \overline{OP}_{12} \times \mathrm{d}\varphi = \mathrm{d}s \Rightarrow \overline{OP}_{12} = \frac{\mathrm{d}s}{\mathrm{d}\varphi}$$

当 $\varphi = \dfrac{\pi}{2}$ 时，该机构的瞬心 P_{12} 如图 7-9（c）所示。

（2）根据凸轮机构的基本尺寸关系建立方程，结合速度线图求解。

① 已知 $\tan\alpha = \dfrac{\dfrac{\mathrm{d}s}{\mathrm{d}\varphi} - e}{s + \sqrt{r_0^2 - e^2}}$，$e = 5\,\text{mm}$，$r_0 = 20\,\text{mm}$。

$\dfrac{\mathrm{d}s}{\mathrm{d}\varphi} = \dfrac{v_2}{\omega_1}$，当 $\varphi = \dfrac{\pi}{2}$ 时，$v_2 = \dfrac{400}{\pi}\,\text{mm/s}$，则 $\dfrac{\mathrm{d}s}{\mathrm{d}\varphi} = \dfrac{40}{\pi}\,\text{mm/rad}$。

② 由 $v - \varphi$ 线图可知，推杆在推程做等加速等减速运动。

$s = (2h)\dfrac{\varphi^2}{\Phi^2}$，$\dfrac{\mathrm{d}s}{\mathrm{d}\varphi} = \dfrac{4h}{\Phi^2}\varphi$，当 $\varphi = \dfrac{\pi}{2}$ 时，$\dfrac{\mathrm{d}s}{\mathrm{d}\varphi} = \dfrac{40}{\pi}$。

可求出 $h = 20\,\text{mm}$，$s = 10\,\text{mm}$。

③ 由 $\tan\alpha = \dfrac{40/\pi - 5}{10 + \sqrt{20^2 - 5^2}}$ 得 $\alpha \approx 14.7°$。

图 7-9

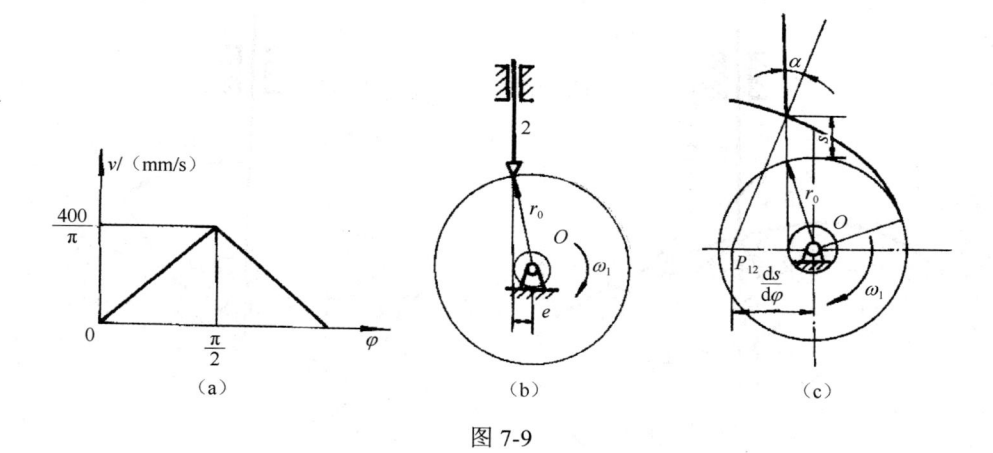

【07407】一个偏置尖端直动推杆盘形凸轮机构如图 7-10（a）所示。已知凸轮为一个偏心圆盘，圆盘半径 $R=30$mm，几何中心为 A，回转中心为 O，推杆偏距 $\overline{OD}=e=10$mm，$\overline{OA}=10$mm。凸轮以等角速度 ω 逆时针方向转动，当凸轮在图 7-10（a）所示的位置，即 $AD \perp CD$ 时，试求：

（1）凸轮的基圆半径 r_0；
（2）图示位置的凸轮机构压力角 α；
（3）图示位置的凸轮转角 φ；
（4）图示位置推杆的位移 s；
（5）该凸轮机构中推杆偏置方向是否合理，为什么？

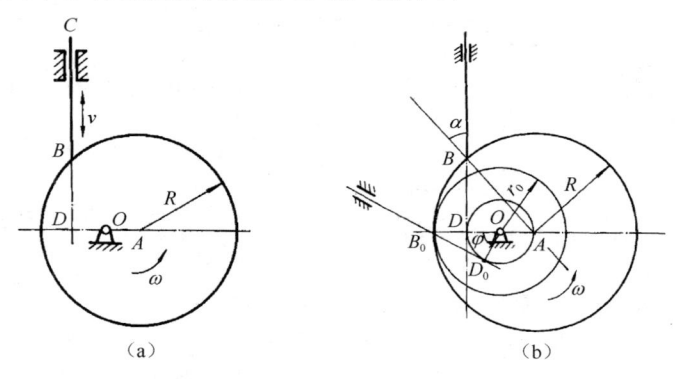

图 7-10

解：

由图 7-10（b）可得如下结果。

（1）$r_0 = 20$mm。

（2）$\tan\alpha = \dfrac{\overline{AD}}{\overline{BD}} = \dfrac{20}{\sqrt{30^2-20^2}} \approx 0.89$，得 $\alpha \approx 41.81°$。

（3）$\cos\varphi = \dfrac{\overline{OD_0}}{\overline{OB_0}} = \dfrac{10}{20} = 0.5$，得 $\varphi = 60°$。

（4）$s = \sqrt{R^2 - \overline{AD}^2} - \sqrt{\overline{OB_0}^2 - \overline{OD_0}^2}$。

（5）偏置方向不合理。

因为 $\tan\alpha = \dfrac{\dfrac{ds}{d\varphi}+e}{s_0+s}$，图示偏置方向使 α 增大。应把推杆导路偏置在凸轮转动中心的右侧，

此时 $\tan\alpha = \dfrac{\dfrac{ds}{d\varphi}-e}{s_0+s}$，则 α 减小。

【07408】 试推导直动平底推杆盘形凸轮机构（见图7-11）中的凸轮廓线不出现尖点的条件。当凸轮转过 $\delta = 90°$ 时，推杆按简谐运动规律上升，其行程 $h = 60\,\text{mm}$，求凸轮的基圆半径。（注：简谐运动规律也称余弦加速度运动规律。）

解：

（1）直动平底推杆盘形凸轮廓线的方程为

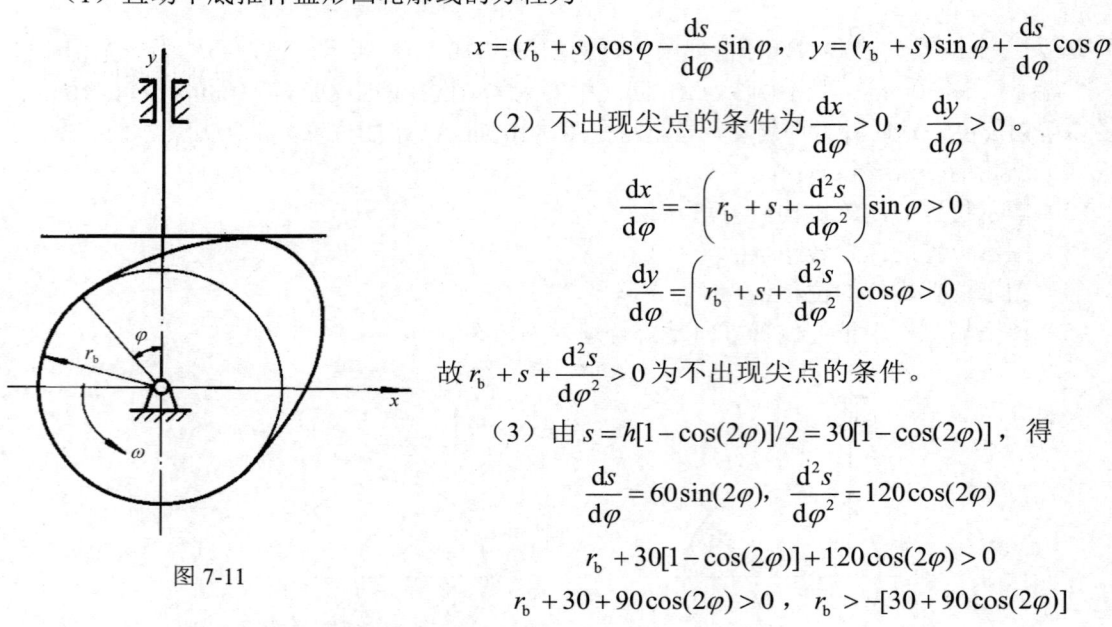

$$x = (r_b+s)\cos\varphi - \dfrac{ds}{d\varphi}\sin\varphi, \quad y = (r_b+s)\sin\varphi + \dfrac{ds}{d\varphi}\cos\varphi$$

（2）不出现尖点的条件为 $\dfrac{dx}{d\varphi} > 0$，$\dfrac{dy}{d\varphi} > 0$。

$$\dfrac{dx}{d\varphi} = -\left(r_b + s + \dfrac{d^2 s}{d\varphi^2}\right)\sin\varphi > 0$$

$$\dfrac{dy}{d\varphi} = \left(r_b + s + \dfrac{d^2 s}{d\varphi^2}\right)\cos\varphi > 0$$

故 $r_b + s + \dfrac{d^2 s}{d\varphi^2} > 0$ 为不出现尖点的条件。

（3）由 $s = h[1-\cos(2\varphi)]/2 = 30[1-\cos(2\varphi)]$，得

$$\dfrac{ds}{d\varphi} = 60\sin(2\varphi),\quad \dfrac{d^2 s}{d\varphi^2} = 120\cos(2\varphi)$$

$$r_b + 30[1-\cos(2\varphi)] + 120\cos(2\varphi) > 0$$

$$r_b + 30 + 90\cos(2\varphi) > 0,\quad r_b > -[30 + 90\cos(2\varphi)]$$

图7-11

当 $\varphi = \pi/2$ 时，可求出最小基圆半径，即 $r_b > 60\,\text{mm}$。

【07409】 已知对心直动推杆盘形凸轮机构推程时凸轮等速回转 $180°$，推杆等速移动 $30\,\text{mm}$，要求许用压力角 $[\alpha] = 30°$，回程时凸轮转动 $90°$，推杆以等加速等减速运动规律返回原位置，要求许用压力角 $[\alpha'] = 60°$，当凸轮再转过剩余 $90°$ 时，推杆不动，试求凸轮的基圆半径 r_0。

解：

（1）列出求解 r_0 的方程，方程为

$$r_0 = \dfrac{\overline{op_{12}}}{\tan\alpha} - s = \dfrac{v_2}{\omega_1 \tan\alpha} - s$$

（2）推程时，推杆等速上升，$v_2=$ 常数，r_0 的方程为

$$r_0 = \dfrac{\dfrac{h}{t}}{\dfrac{\pi}{t}\tan[\alpha]} - s$$

当 $\varphi=0$ 时，$s=0$，得

$$r_0 = \frac{30}{\pi \times \tan 30°} \approx 16.54\text{mm}$$

（3）回程时，推杆做等加速等减速运动。

当 $\varphi = \dfrac{\Phi'}{2}$ 时，$s = \dfrac{h}{2}$，$v_{\max} = \dfrac{4h\omega_1}{\Phi'^2}\varphi = \dfrac{4h\omega_1}{\left(\dfrac{\pi}{2}\right)^2}\cdot\dfrac{\pi}{4} = \dfrac{4h\omega_1}{\pi}$，得

$$r_0 = \frac{4h\omega_1/\pi}{\omega_1 \tan[\alpha']} - \frac{h}{2} \approx 7.06\text{mm}$$

（4）比较推程、回程中的 r_0，取 r_0 为16.54mm。

4．解析法设计凸轮机构

【07410】根据图 7-12（a）所示的凸轮机构有关尺寸和推杆的位移曲线（推程段和回程段均为等加速等减速运动规律），用解析法求解该盘形凸轮廓线坐标值。（注：仅求解凸轮转角 $\varphi=90°$ 时的坐标值。）

解：

（1）解题示意图如图 7-12（b）所示，可知

$$\begin{bmatrix} x_B \\ y_B \end{bmatrix} = \begin{bmatrix} \cos\varphi & \sin\varphi \\ -\sin\varphi & \cos\varphi \end{bmatrix} \begin{bmatrix} x_{B0} \\ y_{B0} \end{bmatrix} + \begin{bmatrix} s\sin\varphi \\ s\cos\varphi \end{bmatrix}$$

式中，$x_{B0}=e$，$y_{B0}=\sqrt{r_0^2-e^2}$。

整理后得

$$x_B = (\sqrt{r_0^2-e^2}+s)\sin\varphi + e\cos\varphi$$
$$y_B = \sqrt{r_0^2-e^2}+s)\cos\varphi - e\sin\varphi$$

（2）当 $\varphi=90°$ 时，$s=20\text{mm}$，求得 $x_B=54.64\text{mm}$，$y_B=-20\text{mm}$。

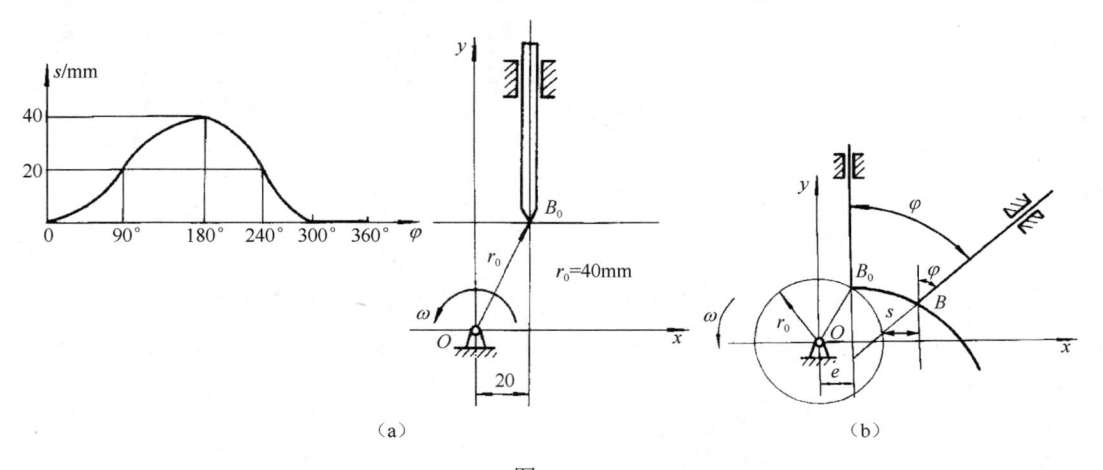

图 7-12

【07411】根据图 7-13（a）所示的位移曲线和有关尺寸，用解析法求解该盘形凸轮廓线的坐标值，坐标系如图 7-13（a）所示，推程起始点坐标为 $B_0(20,40)$。（仅要求计算凸轮转过 60°、150°、270° 时的凸轮廓线坐标值。）

解：

(1) 画出解题示意图 7-13（b）。

(2) 列出解析方程式，由已知条件可知 $x_{B0}=20\text{mm}$，$y_{B0}=40\text{mm}$。

$$\begin{bmatrix} x_B \\ y_B \end{bmatrix} = \begin{bmatrix} \cos\varphi & \sin\varphi \\ -\sin\varphi & \cos\varphi \end{bmatrix}\begin{bmatrix} x_{B0} \\ y_{B0} \end{bmatrix} + \begin{bmatrix} s\cdot\sin\varphi \\ s\cdot\cos\varphi \end{bmatrix} = \begin{bmatrix} \cos\varphi & \sin\varphi \\ -\sin\varphi & \cos\varphi \end{bmatrix}\begin{bmatrix} 20 \\ 40 \end{bmatrix} + \begin{bmatrix} s\cdot\sin\varphi \\ s\cdot\cos\varphi \end{bmatrix}$$

得 $x_B=(40+s)\sin\varphi+20\cos\varphi$，$y_B=(40+s)\cos\varphi-20\sin\varphi$

(3) 求解凸轮廓线坐标值。

① 当 $\varphi=60°$ 时，$s=\dfrac{h}{\Phi}\varphi=\dfrac{40}{120°}\times 60°=20\text{ mm}$（$\Phi$ 为推程运动角）。

$$x_B=60\sin 60°+20\cos 60°\approx 61.96\text{ mm}$$
$$y_B=60\cos 60°-20\sin 60°\approx 12.68\text{ mm}$$

② 当转到 150° 时，$s=h=40\text{ mm}$。

$$x_B\approx 22.68\text{ mm}, \quad y_B\approx -79.28\text{ mm}$$

③ 当转到 270° 时，$s=h-\dfrac{h}{\Phi'}(\varphi-180°)=40-\dfrac{40}{120°}\times 90°=10\text{ mm}$（$\Phi'$ 为回程运动角）。

$$x_B=-50\text{ mm}, \quad y_B=+20\text{ mm}$$

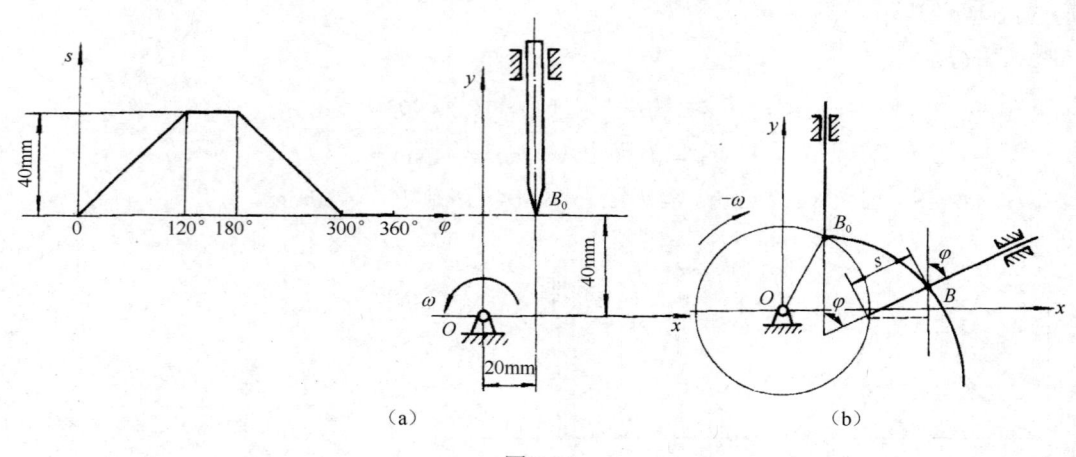

图 7-13

【07412】设计一个偏置尖端直动推杆盘形凸轮机构。设凸轮的基圆半径为 r_0，且以等角速度 ω 逆时针方向转动，推杆偏距为 e，如图 7-14（a）所示，且在推程中做等速运动。推程运动角为 Φ，行程为 h。

(1) 写出推程段凸轮廓线的直角坐标方程，并在图上画出坐标系；
(2) 分析推程中最小传动角的位置；
(3) 如果最小传动角小于许用值，说明可采取的改进措施。

解：

(1) 建立图 7-14（b）所示坐标系，列出推程段凸轮廓线方程为

$$\begin{bmatrix} x_B \\ y_B \end{bmatrix} = \begin{bmatrix} \cos\varphi & \sin\varphi \\ -\sin\varphi & \cos\varphi \end{bmatrix} \begin{bmatrix} x_{B'} \\ y_{B'} \end{bmatrix}$$

其中，$\begin{bmatrix} x_{B'} \\ y_{B'} \end{bmatrix} = \begin{bmatrix} -e \\ \sqrt{r_0^2 - e^2} + s(\varphi) \end{bmatrix}$，$s(\varphi) = \dfrac{h}{\Phi}\varphi$

整理后，有

$$x_B = -e\cos\varphi + [\sqrt{r_0^2 - e^2} + s(\varphi)]\sin\varphi$$
$$y_B = e\sin\varphi + [\sqrt{r_0^2 - e^2} + s(\varphi)]\cos\varphi$$

（2）找出 $\gamma_{\min}$ 的位置。

$$\tan\alpha = \frac{e + \mathrm{d}s/\mathrm{d}\varphi}{\sqrt{r_0^2 - e^2} + s(\varphi)} = \frac{e + h/\Phi}{\sqrt{r_0^2 - e^2} + \dfrac{h}{\Phi}\varphi}$$

当 $\varphi = 0$ 时，α 最大，$\alpha_{\max} = \arctan\left(\dfrac{e + h/\Phi}{\sqrt{r_0^2 - e^2}}\right)$，$\gamma_{\min} = 90° - \alpha_{\max}$。

（3）可采取的措施有如下几项。
① 增大基圆半径；
② 改变推杆的偏置方向，即把推杆导路置于凸轮回转中心的右侧。

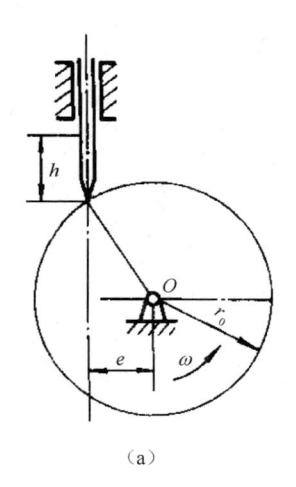

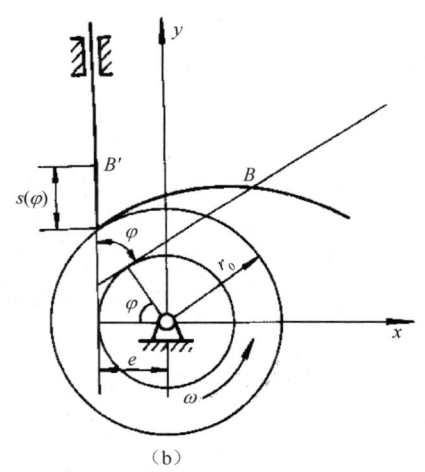

图 7-14

【07413】 有一个凸轮机构，推杆在推程段和回程段均按简谐运动规律（余弦加速度运动规律）运动，其位移线图如图 7-15（a）所示。试推导该盘形凸轮理论廓线和实际廓线方程，并求出凸轮转角为 90° 时，凸轮理论廓线和实际廓线上的坐标值。

（1）画出解题参考图 7-15（b），列出理论廓线方程为

$$\begin{bmatrix} x \\ y \end{bmatrix} = \begin{bmatrix} \cos\varphi & \sin\varphi \\ -\sin\varphi & \cos\varphi \end{bmatrix} \begin{bmatrix} 0 \\ r_0 + s \end{bmatrix}$$

得

$$x = (r_0 + s)\sin\varphi = r_0\sin\varphi + s\sin\varphi$$
$$y = (r_0 + s)\cos\varphi = r_0\cos\varphi + s\cos\varphi$$

(a)　　　　　　　　　　(b)

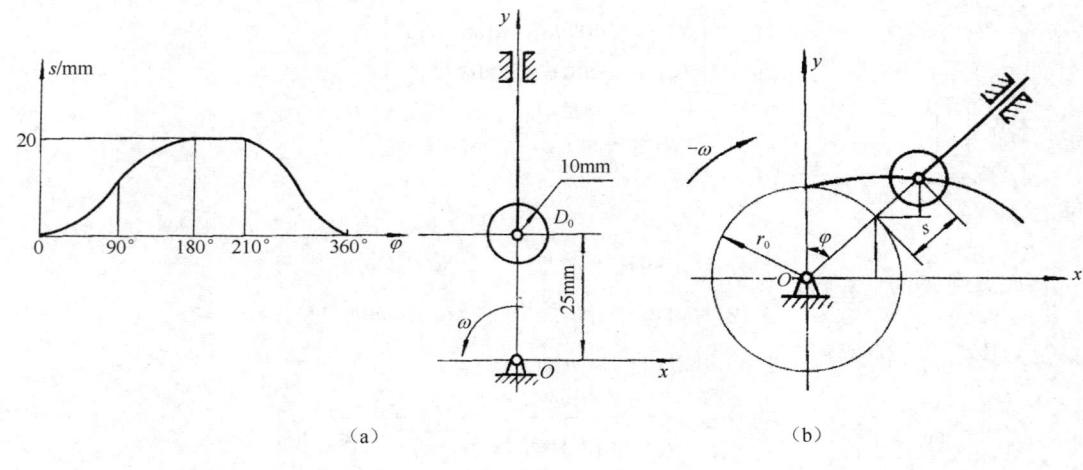

图 7-15

（2）实际廓线方程为

$$\begin{cases} f(x_T, y_T, \varphi) = 0 \\ \dfrac{\partial f(x_T, y_T, \varphi)}{\partial \varphi} = 0 \end{cases}$$

$$\begin{cases} (x_T - x)^2 + (y_T - y)^2 = r_T^2 \\ 2(x_T - x)\dfrac{dx}{d\varphi} + 2(y_T - y)\dfrac{dy}{dx} = 0 \end{cases}$$

$$x_T = x + \dfrac{r_T \dfrac{dy}{d\varphi}}{\sqrt{\left(\dfrac{dx}{d\varphi}\right)^2 + \left(\dfrac{dy}{d\varphi}\right)^2}}, \quad y_T = y - \dfrac{r_T \dfrac{dx}{d\varphi}}{\sqrt{\left(\dfrac{dx}{d\varphi}\right)^2 + \left(\dfrac{dy}{d\varphi}\right)^2}}$$

$$\dfrac{dx}{d\varphi} = (r_0 + s)\cos\varphi, \quad \dfrac{dy}{d\varphi} = -(r_0 + s)\sin\varphi$$

（3）当 $\varphi = 90°$ 时，由余弦曲线方程 $s = \dfrac{h}{2}\left[1 - \cos\left(\dfrac{\pi}{\Phi}\varphi\right)\right]$，$\Phi = \pi$，得

$$s = \dfrac{h}{2}(1 - \cos\varphi) = 10 \text{ mm}, \quad r_0 = 25 \text{ mm}$$

解得

$$\begin{cases} x = 35 \text{mm} \\ y = 0 \end{cases}; \quad \begin{cases} x_T = 25.4 \text{mm} \\ y_T = 0 \end{cases}$$

【07414】已知凸轮的基圆半径为 r_0，中心距为 L，凸轮和推杆推程时的转向如图 7-16（a）所示，推杆的运动规律为 $\psi = \psi(\varphi)$。试推导摆动平底推杆盘形凸轮廓线的方程。

解：

（1）画出解题示意图 7-16（b）。

（2）推导解析方程式为

$$(\overline{OP} + L)d\psi/dt = \overline{OP} \times d\varphi/dt$$

根据瞬心法，解释为

$$\overline{OP} = \frac{L\mathrm{d}\psi/\mathrm{d}\varphi}{1-\mathrm{d}\psi/\mathrm{d}\varphi}$$

$$\overline{AB} = L\left(1+\frac{\mathrm{d}\psi/\mathrm{d}\varphi}{1-\mathrm{d}\psi/\mathrm{d}\varphi}\right)\cos(\psi_0+\psi)$$

$$\overline{AD} = L\left(1+\frac{\mathrm{d}\psi/\mathrm{d}\varphi}{1-\mathrm{d}\psi/\mathrm{d}\varphi}\right)\cos^2(\psi_0+\psi)$$

设 B 点坐标为 (x, y)，则

$$x = L - L\left(1+\frac{\mathrm{d}\psi/\mathrm{d}\varphi}{1-\mathrm{d}\psi/\mathrm{d}\varphi}\right)\cos^2(\psi_0+\psi)$$

$$y = L\left(1+\frac{\mathrm{d}\psi/\mathrm{d}\varphi}{1-\mathrm{d}\psi/\mathrm{d}\varphi}\right)\cos(\psi_0+\psi)\sin(\psi_0+\psi)$$

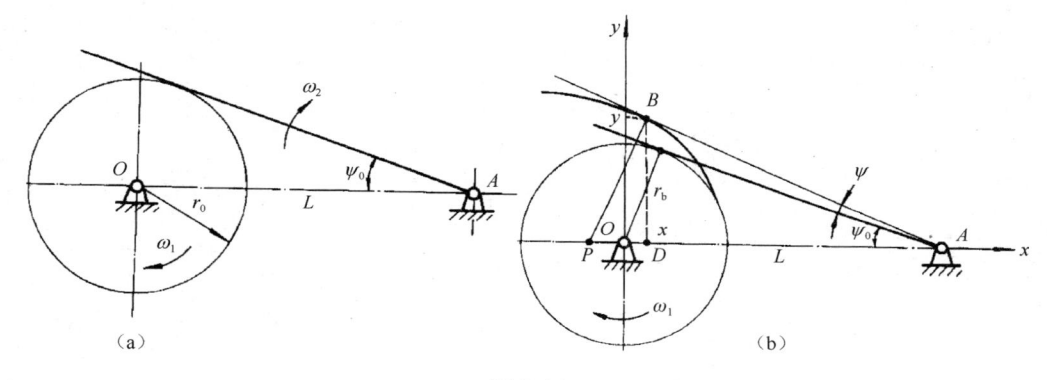

图 7-16

【07415】 在一个直动平底推杆盘形凸轮机构中，已知平底推杆的推程和回程均按摆线运动规律（正弦加速度运动规律）运动，位移曲线及尺寸如图 7-17（a）所示。用解析法设计该凸轮廓线。（注：仅推导出凸轮廓线坐标方程，并计算 $\varphi = 60°$ 时的凸轮廓线坐标值。）

解：

（1）画出解题示意图 7-17（b）。

（2）推杆推程位移方程为

$$s = \frac{h}{\Phi}\varphi - \frac{h}{2\pi}\sin\left(\frac{2\pi}{\Phi}\varphi\right)$$

式中，$\Phi = 120°$，$h = 20\,\mathrm{mm}$，Φ 为推程角。

（3）列出解析方程式为

$$\begin{bmatrix} x_B \\ y_B \end{bmatrix} = \begin{bmatrix} \cos\varphi & \sin\varphi \\ -\sin\varphi & \cos\varphi \end{bmatrix} \begin{bmatrix} \dfrac{\mathrm{d}s}{\mathrm{d}\varphi} \\ r_b + s \end{bmatrix}$$

得

$$x_B = (r_b + s)\sin\varphi + \frac{\mathrm{d}s}{\mathrm{d}\varphi}\cos\varphi$$

$$y_B = (r_b + s)\cos\varphi - \frac{\mathrm{d}s}{\mathrm{d}\varphi}\sin\varphi$$

（4）求解 $\varphi = 60°$ 时的凸轮廓线坐标值。

当 $\varphi = 60°$ 时，$s = 10\,\text{mm}$，$\dfrac{\mathrm{d}s}{\mathrm{d}\varphi} = \dfrac{h}{\varPhi} - \dfrac{h}{\varPhi}\cos\left(\dfrac{2\pi}{\varPhi}\varphi\right) \approx 19.1\,\text{mm}$，可得

$$x_B = 40\sin 60° + 19.1\cos 60° \approx 44.19\,\text{mm}$$
$$y_B = 40\cos 60° - 19.1\sin 60° \approx 3.46\,\text{mm}$$

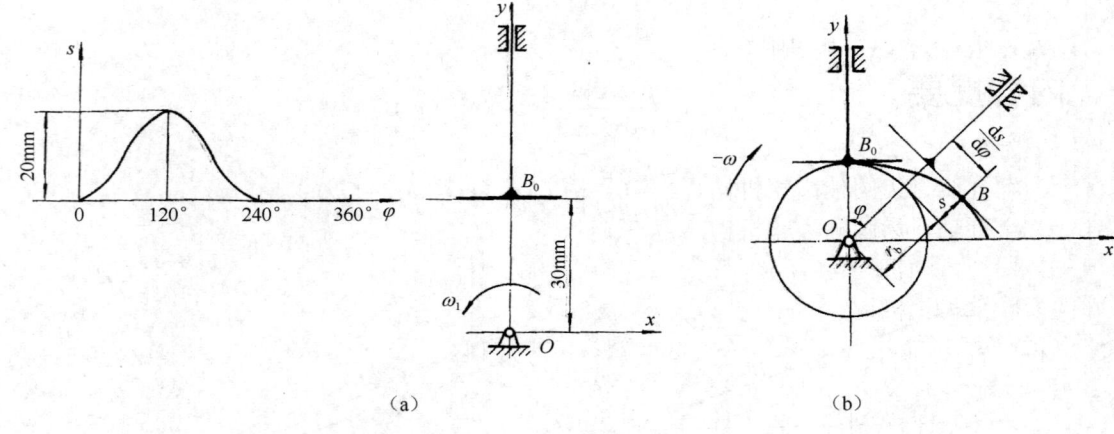

(a)　　　　(b)

图 7-17

第8章　齿轮机构及其设计

一、内容提要

（一）渐开线直齿圆柱齿轮机构
（二）平行轴斜齿圆柱齿轮机构
（三）蜗杆传动机构
（四）圆锥齿轮机构

二、本章重点

（一）渐开线直齿圆柱齿轮机构

这部分内容讨论的思路为齿轮的齿廓曲线→单个渐开线标准齿轮的基本参数→一对渐开线齿轮啮合传动→齿轮加工→变位齿轮。

1. 齿轮的齿廓曲线

齿轮机构是一种通过分别位于两个齿轮轮齿上的一对齿廓曲线的推动进行啮合传动的高副机构。这表明其传动比与齿廓曲线有关。根据同速点法，在任一位置相互啮合的一对齿轮，其传动比等于其连心线 O_1O_2 被齿廓接触点的公法线所分的两线段长 $\overline{O_1P}$ 与 $\overline{O_2P}$ 的反比，即 $i_{12}=\dfrac{\omega_1}{\omega_2}=\dfrac{\overline{O_2P}}{\overline{O_1P}}$，其中，$P$ 称为啮合节点（简称节点），这就是齿廓啮合的基本定律。要实现定传动比传动（$i_{12}=\text{const}$），要求节点 P 为定点，即相互啮合的一对齿轮的两个齿廓无论接触在哪个位置，过接触点所作的两个齿廓的公法线与两个齿轮的连心线交于一个固定点 P。以 O_1、O_2 为圆心，过 P 点所作的两个圆称为节圆，两个齿轮的啮合传动可看作其两节圆的纯滚动，令其半径分别为 r_1'、r_2'，则 $i_{12}=\dfrac{\omega_1}{\omega_2}=\dfrac{r_2'}{r_1'}$。如果要求两个齿轮的传动比 $i_{12}=\dfrac{\omega_1}{\omega_2}$ 按一定的规律变化，实现某种特定的传动要求，则节点 P 必须按相应的规律在连心线上移动，这时两个齿轮的节线是非圆形的，称为非圆齿轮。

以渐开线为齿轮齿廓的圆形齿轮应用最普遍。为了便于研究，应熟练掌握渐开线的性质及方程。

2. 单个渐开线标准齿轮的基本参数

单个渐开线标准齿轮的 5 个基本参数为齿数 z、模数 m、压力角 α、齿顶高系数 h_a^*、顶

隙系数 c^*。除齿数 z 外，其余 4 个参数都应取标准值，其中模数 m 是决定齿轮尺寸及承载能力的重要参数，由国标所规定的标准系列取值，单位为 mm；压力角 α 是决定齿轮齿廓形状和啮合性能的重要参数，一般取 $\alpha=20°$；而 $h_a^*=1$，$c^*=0.25$。这 5 个基本参数决定了一个标准直齿圆柱齿轮的各部分尺寸。

应掌握表 8-1 所示外齿轮的几何尺寸计算公式（内齿轮及齿条可参照进行计算）。

表 8-1 外齿轮的几何尺寸计算公式

名 称	计 算 公 式
分度圆直径	$d = mz$
基圆直径	$d_b = d\cos\alpha = mz\cos\alpha$
齿顶高	$h_a = h_a^* m$
齿根高	$h_f = (h_a^* + c^*)m$
齿全高	$h = (2h_a^* + c^*)m$
齿顶圆直径	$d_a = (z + 2h_a^*)m$
齿根圆直径	$d_f = (z - 2h_a^* - 2c^*)m$
基圆齿距	$p_b = p\cos\alpha = \pi m\cos\alpha$
齿厚	$s = \dfrac{p}{2} = \dfrac{\pi m}{2}$
齿槽宽	$e = \dfrac{p}{2} = \dfrac{\pi m}{2}$
齿距	$p = \pi m$ $p_k = s_k + e_k$

在渐开线齿轮上，具有标准模数 m 和标准压力角 α 的圆称为分度圆，除此之外，齿轮上其他圆上的模数和压力角不可能都为标准值，分度圆是计算齿轮各部分尺寸的基准。分度圆上齿厚等于齿槽宽（$s=e$）的齿轮称为标准齿轮，若 $s \neq e$，则为非标准齿轮（变位齿轮）。

齿条的结构尺寸特点：齿条的齿廓曲线可看作其 r_b 趋于无穷大时，渐开线变成一条斜直线，齿廓上各点的压力角都相等，为标准值 $\alpha=20°$，且等于齿形角。齿廓不同高度线上的齿距相等，均为 $p=\pi m$，注意其法向齿距为 $p_b = \pi m\cos\alpha$，其不同高度线上的齿厚和齿槽宽各不相同，只有在分度线（齿条中线）上，$s = e = \dfrac{\pi m}{2}$。

内齿轮的结构尺寸特点：内齿轮的轮齿相当于外齿轮的齿槽，它的齿廓是内凹的，齿顶圆在分度圆之内，且大于基圆，齿根圆在分度圆之外。

3．一对渐开线齿轮啮合传动

1）一对渐开线齿轮能实现定传动比传动

$$i_{12} = \dfrac{\omega_1}{\omega_2} = \dfrac{r_2'}{r_1'} = \dfrac{r_{b2}}{r_{b1}} = \text{const}$$

在安装中心距 a' 有所变化时，其传动比仍保持不变，这一特性称为传动的可分性。

2）节圆和节圆压力角 α'

一对渐开线齿轮啮合传动时相互做纯滚动的两个圆即节圆，根据其形成过程（与节点 P 有关）可知只有一对相互啮合的齿轮才存在节圆，单个齿轮因为不存在节点 P，所以也就不存在节圆。两个齿轮的传动中心距 a' 恒等于两个节圆的半径之和，即 $a'=r_1'+r_2'$。

渐开线齿廓上与节圆相交处的压力角为节圆压力角 α'。一对相互啮合的渐开线齿轮的节圆压力角相等，即 $\alpha_1'=\alpha_2'=\alpha'$。

3）啮合线和啮合角 α'

一对渐开线齿轮在齿廓上某一点接触，过接触点作这对齿廓的公法线，其必与两个齿轮的基圆相切（两个基圆的内公切线），切点为 N_1、N_2，N_1N_2 即理论啮合线，它就是一对渐开线齿轮啮合传动时啮合点的运动轨迹。在不计齿廓之间的摩擦时，齿廓之间的相互作用力亦沿此线，即相互作用力始终切于基圆（渐开线齿轮平稳传动的原因所在）。作两个齿轮的齿顶圆，使之与理论啮合线 N_1N_2 相交，得两个交点 B_1 和 B_2，B_1B_2 为一对渐开线齿轮啮合传动时，啮合点在理论啮合线上实际走过的轨迹，称 B_1B_2 为实际啮合线。

啮合角为啮合线与两齿轮节圆的公切线之间所夹的锐角，其大小等于两个齿轮节圆的压力角，符号亦为 α'，注意两者定义不同，啮合角的大小反映了啮合线的倾斜程度。

4）正确啮合条件

一对齿轮只有法向齿距相等才能正确啮合，而法向齿距恒等于基圆齿距 p_b（$p_b=\pi m\cos\alpha$），所以一对渐开线齿轮的正确啮合条件为 $p_{b1}=p_{b2}=p_b$。因为模数 m 和压力角 α 均已标准化，所以一对渐开线齿轮正确啮合的条件为两个齿轮分度圆上的模数和压力角分别相等，且均为标准值，即 $m_1=m_2=m$，$\alpha_1=\alpha_2=\alpha$。

5）无齿侧间隙啮合条件

一对齿轮作无齿侧间隙啮合的条件：一个齿轮在节圆上的齿厚等于另一个齿轮在节圆上的槽宽，即 $s_1'=e_2'$ 或 $s_2'=e_1'$。这样可保证一对齿轮能无冲击地双向转动。

一对标准齿轮做无齿侧间隙啮合传动时，它们的节圆恰好与分度圆重合，即 $r_1'=r_1$，$r_2'=r_2$，这时传动中心距 a' 等于标准中心距 a，即 $a'=a=r_1+r_2=\frac{1}{2}m(z_1+z_2)$。啮合角 α' 等于分度圆压力角 α，即 $\alpha'=\alpha$。此时顶隙为标准值 c^*m。

由于渐开线齿轮传动具有可分性，当其传动中心距 a' 大于标准中心距 a，即 $a'>a$ 时，这时这对齿轮是有齿侧间隙啮合的，此时节圆不再与分度圆重合，因分度圆的大小保持不变，所以两个齿轮的节圆大于其分度圆，即 $r_1'>r_1$，$r_2'>r_2$，啮合角 α' 大于分度圆压力角 α，即 $\alpha'>\alpha$，顶隙大于标准值 c^*m，传动中心距 a' 与啮合角 α' 的关系为 $a'\cos\alpha'=a\cos\alpha$。

6）连续传动条件

实际啮合线 B_1B_2 与基圆齿距 p_b 之比，称为齿轮传动的重合度 ε_α。要保证一对齿轮能够连续传动，必须保证重合度 ε_α 大于或等于 1，即 $\varepsilon_\alpha=\dfrac{\overline{B_1B_2}}{p_b}\geqslant 1$。在实际应用中，要求 ε_α 值大于或至少等于一定的许用值 $[\varepsilon_\alpha]$，即 $\varepsilon_\alpha\geqslant[\varepsilon_\alpha]$。

重合度的大小实质上反映了同时参与啮合的轮齿对数的平均值。重合度大意味着同时参与啮合的轮齿对数多，因而齿轮传动平稳、承载能力高，$\varepsilon_\alpha=\dfrac{\overline{B_1B_2}}{p_b}$ 为其概念式，其大小计算式为

$$\varepsilon_\alpha=\frac{1}{2\pi}[z_1(\tan\alpha_{a1}-\tan\alpha')+z_2(\tan\alpha_{a2}-\tan\alpha')]$$

重合度 ε_α 的计算式表明，ε_α 与模数 m 无直接关系，只与齿数 z、齿顶圆压力角 α_a 及啮

合角 α' 有关。z 增大，ε_α 略有增大。α_a 由齿顶圆半径 r_a 决定，r_a 增大，α_a 增大，ε_α 增大。α' 由传动中心距 a' 决定，a' 增大，α' 增大，ε_α 显著减小。

7）齿轮齿条传动

由于齿条的渐开线齿廓为直线，这使得其啮合传动的一些特点是一对齿轮传动所没有的。齿轮齿条传动，不论其是标准安装的（此时齿轮的分度圆与齿条分度线相切），还是非标准安装的［此时齿轮的分度圆与另一条平行于齿条分度线的直线（齿条节线）相切］，其啮合传动总具有以下两个重要特点。

（1）齿轮的节圆恒与其分度圆重合，即 $r \equiv r'$；

（2）啮合角 α' 恒等于齿轮分度圆压力角 α，即 $\alpha' \equiv \alpha$。

4．齿轮加工

1）加工原理

齿轮加工的切制法有仿形法和范成法两类。仿形法采用的成型铣刀的刀刃形状与被切齿轮的齿槽形状相同，一般按被加工齿轮的模数 m，压力角 α 及齿数 z 来选择型铣刀刀号，在普通铣床上加工。范成法则采用齿轮插刀（或齿条插刀）和齿轮滚刀分别在插齿机和滚齿机上加工，一般其刀具仅需按被切齿轮的模数 m 及压力角 α 来选择。

2）加工刀具

用齿条型刀具范成加工齿轮的过程相当于一对齿条与齿轮的无齿侧间隙的啮合传动。齿条型刀具与传动用的齿条在几何尺寸上的差别仅在于刀顶线比齿顶线高出了 c^*m，前者用于被切齿轮顶隙的一段齿廓曲线的加工。

3）齿轮根切

在用范成法加工齿轮时，当刀具的齿顶线（注意不是刀顶线）超过了被切齿轮的极限啮合点 N_1 时，则刀具的齿顶部分会将被切齿轮齿根部分已经范成加工出来的渐开线齿廓切去一部分，这种现象叫根切。

为避免产生根切，刀具的齿顶线应移至极限啮合点 N_1 上或 N_1 点以下。由此可得，当加工标准齿轮时，其不发生根切的最少齿数为

$$z_{\min} = \frac{2h_a^*}{\sin^2\alpha}$$

当 $h_a^* = 1$，$\alpha = 20°$ 时，$z_{\min} \approx 17$。

5．变位齿轮

1）齿轮变位的原理

由齿轮齿条啮合传动的特点可知，用齿条型刀具范成加工齿轮时，被切齿轮的分度圆总是节圆，而刀具上与齿轮分度圆相切对滚的直线则为刀具节线（机床节线）。刀具节线与刀具中线可能重合，也可能分离，相距 xm（变位量），这里 x 为被加工齿轮的变位系数。当刀具中线与齿轮分度圆相切时，加工出来的是标准齿轮（$x=0$）；当刀具中线与齿轮分度圆分离时，加工出来的是正变位齿轮（$x>0$）；当刀具中线与齿轮分度圆相交时，加工出来的是负变位齿轮（$x<0$）。

齿轮的变位修正最初是为了解决标准齿轮的根切问题（$z<z_{\min}$）而提出的。变位齿轮的

出现，除能解决根切问题外，还带来了标准齿轮所不具备的许多优点，其优点主要有配凑中心距、改善传动性能、缩小传动机构的尺寸，所以变位齿轮得到了日益广泛的应用。

2）最小变位系数

当加工变位齿轮时（切制 $z < z_{\min}$ 的齿轮时），由不产生根切的几何条件，可得其最小变位系数为

$$x_{\min} = \frac{h_a^*(z_{\min} - z)}{z_{\min}}$$

当 $h_a^* = 1$，$z_{\min} = 17$ 时，$x_{\min} = \frac{17 - z}{17}$。只要实际所取的变位系数 $x \geq x_{\min}$，就不会发生根切。

3）变位齿轮的几何尺寸

变位齿轮的 5 个基本参数（z、m、α、h_a^*、c^*）及相应的国家标准均与标准齿轮相同，因而其分度圆半径 r、基圆半径 r_b 和全齿高 h 的计算公式均与标准齿轮相同。但由于变位系数 x 的引入，使分度圆齿厚 s、齿顶圆半径 r_a 及齿根圆半径 r_f 等发生了变化，$s = m\left(\dfrac{\pi}{2} + 2x\tan\alpha\right)$，$r_a = m\left(\dfrac{z}{2} + h_a^* + x\right)$，$r_f = m\left(\dfrac{z}{2} - h_a^* - c^* + x\right)$。

4）变位齿轮传动

变位齿轮传动无论采用标准中心距安装还是非标准中心距安装，均能满足无齿侧间隙和标准顶隙的要求，但这时齿轮的全齿高不一定再为标准尺寸了，因为当两个齿轮无齿侧间隙啮合时，其安装中心距 $a' = a + ym$，其中 y 为两轮中心距变动系数。如果按标准顶隙安装，其安装中心距 $a'' = a + (x_1 + x_2)m$，由于 $x_1 + x_2 \neq y$，因此这两个要求不能同时满足。为此，采取两个齿轮按无齿侧间隙中心距 a' 来安装，同时将两个齿轮的齿顶减短 Δym 量，以满足标准顶隙要求，其中 Δy 称为齿顶高降低系数，且 $\Delta y = (x_1 + x_2) - y$，因总是有 $x_1 + x_2 > y$，即 $\Delta y > 0$，故齿轮齿顶总是降低。因此，一对变位齿轮传动的中心距为 a'，可先由无齿侧间隙啮合方程式确定啮合角 α'，即

$$\mathrm{inv}\,\alpha' = \mathrm{inv}\,\alpha + \frac{2(x_1 + x_2)}{z_1 + z_2}\tan\alpha$$

然后再由 $a'\cos\alpha' = a\cos\alpha$ 求得 a'。

变位齿轮传动可根据两个齿轮的变位系数和 $x_1 + x_2$ 分为 3 类。

（1）零传动（$x_1 + x_2 = 0$），这种类型又可分为标准齿轮传动（$x_1 = x_2 = 0$）和等变位齿轮传动（$x_1 = -x_2 \neq 0$）；

（2）正传动（$x_1 + x_2 > 0$）；

（3）负传动（$x_1 + x_2 < 0$）。

（二）平行轴斜齿圆柱齿轮机构

1. 基本参数和几何尺寸

平行轴斜齿圆柱齿轮（简称斜齿轮）轮齿的齿向是倾斜的，它的齿廓曲面是渐开螺旋面。

由于此特点，在斜齿轮的基本参数中，除前述的 5 个基本参数（z、m、α、h_a^*、c^*）外，还多了一个分度圆柱面上的螺旋角 β，且基本参数在端面和法面中不相同。端面参数（m_t、α_t、h_{at}^*、c_t^*）主要用于斜齿轮的几何尺寸计算，它们都不是标准值。法面参数（m_n、α_n、h_{an}^*、c_n^*）均为标准值，在选择斜齿轮的加工刀具和强度计算时，应选择法面参数。

斜齿轮传动的标准中心距为

$$a = \frac{1}{2}(d_1 + d_2) = \frac{m_t}{2}(z_1 + z_2) = \frac{m_n}{2\cos\beta}(z_1 + z_2)$$

此式表明，可在一定范围内用改变螺旋角 β 的办法来配凑中心距，而不一定用变位的方法。

2．正确啮合条件

一对斜齿轮的正确啮合条件为两个齿轮的法面模数及法面压力角应分别相等，即 $m_{n1} = m_{n2} = m_n$，$\alpha_{n1} = \alpha_{n2} = \alpha_n$，同时还应保证两个齿轮在啮合点的轮齿倾斜方向一致，这就要求对于外啮合，螺旋角 β 应相等，但旋向相反；对于内啮合，螺旋角 β 应相等，且旋向相同，即 $\beta_1 = -\beta_2$（外啮合），$\beta_1 = \beta_2$（内啮合）。

3．斜齿轮传动的重合度

斜齿轮传动的总重合度 ε_γ 为端面重合度 ε_α 与轴向重合度（又称纵向重合度）ε_β 两部分之和，即

$$\varepsilon_\gamma = \varepsilon_\alpha + \varepsilon_\beta$$

其中，ε_α 可将斜齿轮端面参数代入直齿轮重合度计算公式进行计算，其值小于 1.981；ε_β 可按 $\varepsilon_\beta = \dfrac{b\sin\beta}{\pi m_n}$ 进行计算，当齿宽 b 或螺旋角 β 较大时，ε_β 值可较大，从而使得 ε_γ 值较大。所以斜齿轮传动的平稳性和承载能力都较高，适用于高速、重载的传动。

4．当量齿轮和当量齿数

当用仿形法加工斜齿轮时，其刀具刀刃的形状应与斜齿轮的法面齿形相对应，在计算斜齿轮轮齿的弯曲疲劳强度时，是按其法面齿形来计算的。因此，需要找出一个与斜齿轮法面齿形相当的直齿轮，这个虚拟的直齿轮称为该斜齿轮的当量齿轮，其齿数 $z_v = \dfrac{z}{\cos^3\beta}$ 为当量齿数，其值往往不是整数，也不需要圆整。

（三）蜗杆传动机构

1．正确啮合条件

过蜗杆的轴线作一个平面垂直于蜗轮的轴线，此平面称为蜗杆传动的中间平面。在此平面内蜗轮与蜗杆的啮合就相当于齿轮与齿条的啮合。因此，蜗杆传动的正确啮合条件是蜗轮的端面模数 m_{t2} 等于蜗杆的轴面模数 m_{x1}，蜗轮的端面压力角 α_{t2} 等于蜗杆的轴面压力角 α_{x1}，且均取标准值，即 $m_{t2} = m_{x1} = m$，$\alpha_{t2} = \alpha_{x1} = \alpha$，同时蜗轮与蜗杆的旋向必须相同。

2. 主要参数和几何尺寸

蜗杆传动的主要参数有齿数 $z(z_1、z_2)$、模数 m、压力角 α、导程角 γ、蜗杆分度圆直径 d_1、蜗杆直径系数 q。蜗杆齿数（头数）z_1 推荐取 1、2、4、6，当要求具有大传动比或反行程自锁时，常取 $z_1=1$；当要求具有较高传动效率或传动速度时，z_1 应取大值。蜗杆模数系列不同于齿轮模数系列。最普通的阿基米德蜗杆的压力角 $\alpha = 20°$。蜗杆的导程角 $\gamma_1 = \arctan\dfrac{mz_1}{d_1}$，$\gamma_1$ 越大，传动效率越高，当 $\gamma_1 <$ 啮合轮齿间的当量摩擦角 φ_v 时，反行程自锁。蜗杆分度圆直径 d_1 已标准化，且与其模数相匹配，$\dfrac{d_1}{m} = q$，称 q 为蜗杆的直径系数。中心距 $a = \dfrac{1}{2}(d_1 + d_2) = \dfrac{m}{2}(q + z_2)$。

（四）圆锥齿轮机构

1. 当量齿轮

圆锥齿轮的齿廓曲线为球面渐开线。由于球面渐开线不能展成平面曲线，为了设计和制造方便，需要找出一个与圆锥齿轮的齿形相当的直齿轮。为此用与分度圆锥母线相垂直的背锥面上的齿形来近似地代替球面上的齿形，然后再将背锥展成平面所得到的扇形齿轮补足成完整的直齿圆柱齿轮。经过这样两次近似所得到的虚拟的直齿圆柱齿轮即圆锥齿轮的当量齿轮，其齿数 $z_v = \dfrac{z}{\cos\delta}$，为当量齿数。有了当量齿数 z_v，在用仿形法加工直齿圆锥齿轮时，可据此来选择铣刀的型号，在进行轮齿的弯曲疲劳强度计算时，可据此来确定齿形系数。圆锥齿轮传动的重合度即其当量齿轮传动的重合度，故可用当量齿轮的参数并按直齿轮重合度公式来计算它。

2. 正确啮合条件

一对直齿圆锥齿轮的啮合传动就相当于一对当量齿轮的啮合传动。因此，一对直齿圆锥齿轮的正确啮合条件为两个齿轮大端模数 m 和压力角 α 分别相等，且均为标准值。

三、典型例题

【例 8-1】图 8-1 所示为一个无齿侧间隙啮合的标准渐开线齿轮与齿条传动，由齿轮驱动齿条，试在图上做出：（1）理论啮合线和实际啮合线；（2）齿轮节圆和分度圆、齿条节线和分度线，以及啮合角；（3）从图上量取有关长度，计算重合度。

解：

（1）确定理论啮合线和实际啮合线。

根据齿廓啮合基本定律及渐开线齿轮的齿廓形成原理，渐开线齿轮的理论啮合线 N_1N_2 应为垂直于齿条

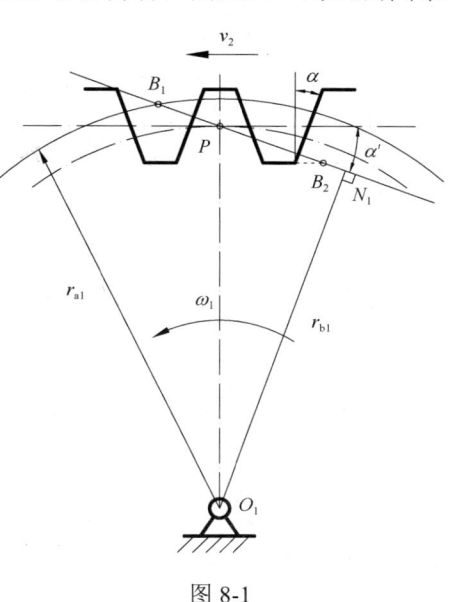

图 8-1

齿廓和齿轮齿廓（切于齿轮基圆）的直线，又由齿轮为主动构件且逆时针转动可知：齿条的工作齿廓为右侧齿廓而齿轮的工作齿廓为左侧齿廓，齿条、齿轮工作齿廓的公垂线便为理论啮合线 N_1N_2，极限啮合点 N_1 为 N_1N_2 与齿轮基圆的切点，点 N_2 在无穷远处。

齿轮齿顶圆与理论啮合线的交点为 B_1，齿条齿顶线与理论啮合线的交点为 B_2，则 B_1B_2 为实际啮合线。

（2）确定齿轮节圆和分度圆、齿条节线和分度线，以及啮合角。

过齿轮回转中心 O_1 作齿条分度线的垂线，该垂线与啮合线的交点即节点 P，以 O_1 为圆心，$\overline{O_1P}$ 为半径所作的圆为齿轮的节圆。过点 P 作齿条分度线的平行线即齿条的节线。由于此题中的齿轮、齿条传动为标准渐开线齿轮与齿条的无齿侧间隙啮合传动，因此齿轮节圆与其分度圆重合，齿条节线与其分度线重合，啮合角 α' 等于齿轮分度圆压力角，也等于齿条的齿形角。

（3）确定重合度。

由图上量得 $\overline{B_1B_2} = 23$mm，$p_b = 15$mm，则重合度 ε_α 为 $\varepsilon_\alpha = \dfrac{\overline{B_1B_2}}{p_b} = \dfrac{23}{15} = 1.53$。

【例 8-2】已知一对标准外啮合直齿圆柱齿轮传动，$\alpha = 20°$，$m = 5$mm，$z_1 = 19$，$z_2 = 42$，试求该传动的实际啮合线 B_1B_2 的长度及重合度 ε_α，并绘出单齿及双齿啮合区。如果将其中心距 a 加大直到刚好能连续传动（$\varepsilon_\alpha = 1$），试求此种情况下传动的啮合角 α'、中心距 a'、两个齿轮节圆半径 r_1' 及 r_2'、顶隙 c' 及周向侧隙 c_n'。

解：（1）确定实际啮合线 B_1B_2 的长度及重合度 ε_α。

$$\alpha_{a1} = \arccos \frac{z_1 \cos\alpha}{z_1 + 2h_a^*} = \arccos \frac{19\cos 20°}{19 + 2\times 1} \approx 31°46'$$

$$\alpha_{a2} = \arccos \frac{z_2 \cos\alpha}{z_2 + 2h_a^*} = \arccos \frac{42\cos 20°}{42 + 2\times 1} \approx 26°14'$$

$$\overline{B_1B_2} = \frac{m}{2}\cos\alpha[z_1(\tan\alpha_{a1} - \tan\alpha) + z_2(\tan\alpha_{a2} - \tan\alpha)]$$

$$= \frac{5}{2}\cos 20°[19(\tan 31°46' - \tan 20°) + 42(\tan 26°14' - \tan 20°)] \approx 24.103\text{mm}$$

$$\varepsilon_\alpha = \overline{B_1B_2}/\pi m \cos\alpha = 24.103/(5\pi\cos 20°) \approx 1.63$$

单齿啮合区及双齿啮合区如图 8-2 所示。

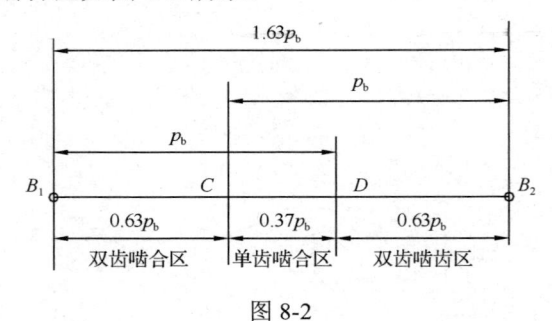

图 8-2

（2）确定各尺寸参数。

当刚好能连续传动时，

$$\varepsilon_\alpha = \frac{1}{2\pi}[z_1(\tan\alpha_{a1} - \tan\alpha') + z_2(\tan\alpha_{a2} - \tan\alpha')] = 1$$

得

$$\alpha' = \arctan[(z_1\tan\alpha_{a1} + z_2\tan\alpha_{a2} - 2\pi)/(z_1 + z_2)]$$
$$= \arctan[(19\tan31°46' + 42\tan26°14' - 2\pi)/(19+42)] \approx 23.229°$$
$$a' = a\cos\alpha/\cos\alpha' = m(z_1+z_2)\cos\alpha/(2\cos\alpha')$$
$$= 5(19+42)\cos20°/(2\cos23.229°) \approx 155.945\text{mm}$$
$$r_1' = r_1\cos\alpha/\cos\alpha' = mz_1\cos\alpha/(2\cos\alpha') = 5\times19\cos20°/(2\cos23.229°) \approx 48.573\text{mm}$$
$$r_2' = a' - r_1' = 155.945 - 48.573 = 107.372\text{mm}$$
$$c' = a' - a + c = 155.945 - 152.5 + 0.25\times5 = 4.695\text{mm}$$
$$c_n' = p' - (s_1' + s_2') = 2a'(\text{inv}\alpha' - \text{inv}\alpha)$$
$$= 2\times155.945(\text{inv}23.229° - \text{inv}20°) = 2.767\text{mm}$$

【例 8-3】 用标准齿条型刀具（$m=5\text{mm}$，$\alpha'=20°$，$h_a^*=1$，$c^*=0.25$）切制的一对渐开线标准直齿圆柱齿轮 $z_1=20$，$z_2=80$，安装中心距 $a'=255\text{mm}$，试求：（1）小齿轮实际齿面上的最大曲率半径；（2）大齿轮实际齿面上的最小压力角；（3）实际啮合线长度及重合度。

解：

绘制齿轮啮合原理图，如图 8-3 所示。

（1）确定小齿轮实际齿面上的最大曲率半径。

两个齿轮齿顶圆半径为

$$r_{a1} = r_1 + h_a^*m = \frac{mz_1}{2} + h_a^*m = \frac{5\times20}{2} + 1\times5 = 55\text{mm}$$

$$r_{a2} = r_2 + h_a^*m = \frac{mz_2}{2} + h_a^*m = \frac{5\times80}{2} + 1\times5 = 205\text{mm}$$

两个齿轮的齿顶圆压力角为

$$\cos\alpha_{a1} = \frac{r_1\cos\alpha}{r_{a1}} = \frac{50\cos20°}{55} \approx 0.8543, \quad \alpha_{a1} \approx 31.321°$$

$$\cos\alpha_{a2} = \frac{r_2\cos\alpha}{r_{a2}} = \frac{200\cos20°}{205} \approx 0.9168, \quad \alpha_{a2} \approx 23.541°$$

小齿轮实际齿面上的最大曲率半径位于齿顶，由图 8-3 可知：

$$\rho_{a1} = B_1N_1 = r_{a1}\sin\alpha_{a1} = 55\sin31.321° \approx 28.59\text{mm}$$

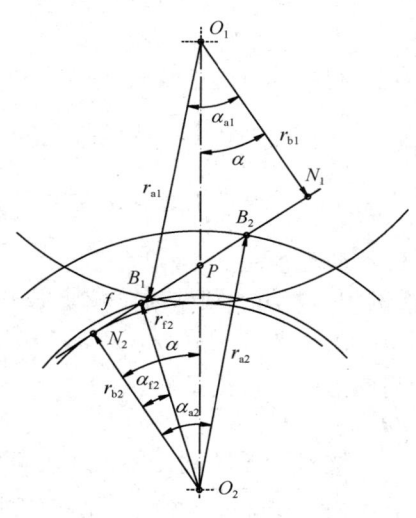

图 8-3

（2）确定大齿轮实际齿面上的最小压力角。

大齿轮齿根圆半径为

$$r_{f2} = r_2 - h_a^*m - c^*m = 200 - 1\times5 - 0.25\times5 = 193.75\text{mm}$$

大齿轮基圆半径为

$$r_{b2} = r_2\cos\alpha = 200\cos20° \approx 187.94\text{mm}$$

由于 $r_{f2} > r_{b2}$，因此齿根圆是渐开线齿廓的起始点（不考虑齿根部分的过渡曲线），它具有最小压力角 $(\alpha_{f2})_{\min}$，如图 8-3 所示。由图可知：

$$\cos(\alpha_{f2})_{\min} = \frac{r_{b2}}{r_{f2}} = \frac{r_2\cos\alpha}{r_{f2}} = \frac{200\cos20°}{193.75} \approx 0.97, \quad (\alpha_{f2})_{\min} \approx 14.07°$$

（3）确定实际啮合线长度及重合度。
标准中心距为
$$a = \frac{m}{2}(z_1 + z_2) = \frac{5}{2}(20+80) = 250\text{mm}$$

安装中心距 $a' = 255$mm 时的啮合角为
$$\alpha' = \arccos\left(\frac{a}{a'}\cos\alpha\right) = \arccos\left(\frac{250}{255}\cos 20°\right) \approx 22.888°$$

由图 8-3 可知：
$$\overline{B_1B_2} = \overline{N_1N_2} - \overline{B_2N_1} - \overline{B_1N_2}$$

式中，$\overline{N_1N_2} = a'\sin\alpha' = 255\sin 22.888° \approx 99.177\text{mm}$，

$\overline{B_2N_1} = \overline{N_1N_2} - \overline{N_2B_2} = \overline{N_1N_2} - r_{a2}\sin\alpha_{a2} = 99.177 - 205\sin 23.541° \approx 17.299\text{mm}$，

$\overline{B_1N_2} = \overline{N_1N_2} - \overline{N_1B_1} = \overline{N_1N_2} - r_{a1}\sin\alpha_{a1} = 99.177 - 55\sin 31.321° \approx 70.586\text{mm}$。

则 $\overline{B_1B_2} = 99.177 - 17.299 - 70.586 = 11.292\text{mm}$。

重合度 ε_α 为
$$\varepsilon_\alpha = \frac{\overline{B_1B_2}}{\pi m\cos\alpha} = \frac{11.292}{5\pi\cos 20°} \approx 0.765$$

或者利用重合度计算式，得
$$\varepsilon_\alpha = \frac{1}{2\pi}[z_1(\tan\alpha_{a1} - \tan\alpha') + z_2(\tan\alpha_{a2} - \tan\alpha')]$$
$$= \frac{1}{2\pi}[20(\tan 31.321° - \tan 22.888°) + 80(\tan 23.541° - \tan 22.888°)] \approx 0.765$$

两种求法结果相同。

【例 8-4】 闭式圆柱齿轮减速器中一对正常直齿圆柱齿轮的齿数分别为 $z_1 = 25$，$z_2 = 38$，模数 $m = 4$mm，压力角 $\alpha = 20°$，安装中心距 $a' = 130$mm，试确定这对齿轮传动的基本参数并说明应当检验什么条件。

解：
这对齿轮传动的标准中心距 $a = m(z_1 + z_2)/2 = 126$mm，可见安装中心距与标准中心距不等，由于 $a' > a$，故应采用正传动配凑中心距，具体解题步骤如下。

（1）确定安装中心距 a' 时的啮合角 α'。
由 $a'\cos\alpha' = a\cos\alpha$，有
$$\alpha' = \arccos\frac{a\cos\alpha}{a'} \approx 24.387°$$

（2）确定 $x_1 + x_2$。
由无齿侧间隙啮合方程式 $\text{inv}\alpha' = \text{inv}\alpha + 2\dfrac{x_1+x_2}{z_1+z_2}\tan\alpha$，有
$$x_1 + x_2 = 1.1085$$

式中，$\text{inv}\alpha' = 0.027712$，$\text{inv}\alpha = 0.014904$ 在渐开线函数表中可查出。

（3）分配 x_1、x_2。
由于 z_1、z_2 均大于最小根切齿数 17，故可简单地取为
$$x_1 = x_2 = (x_1 + x_2)/2 = 0.5542$$

若还有其他特殊要求时，x_1、x_2 的分配还可参考有关资料。

这对齿轮的基本参数为 $z_1=25$，$z_2=38$，$m=4$mm，$\alpha=20°$，$h_a^*=1$，$c^*=0.25$，$x_1=0.5542$，$x_2=0.5542$。

由于是正传动，一般应检验
$$\varepsilon_\alpha \geq [\varepsilon_\alpha]，\quad s_{a1}>0.25m，\quad s_{a2}>0.25m$$

式中，m 为齿轮的模数。

【例 8-5】在某牛头刨床中，有一对外啮合渐开线直齿圆柱齿轮，已知 $z_1=17$，$z_2=118$，$m=5$mm，$\alpha=20°$，$h_a^*=1$，$a'=337.5$mm。现发现小齿轮已严重磨损，拟将其报废。大齿轮磨损较轻，沿齿厚方向的磨损量为 0.75mm，拟修复使用，并要求新设计的小齿轮的齿顶厚尽可能大些，问应如何设计这对齿轮？

解：

原齿轮传动为标准齿轮传动。小齿轮报废，大齿轮在齿厚方向上已磨损掉 0.75mm，则若要修复大齿轮，只有将大齿轮加工成负变位齿轮（负变位齿轮的齿厚较标准齿轮齿厚要小）。其变位系数应按照 $2x_2 m \tan\alpha \leq -0.75$ 进行选择确定，由于原齿轮传动中心距为标准中心距，故为保证原安装中心距，小齿轮应进行正变位，其变位系数 $x_1=-x_2$，从而大小齿轮组成等变位齿轮传动，其中心距等于标准中心距。又因 $z_1+z_2=17+118>2z_{\min}=34$，可知这样的变位方案是可行的。

（1）确定大齿轮的变位系数 x_2。

由 $2x_2 m \tan\alpha \leq -0.75$，有
$$x_2 \leq -0.206$$

（2）确定小齿轮的变位系数 x_1。

显然 $x_1=-x_2$，由于小齿轮为正变位，正变位系数越大，齿轮的齿顶厚就越小，故按题意要求，x_1 要尽量小，才能保证齿顶厚尽量大，所以选 $x_2=-0.21$，$x_1=0.21$。

（3）确定重合度 ε_α。
$$\varepsilon_\alpha = \frac{1}{2\pi}[z_1(\tan\alpha_{a1}-\tan\alpha')+z_2(\tan\alpha_{a2}-\tan\alpha')] \approx 1.63$$

式中，$\alpha_{a1}=\arccos\dfrac{r_{b1}}{r_{a1}} \approx 34.65°$，$\alpha_{a2}=\arccos\dfrac{r_{b2}}{r_{a2}} \approx 21.99°$，$\alpha'=20°$。验算后满足要求。

四、复习思考题

1．实现定传动比的共轭齿廓有多少种？若一条齿廓曲线是渐开线，与其共轭的齿廓曲线是什么？有无可能是直线？渐开线齿轮传动有什么优点？

2．渐开线的形状因何而异？一对相互啮合的渐开线齿轮，若其齿数不同，其齿形是否相同？若两个齿轮分度圆及压力角均相同，但模数不同，它们的齿形是否相同？而若两个齿轮的模数相同，齿数相同，但压力角不同，它们的齿形是否相同？

3．在证明一对渐开线齿廓能够做定传动比传动时，用到了渐开线的哪些性质？

4．凸轮机构的压力角、连杆机构的压力角与齿轮机构的压力角的定义相同吗？

5．判断以下论断的正误。

(1) 具有标准模数和标准压力角的圆是分度圆。
(2) 齿厚等于齿槽宽的圆是分度圆。
(3) 一个齿轮的节圆总是与其分度圆重合的。

6. 变位齿轮可用标准刀具用范成法加工出来，是否也可以用标准刀具用仿形法加工出来？

7. 用成形铣刀加工 $z=13$，$\alpha=20°$ 的正常齿的齿轮会根切吗？

8. 如果已知实际啮合线长度为 60mm，重合度 $\varepsilon_\alpha=1.2$，则单齿啮合区和双齿啮合区的长度各为多少？

9. 若按 $a=\frac{1}{2}m(z_1+z_2)+(x_1+x_2)m$ 为中心距安装一对直齿变位圆柱齿轮时，其齿侧间隙在哪些类型传动中为零，在哪些类型传动中不为零？

10. 正传动与正变位、负传动与负变位有何区别？

11. 用箭头表示变位齿轮的下列参数相对于标准齿轮的变化。↑箭头表示增大，↓箭头表示减小，如表 8-2 所示。

表 8-2 变位齿轮参数的变化

齿轮类型	d	d_b	p	p_b	h_a	h_f	s	e	d_a	d_f
正变位齿轮										
负变位齿轮										

12. 有人说：齿轮与齿条啮合时，不论两者是做无齿侧间隙啮合还是做有齿侧间隙啮合，齿轮的分度圆永远是节圆。这句话对不对？为什么？

13. 对于 $x_1+x_2\neq 0$ 的一对变位齿轮，齿顶降低的目的是什么？

14. 简述与标准齿轮传动相比等变位齿轮传动有哪些主要的优点。

15. 试列举正传动的主要优点。

16. 在什么情况下采用负传动？负传动有何优缺点？

17. 蜗轮蜗杆变位后，蜗轮的分度圆与节圆仍然重合吗？蜗杆的分度圆与节圆仍然重合吗？为什么？

18. 蜗杆头数一般为多少？对传动有何影响？

19. 斜齿轮的当量齿轮有什么意义？当量齿数 z_v 有什么作用？

20. 直齿圆锥齿轮的当量齿轮有何用途？

21. 斜齿轮传动、蜗杆蜗轮传动及圆锥齿轮传动何处的参数取为标准值？

五、习题精解

（一）判断题

1. 一对外啮合的直齿圆柱标准齿轮，小轮的齿根厚度比大轮的齿根厚度大。（ ）
2. 一对直齿圆柱齿轮啮合传动，模数越大，重合度也越大。（ ）
3. 相互啮合的直齿圆柱齿轮的安装中心距加大时，其分度圆压力角随之加大。（ ）

4．根据渐开线性质，基圆之内没有渐开线，所以渐开线齿轮的齿根圆必须设计得比基圆大些。（ ）

5．在渐开线齿轮传动中，齿轮与齿条传动的啮合角始终与分度圆上的压力角相等。（ ）

6．用范成法切制渐开线直齿圆柱齿轮发生根切的原因是齿轮太小了，大的齿轮就不会根切。（ ）

7．因为渐开线齿轮传动具有轮心可分性，所以实际中心距稍大于两个齿轮分度圆半径之和，仍可满足一对标准齿轮的无侧隙啮合传动。（ ）

8．一对渐开线直齿圆柱齿轮在节点处啮合时的相对滑动速度大于在其他点啮合时的相对滑动速度。（ ）

9．重合度 ε_a=1.35 表示在转过一个基圆周节 p_b 的时间 T 内，35%的时间为一对齿啮合，其余65%的时间为两对齿啮合。（ ）

10．在所有渐开线直齿圆柱外齿轮中，在齿顶圆与齿根圆间的齿廓上任一点 K 均满足关系式 $r_K = r_b/\cos\alpha_K$。（ ）

11．一个渐开线标准直齿圆柱齿轮和一个变位直齿圆柱齿轮，若它们的模数和压力角分别相等，则它们能够正确啮合，而且它们的顶隙也是标准的。（ ）

12．齿数、模数分别对应相同的一对渐开线直齿圆柱齿轮传动和一对斜齿圆柱齿轮传动，后者的重合度比前者要大。（ ）

【答案】

（二）填空题

1．渐开线齿廓上 K 点的压力角应是_____所夹的锐角，齿廓上各点的压力角都不相等，在基圆上的压力角等于_____。

2．渐开线直齿圆柱齿轮正确啮合的条件是_____和_____。

3．为了使一对渐开线直齿圆柱齿轮能连续定传动比工作，应使实际啮合线段大于或等于_____。

4．一对渐开线直齿圆柱齿轮啮合传动时，两个齿轮的_____圆总是相切并相互做纯滚动的，而两个齿轮的中心距不一定总等于两个齿轮的_____圆半径之和。

5．齿轮分度圆是指_____的圆；节圆是指_____的圆。

6．渐开线上任意点的法线必定与基圆_____，直线齿廓的基圆半径为_____。

7．决定渐开线标准直齿圆柱齿轮尺寸的参数有_____。其中，参数_____是标准值。

8．齿廓啮合基本定律：互相啮合的一对齿廓，其角速度之比与_____成反比。如果要求两角速度之比为定值，那么这对齿廓在任何一点接触时，应使两条齿廓在接触点的公法线_____。

9. 当两个外啮合直齿圆柱标准齿轮啮合时，小齿轮轮齿根部的磨损要比大齿轮轮齿根部的磨损_____。

10. 渐开线直齿圆柱外齿轮齿廓上各点的压力角是不同的，它在_____上的压力角为零，在_____上的压力角最大；在_____上的压力角则取为标准值。

11. 一对渐开线直齿圆柱标准齿轮传动，当齿轮的模数 m 增大一倍时，其重合度_____，各齿轮的齿顶圆上的压力角 α_a_____，各齿轮的分度圆齿厚 s_____。

12. 一对渐开线标准直齿圆柱齿轮非正确安装时，节圆与分度圆不_____，分度圆的大小取决于_____，而节圆的大小取决于_____。

13. 在模数、齿数、压力角相同的情况下，正变位齿轮与标准齿轮相比较，下列参数的变化：齿厚_____；基圆半径_____；齿根高_____。而负变位齿轮与标准齿轮相比较，其_____圆及_____圆变小了，而_____圆及_____圆的大小则没有变。

14. 一对直齿圆柱齿轮的变位系数之和 $x_1 + x_2 > 0$ 时称为_____传动，$x_1 + x_2 < 0$ 时称为_____传动；一个齿轮的变位系数 $x > 0$ 称为____变位齿轮，$x < 0$ 称为____变位齿轮。

【答案】

（三）选择题

1．已知一个渐开线标准直齿圆柱齿轮的齿数 $z = 25$，齿顶高系数 $h_a^* = 1$，顶圆直径 $d_a = 135$mm，则其模数大小应为_____。
　（A）2mm；　　　（B）4mm；　　　（C）5mm；　　　（D）6mm。

2．齿轮的渐开线形状取决于它的_____直径。
　（A）齿顶圆；　　（B）分度圆；　　（C）基圆；　　　（D）齿根圆。

3．一对渐开线直齿圆柱齿轮的啮合线切于_____。
　（A）两个分度圆；（B）两个基圆；　（C）两个齿根圆。

4．渐开线齿轮齿条啮合时，其齿条相对齿轮做远离圆心的平移时，其啮合角_____。
　（A）加大；　　　（B）不变；　　　（C）减小。

5．当采用范成法切制渐开线齿轮时，齿轮根切的现象可能发生在_____的场合。
　（A）模数较大；　（B）模数较小；　（C）齿数较多；　（D）齿数较少。

6．渐开线齿轮的标准压力角可通过测量_____求得。
　（A）分度圆齿厚；（B）齿距；　　　（C）公法线长度。

7．一对渐开线齿轮啮合传动时，其中心距安装若有误差，_____。
　（A）仍能保证无齿侧隙连续传动；　　　（B）仍能保证瞬时传动比不变；
　（C）瞬时传动比虽有变化，但平均转速比仍不变。

8．一对渐开线齿轮啮合传动时，两条齿廓间_____。
　（A）保持纯滚动；　　　　　　　　　　（B）各处均有相对滑动；
　（C）除节点外各处均有相对滑动。

9．渐开线直齿圆柱齿轮中，齿距 p、法向齿距 p_n、基圆齿距 p_b 三者之间的关系为_____。
　（A）$p_b = p_n < p$；　（B）$p_b < p_n < p$；　（C）$p_b > p_n > p$；　（D）$p_b > p_n = p$。

10. 有一对外啮合渐开线直齿圆柱齿轮传动，已知 $m=4$mm，$z_1=20$，$z_2=26$，中心距为 94mm，则该对齿轮在无侧隙啮合时必为_____。
（A）标准齿轮传动；　　　　　　　　（B）等移距变位齿轮传动；
（C）角变位正传动；　　　　　　　　（D）角变位负传动。

11. 两个模数相同的正变位直齿圆柱齿轮，按无侧隙配对使用时，其中心距_____。
（A）$a' < a+(x_1+x_2)m$；　　　　　（B）$a' = a+(x_1+x_2)m$；
（C）$a' > a+(x_1+x_2)m$。

12. 一对无侧隙啮合传动的渐开线齿轮，若 $z_1=20$，$x_1>0$，$z_2=40$，$x_2<0$，且 $|x_1|>|x_2|$，模数 $m=2$mm，则两个齿轮中心距应该_____。
（A）等于 60mm；　　（B）大于 60mm；　　（C）无法判定。

【答案】

（四）分析与计算题

1. 齿轮啮合原理

【08401】图 8-4（a）所示为按 $\mu_l = 0.001$ m/mm 画出的一对直齿圆柱齿轮啮合原理图。试用作图法标出理论啮合线、实际啮合线、齿廓工作段，并在图上量取有关尺寸，求出该对齿轮传动的重合度 ε_α。

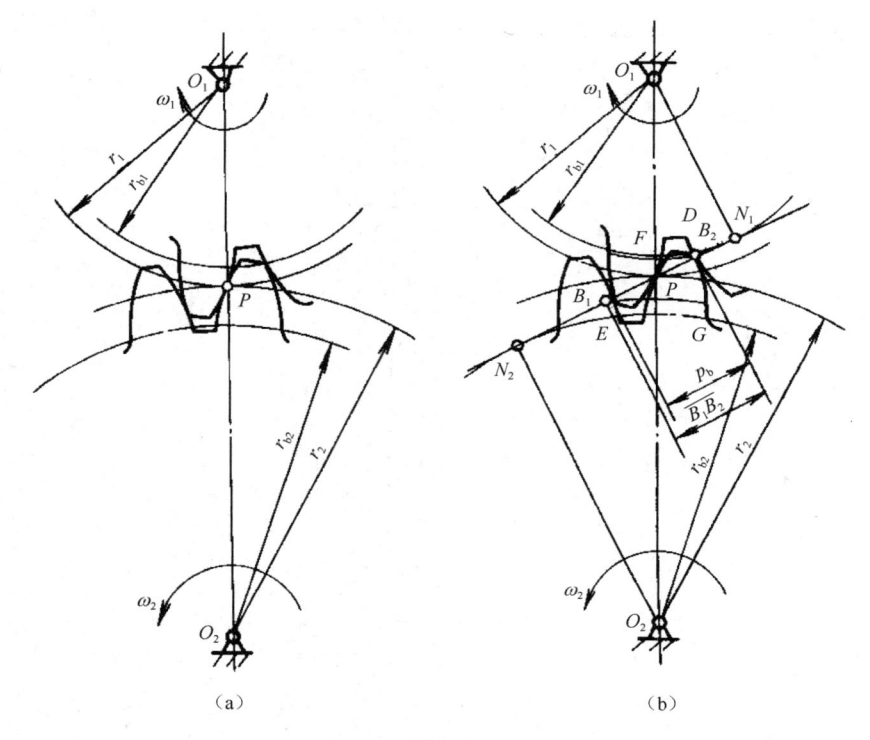

图 8-4

解:

如图 8-4（b）所示。

（1）线段 N_1N_2 为理论啮合线。

（2）线段 B_1B_2 为实际啮合线。

（3）齿轮 1 齿廓的 EF 段和齿轮 2 齿廓的 DG 段为齿廓工作段。

（4）由图上量得 $\overline{B_1B_2}=13.5\,\text{mm}$，$p_b=12\,\text{mm}$。

根据重合度的定义，得

$$\varepsilon_\alpha = \frac{\overline{B_1B_2}}{p_b} = \frac{13.5}{12} = 1.125$$

【08402】已知一根齿条如图 8-5（a）所示（$\mu_l=0.001\,\text{m/mm}$），其中，$t-t$ 为中线，P 为当其与齿轮啮合传动时的节点。

（1）画出与该齿条相啮合而不发生干涉（齿条为刀时，即根切）的渐开线标准齿轮（齿数最少）的基圆与分度圆；

（2）若齿轮为原动件，画出当齿轮沿 ω_1 方向回转时，其与该齿条的啮合线，标出实际啮合线 B_1B_2 和理论啮合线 N_1N_2；

（3）标出齿条在实线位置和虚线位置时，其齿廓上的啮合点 K 的位置。

解：

（1）r_1、r_{b1} 如图 8-5（b）所示。

（2）N_1N_2、B_1B_2 如图 8-5（b）所示。

（3）K、K' 如图 8-5（b）所示。

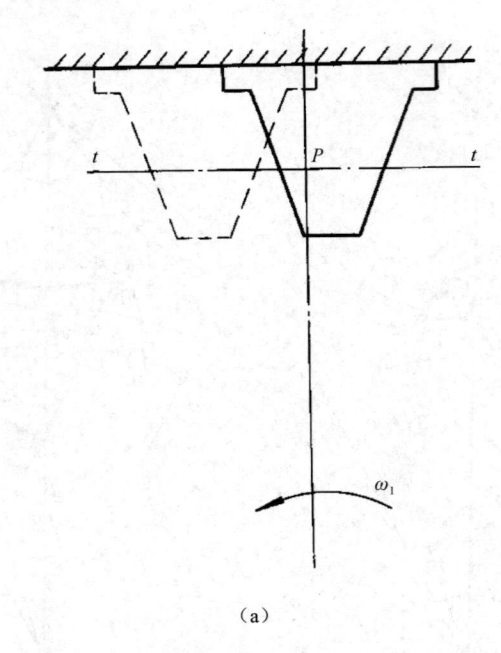

（a）

图 8-5

第 8 章 齿轮机构及其设计

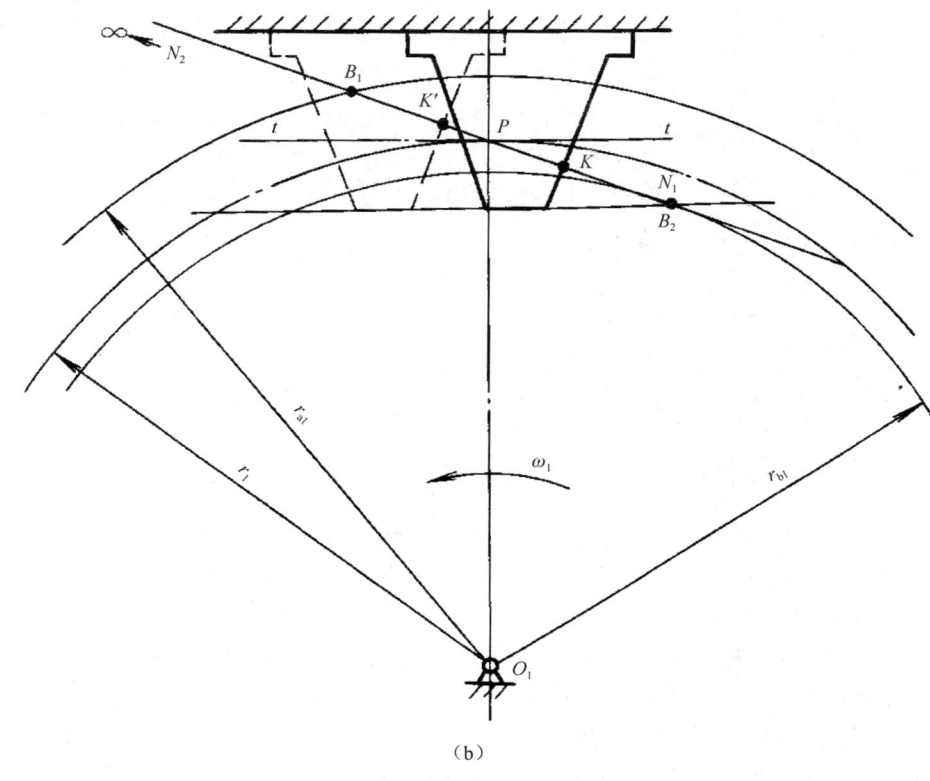

(b)

图 8-5（续）

2．齿轮加工

【08403】已知正在用滚刀加工的渐开线直齿圆柱标准齿轮的模数 $m = 2\,\text{mm}$，加工中测量的公法线长度为 $W'_k = 22.31\,\text{mm}$，其标准公法线长度应为 $W_k = 21.42\,\text{mm}$。试问还需要多大的径向进刀量才能完成加工？

解：

$W'_k - W_k = 2mx\sin\alpha$，$22.31 - 21.42 = 2mx\sin 20°$，得 $mx \approx 1.3\,\text{mm}$，还需要 $1.3\,\text{mm}$ 的进刀量。

【08404】现有两个直齿圆柱齿轮毛坯，A 齿轮的参数是 $z_A = 20$，$m = 5\,\text{mm}$，$\alpha = 20°$，$h_a^* = 1$，$c^* = 0.25$，$x_A = 0$；B 齿轮的参数是 $z_B = 20$，$m = 5\,\text{mm}$，$\alpha = 20°$，$h_a^* = 1$，$c^* = 0.25$，$x_B = 0.2$，用齿条型刀具加工这两个齿轮，试回答下列问题。

（1）加工时，刀具与轮坯之间的相对位置有何不同？相对运动关系是否一样？

（2）加工出来的 A、B 两个齿轮的齿廓形状和几何尺寸有何异同？

解：

（1）加工 B 齿轮时，刀具中线与齿轮中心距离比加工 A 齿轮时远 $x_B m = 0.2 \times 5 = 1\,\text{mm}$，两者相对运动关系相同。

（2）相同点为两个齿轮均为渐开线齿廓，两个齿轮齿廓曲线为同一基圆产生的渐开线，即

$$r_A = r_B, \quad \alpha_A = \alpha_B, \quad m_A = m_B, \quad p_A = p_B, \quad r_{bA} = r_{bB}$$

不同点为两个齿轮齿廓在同一渐开线上所占的位置不同，B 齿轮齿廓曲线所占的位置离基圆较远，弯曲度较小，即

$$r_{aB} > r_{aA}, \quad r_{fB} > r_{fA}, \quad e_A > e_B, \quad s_A > s_B, \quad h_{aA} 与 h_{aB} 不同，\quad h_{fA} 与 h_{fB} 不同$$

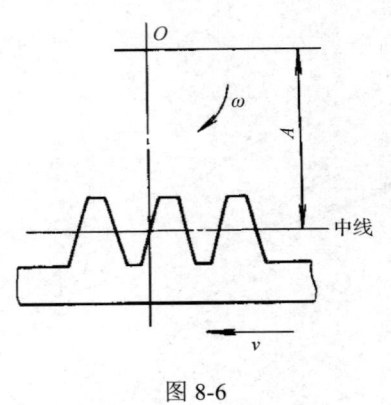

【08405】用齿条型刀具加工一个直齿圆柱齿轮，已知刀具的压力角 $\alpha = 20°$，$m = 20\text{mm}$，$h_a^* = 1$，$c^* = 0.25$，并已知加工时齿轮毛坯的角速度 $\omega = 0.01\,\text{rad/s}$，刀具移动速度 $v = 1.4\,\text{mm/s}$，齿轮中心到刀具中线的距离 $A = 142\,\text{mm}$。请问被加工齿轮的齿数 z 为多少？该齿轮是否根切？（注：切制原理如图 8-6 所示。）

解：

由 $v = \omega \times r = \omega \times \dfrac{mz}{2}$，得 $z = \dfrac{2v}{m\omega} = \dfrac{2 \times 1.4}{20 \times 0.01} = 14$，即齿轮齿数 $z = 14$。

由 $A = r + xm = \dfrac{mz}{2} + xm$，得 $x = 0.1$。

图 8-6

$x_{\min} = \dfrac{17-14}{17} \approx 0.17647 > x$，故该齿轮在加工时发生根切。

【08406】用齿条型刀具范成切制一个直齿圆柱外齿轮，已知齿数 $z = 90$，模数 $m = 2\,\text{mm}$。

（1）轮坯以 $\omega = 1/22.5\,\text{rad/s}$ 的角速度转动，在切制标准齿轮时，齿条刀中线相对轮坯中心 O 的距离 L 应等于多少？此时齿条刀移动速度 v_d 应等于多少？

（2）若齿条型刀具相对于轮坯的位置和移动速度都不变，而轮坯的角速度变为 $\omega' = 1/23.5\,\text{rad/s}$，则此时被切齿轮的齿数 z 等于多少？它相当于哪种变位齿轮？变位系数 x 等于多少？

（3）若齿条型刀具相对于轮坯的位置和移动速度都不变，而轮坯的角速度变为 $\omega'' = 1/22.1\,\text{rad/s}$，此时被切齿轮的变位系数 x 等于多少？齿数 z 等于多少？最后加工结果如何？

解：

（1）由 $d = mz = 2 \times 90 = 180\,\text{mm}$，得 $L = 90\,\text{mm}$。

$v_d = \omega r = 1/22.5 \times 90 = 4\,\text{mm/s}$。

（2）由 $r' = v_d/\omega' = \dfrac{4}{1/23.5} = 94\,\text{mm}$，得 $z = \dfrac{2r'}{m} = 94$。

此时若按标准齿轮 L_0 应为 94mm，现在实际的 $L = 90\,\text{mm}$，它相当于切制负变位的齿轮，则 $xm = 90 - 94 = -4\,\text{mm}$，得 $x = -2$。

（3）由 $r'' = \dfrac{v_d}{\omega''} = \dfrac{4}{1/22.1} = 88.4\,\text{mm}$，得 $z = \dfrac{2r''}{m} = 88.4$，则 $xm = 90 - 88.4 = 1.6\,\text{mm}$，得 $x = 0.8$。

此时若按标准齿轮 $L_0 = 88.4\,\text{mm}$，现在实际的 $L = 90\,\text{mm}$，变位系数 $x = 0.8$，因为齿数不是整数，所以加工结果为轮齿被切成一个光滑圆柱体。

3. 齿轮测量

【08407】试证明标准齿轮公法线长度 W 的计算公式为 $W = m\cos\alpha[(k-0.5)\pi + z\,\text{inv}\,\alpha]$。注：$k$ 为跨测齿数，任意圆的弧齿厚公式为 $s_i = \left(\dfrac{s}{r}r_i\right) - 2r_i(\text{inv}\,\alpha_i - \text{inv}\,\alpha)$。

证明：设跨测齿距为 k，则按公法线长度定义，绘制测量原理图 8-7，由图可知

$$W = (k-1)p_b + s_b \tag{8-1}$$

式中，$p_b = \pi m\cos\alpha$。 （8-2）

$$s_b = s\cos\alpha + 2r_b \text{inv}\alpha = \frac{\pi m}{2}\cos\alpha + mz\cos\alpha \times \text{inv}\alpha \quad (8\text{-}3)$$

将式（8-2）、式（8-3）代入式（8-1），经整理可得

$$\begin{aligned}W &= (k-1)\pi m\cos\alpha + \frac{\pi m}{2}\cos\alpha + mz\cos\alpha \times \text{inv}\alpha \\ &= m\cos\alpha\left[(k-1)\pi + \frac{\pi}{2} + z\times\text{inv}\alpha\right] \\ &= m\cos\alpha[(k-0.5)\pi + z\times\text{inv}\alpha]\end{aligned}$$

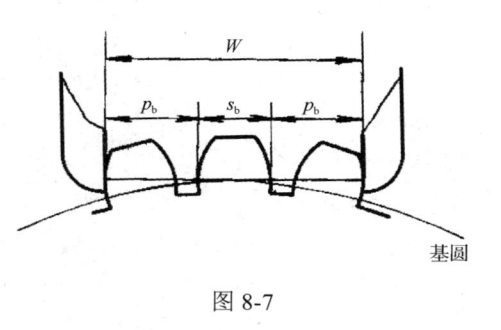

图 8-7

【08408】已知渐开线直齿圆柱外齿轮分度圆压力角 $\alpha = 20°$，并已测得跨 7 齿和跨 8 齿的公法线长度 $W_7 = 60.08\text{mm}$，$W_8 = 68.94\text{mm}$，试确定该齿轮的模数。

解：

由 $W_8 - W_7 = p_b = \pi \cdot m\cos\alpha$，得

$$m = (W_8 - W_7)/\pi \cdot \cos\alpha = (68.94 - 60.08)/(\pi\times\cos 20°) \approx 3.001\text{mm}$$

模数为标准系列，故 $m = 3\text{mm}$，其第三位小数值是由测量或制造误差引起的。

【08409】设用千分卡尺测得某渐开线齿轮的 3 个齿及 4 个齿的公法线长度分别为 $W_3 = 80.725\text{mm}$，$W_4 = 110.246\text{mm}$，又知 $z = 25$，$\alpha = 20°$。

（1）参考图 8-8（a），写出 W_3、W_4 与 p_b、s_b 的关系；
（2）求该齿轮的模数 m、基圆齿厚 s_b；
（3）参考图 8-8（b），写出 s_b 的计算式；
（4）求该齿轮的变位系数 x。

提示：$\text{inv}20° = 0.014904$。

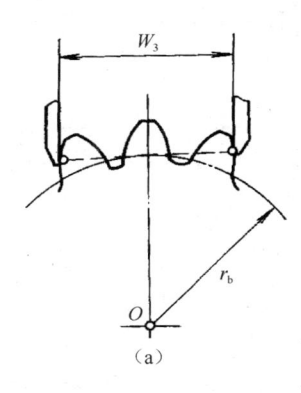

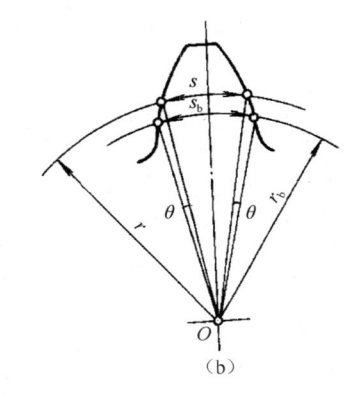

图 8-8

解：

（1）$W_3 = 2p_b + s_b$；$W_4 = 3p_b + s_b$。
（2）$p_b = W_4 - W_3 = 110.246 - 80.725 = 29.521\text{mm}$；$m = p_b/(\pi\cos\alpha) = 29.521/(\pi\times\cos 20°) \approx 10\text{mm}$；$s_b = W_3 - 2p_b = 21.683\text{mm}$。
（3）$s_b = r_b \times (s/r + 2\text{inv}\alpha) = s\cos\alpha + 2r_b\text{inv}\alpha$。
（4）该齿轮若为标准齿轮，由（3）知标准齿轮的基圆齿厚为 $s_b = (\pi m/2)\cos\alpha + 2r_b\text{inv}\alpha \approx 18.262\text{mm}$。

由（2）知 $s'_b = 21.683\text{mm}$，可见该齿轮为变位齿轮。

对于变位齿轮，由（3）知 $s'_b = (\pi m/2 + 2xm\tan\alpha)\cos\alpha + 2r_b\text{inv}\alpha = 21.683\text{mm}$，故 $x = (s'_b - s_b)/(2m\sin\alpha) = (21.683 - 18.262)/(2 \times 10 \times \sin 20°) \approx 0.5$。

【08410】 有一个齿数 $z = 20$、压力角 $\alpha = 20°$ 的变位齿轮，已测得跨三齿时的公法线长度 $W'_3 = 32.01\text{mm}$，跨二齿时 $W'_2 = 20.20\text{mm}$，且已知有同样齿数、模数和压力角的标准齿轮跨三齿时的公法线长度 $W_3 = 30.64\text{mm}$，试确定该变位齿轮的模数和变位系数。

解：

由 $p_b = W_3 - W_2 = \pi m \cos\alpha$，得

$$m = (W_3 - W_2)/\pi\cos 20° = (32.01 - 20.20)/\pi\cos 20° \approx 4\text{ mm}$$

由

$$W'_3 - W_3 = s'_b - s_b = \left(\dfrac{\dfrac{\pi m}{2} + 2xm\tan\alpha}{r} \times r_b + 2r_b \times \text{inv}\alpha\right) - \left(\dfrac{\dfrac{\pi m}{2}}{r} \times r_b + 2r_b \times \text{inv}\alpha\right)$$

$$= 2xm\sin\alpha$$

得 $x = (W'_3 - W_3)/(2m\sin\alpha) = (32.01 - 30.64)/(2 \times 4 \times \sin 20°) \approx 0.5$

【08411】 图 8-9 所示为一个渐开线直齿圆柱标准齿轮，$z = 18$，$m = 10\text{mm}$，$\alpha = 20°$，现将一根圆棒放在齿槽中，圆棒与两条齿廓渐开线刚好切于分度圆上，求圆棒的半径 R。

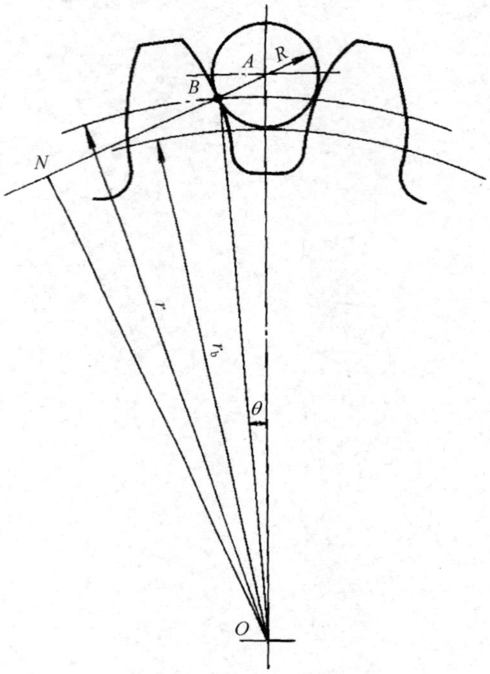

解：

设圆棒与齿廓的接触点为 B 点，由渐开线性质可知，过 B 点作齿廓法线与基圆相切于 N 点，该法线也要通过圆棒圆心，且 $\triangle ONB$ 为直角三角形，$\angle BON = \alpha = 20°$

又在直角 $\triangle ANO$ 中，根据正弦定理有

$$\dfrac{\overline{ON}}{\sin\angle OAN} = \dfrac{\overline{BN} + R}{\sin\angle AON} \qquad (8\text{-}4)$$

式中，$\overline{ON} = r_b = \dfrac{mz}{2}\cos 20°$。

因 $\angle AON = \alpha + \dfrac{360°}{4z} = 20° + \dfrac{360°}{4 \times 18} = 25°$，故

$\angle OAN = 90° - 25° = 65°$，且 $\overline{BN} = \dfrac{mz}{2}\sin 20°$。

将以上诸值代入式（8-4）中，整理后得

$$R = \dfrac{\dfrac{mz}{2}\cos 20° \sin 25°}{\sin 65°} - \dfrac{mz}{2}\sin 20°$$

$$= \dfrac{\dfrac{10 \times 18}{2}\cos 20° \times \sin 25°}{\sin 65°} - \dfrac{10 \times 18}{2} \times \sin 20° \approx 8.6549\text{ mm}$$

图 8-9

4．齿轮变位传动

【08412】如图 8-10 所示，变速箱中的直齿圆柱齿轮进行传动。已知 $z_1 = 30$，$z_3 = 12$，$z_4 = 51$，$m = 4\text{mm}$，$\alpha = 20°$，$h_a^* = 1$。两个轴的实际中心距 $a' = 128\text{mm}$，其中齿轮 1 和齿轮 3 为滑移齿轮。

（1）若齿轮 1 与齿轮 2 均采用标准直齿圆柱齿轮，其齿数 z_2 等于多少？
（2）齿轮 3 和齿轮 4 应采用何种类型传动？齿轮 3 应采用何种变位齿轮，为什么？
（3）求齿轮 3 和齿轮 4 的分度圆半径 r_3、r_4，啮合角 α'_{34} 及节圆半径 r'_3、r'_4。

解：（1）求齿数 z_2。

由 $\dfrac{m}{2}(z_1 + z_2) = a_{12} = a'$ 知 $z_2 = \dfrac{2a'}{m} - z_1 = \dfrac{2 \times 128}{4} - 30 = 34$。

（2）齿轮 3 和齿轮 4 的标准中心距为

$$a_{34} = \frac{m}{2}(z_3 + z_4) = \frac{4}{2} \times (12 + 51) = 126 \text{ mm}$$

因 $a_{34} < a'$，故齿轮 3 和齿轮 4 应采用正传动。又因 $z_3 < z_{\min}$，为了避免根切，齿轮 3 应采用正变位齿轮。

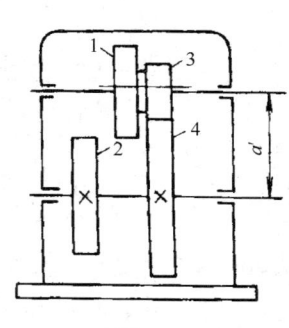

图 8-10

（3）齿轮 3 和齿轮 4 的啮合角为

$$\cos \alpha'_{34} = \frac{a_{34}}{a} \cos \alpha = \frac{126}{128} \cos 20° \approx 0.925009923$$

得

$$\alpha'_{34} \approx 22.33°$$

齿轮 3 和齿轮 4 的分度圆半径为 $r_3 = 24 \text{ mm}$，$r_4 = 102 \text{ mm}$。

齿轮 3 和齿轮 4 的节圆半径为 $r'_3 = r_3 \dfrac{\cos \alpha}{\cos \alpha'_{34}} = 24 \times \dfrac{\cos 20°}{\cos 22.33°} \approx 24.38 \text{ mm}$，$r'_4 = r_4 \dfrac{\cos \alpha}{\cos \alpha'_{34}} = 102 \times \dfrac{\cos 20°}{\cos 22.33°} \approx 103.62 \text{ mm}$。

【08413】有两个 $m = 3\text{mm}$，$\alpha = 20°$，$h_a^* = 1$，$c^* = 0.25$ 标准齿条，其中线间的距离为 52mm，现欲设计一个齿轮同时带动两根齿条，但需做无侧隙传动，而齿轮的轴心 O_1 在两根齿条中线间距的中点上（见图 8-11）。

（1）齿轮是否为标准齿轮？试确定其齿数 z_1、分度圆直径 d_1、齿顶圆直径 d_{a1}、齿根圆直径 d_{f1} 及齿厚 s_1。

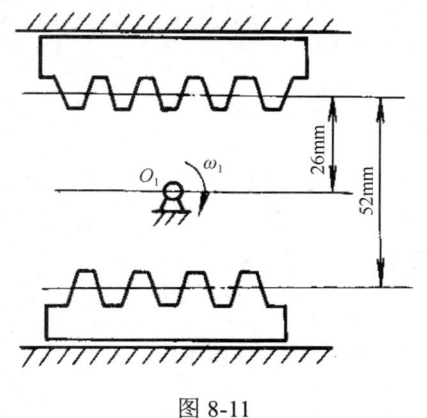

（2）齿条移动的速度 v_2 是否为 $\omega_1 \times (52/2)$？为什么？

解：（1）由 $\dfrac{mz_1}{2} = 26$，得 $z_1 = 17.3$，所以齿轮不能用标准齿轮。

若取 $z_1 = 17$，则用正变位齿轮。

变位量为 $x_1 m = 26 - \dfrac{1}{2} \times 3 \times 17 = 0.5 \text{ mm}$。

变位系数为 $x_1 = \dfrac{0.5}{3} = \dfrac{1}{6}$。

图 8-11

几何尺寸为
$$d_1 = mz_1 = 3 \times 17 = 51\,\text{mm}$$
$$d_{a1} = d_1 + 2(h_a^* + x_1)m = 51 + 2 \times \left(1 + \frac{1}{6}\right) \times 3 = 58\,\text{mm}$$
$$d_{f1} = d_1 - 2(h_a^* + c^* - x_1)m = 51 - 2 \times 1 \times 3 - 2 \times 0.25 \times 3 + 2 \times \frac{1}{6} \times 3 = 44.5\,\text{mm}$$

分度圆齿厚为
$$s_1 = \left(\frac{\pi}{2} + 2x_1 \tan\alpha\right)m = \frac{\pi \times 3}{2} + 2 \times \frac{1}{6} \times 3 \times \tan 20° \approx 5.076\,\text{mm}$$

（2）因齿轮分度圆与齿条节线相对做纯滚动，齿条看成标准刀具，齿轮为变位齿轮，不管齿轮是何变位齿轮，啮合线不会变化，齿轮与齿条的瞬心点不会变，所以齿条的速度不会变，始终为
$$v_2 = \omega_1 \times r_1 = \omega_1 \times \frac{52}{2}$$

【08414】 一对渐开线外啮合直齿圆柱齿轮传动，已知 $z_1 = z_2 = 23$，$m = 8\,\text{mm}$，$\alpha = 20°$，$h_a^* = 1$，实际中心距 $a' = 180\,\text{mm}$，试解答下列问题：
（1）求啮合角 α' 和中心距变动系数 y；
（2）按无侧隙要求确定两个齿轮变位系数之和 $x_1 + x_2$；
（3）取 $x_1 = x_2$，计算齿轮的顶圆直径 d_a；
（4）计算该对齿轮传动的重合度。
注：无侧隙啮合方程为 $\text{inv}\,\alpha' = \dfrac{2(x_1 + x_2)}{z_1 + z_2}\tan\alpha + \text{inv}\,\alpha$；

重合度公式为 $\varepsilon_\alpha = \dfrac{1}{2\pi}[z_1(\tan\alpha_{a1} - \tan\alpha') + z_2(\tan\alpha_{a2} - \tan\alpha')]$；

中心距变动系数为 $y = \dfrac{a' - a}{m}$；

齿顶高变动系数为 $\Delta y = x_1 + x_2 - y$。

解：
（1）$a = m(z_1 + z_2)/2 = 8 \times (23 + 23)/2 = 184\,\text{mm}$；
由 $\cos\alpha' = a\cos\alpha/a' = 184 \times \cos 20°/180 \approx 0.96057$，得 $\alpha' \approx 16.142°$；
$y = (a' - a)/m = (180 - 184)/8 = -0.5$。
（2）$x_1 + x_2 = (z_1 + z_2)(\text{inv}\,\alpha' - \text{inv}\,\alpha)/2\tan\alpha$；
$\text{inv}\,\alpha' = \tan\alpha' - \alpha' \approx 0.0076977$；
$\text{inv}\,\alpha = \tan\alpha - \alpha \approx 0.0149035$；
$x_1 + x_2 \approx -0.455$。
（3）$x_1 = x_2 = -0.2275$；$\Delta y = x_1 + x_2 - y = 0.045$。
由 $d_{a1} = d_{a2} = m(z_1 + 2h_a^* + 2x_1 - 2\Delta y)$，得 $d_{a1} = d_{a2} = 195.64\,\text{mm}$。
（4）$d_{b1} = d_{b2} = mz_1 \cos\alpha \approx 172.903\,\text{mm}$；
$\alpha_{a1} = \alpha_{a2} = \arccos(d_b/d_a) \approx 27.898°$；
$\varepsilon_\alpha = z_1(\tan\alpha_{a1} - \tan\alpha')/\pi \approx 1.757$。

【08415】 已知一对渐开线直齿圆柱齿轮的参数分别为 $z_1 = 15$，$z_2 = 21$，$m = 5\text{mm}$，$\alpha = 20°$，$h_a^* = 1$，$c^* = 0.25$，$x_1 = 0.3128$，$x_2 = -0.1921$。

（1）判断在用齿条型刀具范成加工这两个齿轮时，是否会产生根切现象（注意：必须有计算过程）；

（2）求出这一对齿轮做无侧隙啮合传动时的中心距 a'；

（3）说明这一对齿轮的啮合传动属于哪一种类型。

【附】：渐开线函数表（节录）

α	19°30	20°	20°30′	21°	21°30′	22°
invα	0.013779	0.014904	0.016092	0.017345	0.018665	0.020054

解：

（1）变位齿轮不根切的条件为 $x \geq x_{\min}$。

$x_{\min} = h_a^* \dfrac{z_{\min} - z}{z_{\min}}$，当 $h_a^* = 1$，$\alpha = 20°$，$c^* = 0.25$，用齿条刀加工时，得

$$x_{\min} = (17 - z)/17$$

得 $x_{1\min} = (17-15)/17 \approx 0.1176$，$x_{2\min} = (17-21)/17 \approx -0.2353$。

由于 $x_1 = 0.3128$，$x_1 > x_{1\min}$，$x_2 = -0.1921$，$x_2 > x_{2\min}$，因此两个齿轮都不会产生根切。

（2）实际中心距 a' 为

$$a' = a\dfrac{\cos\alpha}{\cos\alpha'}$$

$a = r_1 + r_2 = (z_1 + z_2)m/2 = 90\text{mm}$，$\text{inv}\alpha' = \text{inv}\alpha + \dfrac{2(x_1 + x_2)}{z_1 + z_2}\tan\alpha \approx 0.017345$，查附表得 $\alpha' = 21°$。

计算出 $\cos 20° \approx 0.9397$，$\cos 21° \approx 0.9336$，则

$$a' = 90 \times \dfrac{0.9397}{0.9336} \approx 90.59 \text{ mm}$$

（3）判断该对齿轮传动类型。

$x_\Sigma = x_1 + x_2 = 0.3128 - 0.1921 > 0$，该对齿轮传动属于正传动。

5．齿轮修配

【08416】 在技术改造中，欲配成中心距为 200mm 的渐开线外啮合直齿圆柱齿轮传动。现找到一个齿面磨损的旧齿轮，测得其齿顶圆直径为 310mm，齿数为 60，现采用负变位将其修复利用。测量齿面磨损情况表明滚刀径向切入 0.5mm 即可修复齿面，试计算同该齿轮组成高度变位传动的另一个相配齿轮的齿数、分度圆直径、变位系数和齿顶圆直径，以及旧齿轮经修复后的齿顶圆直径。

解：

（1）已知 $d_{a2} = 310 \text{ mm}$，$z_2 = 60$，$a = 200 \text{ mm}$，由 $d_{a2} = mz_2 + 2h_a^*m$，$h_a^* = 1$，计算得 $m = \dfrac{d_{a2}}{z_2 + 2h_a^*} = \dfrac{310}{60 + 2 \times 1} = 5 \text{ mm}$。

（2）由 $a = \dfrac{1}{2}(d_1 + d_2) = \dfrac{m}{2}(z_1 + z_2)$，得

$$z_1 = \frac{2a}{m} - z_2 = \frac{2\times 200}{5} - 60 = 20$$
$$d_1 = mz_1 = 5\times 20 = 100 \text{ mm}$$

（3）$x_2 m = -0.5$ mm，采用高度变位齿轮传动，则 $x_1 m = 0.5$ mm，$x_1 = \frac{0.5}{5} = 0.1$。

（4）$d_{a1} = mz_1 + 2(h_a^* + x_1)m = 5\times 20 + 2\times(1+0.1)\times 5 = 111$ mm；$d_{a2} = mz_2 + 2(h_a^* + x_2)m = 5\times 60 + 2\times(1-0.1)\times 5 = 309$ mm。

【08417】有一对渐开线外啮合直齿圆柱齿轮齿条传动，齿轮已被遗失。由实物测得齿轮回转中心 O_1 到齿条中线（其上齿厚等于齿槽宽的直线）的垂直距离 $A = 29$ mm，齿条参数：齿顶高 $h_a = 4$ mm，齿根高 $h_f = 5$ mm，齿距 $p = 12.57$ mm，齿形角 $\alpha = 20°$。

试在保证无侧隙啮合和不产生齿廓根切的条件下，配制该被遗失的齿轮（确定其模数 m、齿顶高系数 h_a^*、顶隙系数 c^*、齿数 z_1 和变位系数 x_1，并计算出齿轮的分度圆直径 d_1、齿顶圆直径 d_{a1} 和全齿高 h）。

解：

（1）$m = p/\pi = 12.57/\pi \approx 4$ mm；$h_a^* = h_a/m = 4/4 = 1$；$c^* = h_f/m - h_a^* = 5/4 - 1 = 0.25$。

（2）为保证无侧隙啮合条件，有 $\frac{1}{2}mz_1 + x_1 m = 29$，即

$$2z_1 + 4x_1 = 29 \tag{8-5}$$

（3）为保证不产生齿廓根切条件，则 $x_1 \geq h_a^* - \frac{1}{2}z_1 \sin^2 \alpha$，即

$$x_1 \geq 1 - \frac{1}{2}z_1 \sin^2 20° \tag{8-6}$$

联立式（8-5）、式（8-6）得

$$z_1 \leq \frac{29-4}{2(1-\sin^2 20°)} = \frac{25}{2\cos^2 20°} \approx 14.156$$

取 $z_1 = 14$，代入式（8-5）得

$$x_1 = (29 - 2\times 14)/4 = 0.25$$
$$d_1 = mz_1 = 4\times 14 = 56 \text{ mm}$$
$$d_{a1} = m(z_1 + 2h_a^* + 2x_1) = 4\times(14 + 2\times 1 + 2\times 0.25) = 66 \text{ mm}$$
$$h = m(2h_a^* + c^*) = 4\times(2\times 1 + 0.25) = 9 \text{ mm}$$

【08418】一对标准直齿圆柱齿轮传动，其基本参数为 $m = 3$ mm，$\alpha = 20°$，$h_a^* = 1$，$c^* = 0.25$，$z_1 = 20$，$z_2 = 80$。小齿轮失效报废，大齿轮磨损严重，需要对大齿轮进行修复，小齿轮重新设计配制。要求中心距不变，而大齿轮因修复齿面需将齿顶圆直径减小 6mm。

（1）试问能否采用等移距变位齿轮传动进行修复？
（2）试计算修复后该对齿轮的几何尺寸 d_{a1}、d_{a2} 及重合度。

注：$\varepsilon_\alpha = \frac{1}{2\pi}[z_1(\tan\alpha_{a1} - \tan\alpha') + z_2(\tan\alpha_{a2} - \tan\alpha')]$。

解：

（1）$x_{2\min} = \frac{17-80}{17} \approx -3.7$；$x_2 m = -3$；$x_2 = -1$；$x_1 = 1$；可用等移距变位齿轮进行修复。

（2）$d_1 = mz_1 = 3\times 20 = 60$ mm；$d_2 = mz_2 = 3\times 80 = 240$ mm；$d_{b1} = d_1\cos\alpha = 60\times\cos 20° \approx$

56.38 mm；$d_{b2} \approx 225.53$ mm。

$$a' = a = \frac{1}{2}(d_1 + d_2) = \frac{1}{2}(60 + 240) = 150 \text{ mm}。$$

$$d_{a1} = d_1 + 2h_{a1} = 60 + 2(h_a^* + x_1)m = 60 + 2 \times 2 \times 3 = 72 \text{ mm}；\quad d_{a2} = 240 \text{ mm}。$$

$$d_{f1} = d_1 - 2(h_a^* + c^* - x_1)m = 60 - 2 \times (1 + 0.25 - 1) \times 3 = 58.5 \text{ mm}；\quad d_{f2} = 226.5 \text{ mm}。$$

$$\alpha_{a1} = \arccos\left(\frac{d_1 \cos\alpha}{d_{a1}}\right) = \arccos\left(\frac{60 \times \cos 20°}{72}\right) \approx 38°27'；\quad \alpha_{a2} = 20°。$$

$$\varepsilon_\alpha = \frac{1}{2\pi}[z_1(\tan\alpha_{a1} - \tan\alpha') + z_2(\tan\alpha_{a2} - \tan\alpha')]$$

$$= \frac{1}{2\pi}[20 \times (\tan 38°27' - \tan 20°) + 80 \times (\tan 20° - \tan 20°)] \approx 1.37。$$

6．斜齿轮传动

【08419】已知一对用模数 $m_刀 = 2.5$ mm，压力角 $\alpha_刀 = 20°$，$h_{a刀}^* = 1$，$c_刀^* = 0.25$ 的滚刀加工的标准斜齿圆柱齿轮传动，其安装中心距 $a=70$mm，两个齿轮的齿数 $z_1=14$，$z_2=34$，试计算这对斜齿轮的螺旋角及小齿轮的分度圆半径和齿顶圆半径。

解：

斜齿轮法面参数为 $m_n = m_刀$，$\alpha_n = \alpha_刀$，$h_{an}^* = h_{a刀}^*$，$c_n^* = c_刀^*$。

由 $a = \dfrac{m_n(z_1 + z_2)}{2\cos\beta}$，得 $\cos\beta = \dfrac{m_n(z_1 + z_2)}{2a} = \dfrac{2.5 \times (14+34)}{2 \times 70} \approx 0.8571429$，得 $\beta \approx 31°$。

$r_1 = \dfrac{m_n z_1}{2\cos\beta} \approx 20.416$mm，得 $r_{a1} = r_1 + h_{an}^* m_n = 22.916$mm。

【08420】已知一对直齿圆柱齿轮传动的基本参数为 $m = 2$ mm，$\alpha = 20°$，$h_a^* = 1$，$c^* = 0.25$；安装中心距 $a' = 100$ mm；要求传动比 $i_{12} = 2.6$（允许有少量误差）。

（1）确定两个齿轮的齿数和这对齿轮的传动类型。

（2）若这对齿轮用一对平行轴斜齿圆柱标准齿轮传动（注：其法面参数的数值与题中所列基本参数的数值相同）代替，试计算这对斜齿轮的螺旋角的数值。

解：

（1）$z_1 = \dfrac{2a}{m(1+i)} = \dfrac{2 \times 100}{2 \times (1+2.6)} \approx 27.78$，取 $z_1 = 27$。

$z_2 = 27 \times 2.6 = 70.2$，取 $z_2 = 70$。

$a = \dfrac{m}{2}(z_1 + z_2) = \dfrac{2}{2} \times (27 + 70) = 97$ mm $< a'$，采用正传动。

（2）$\beta = \arccos\left[\dfrac{m(z_1+z_2)}{2a}\right] = \arccos\left[\dfrac{2 \times (27+70)}{2 \times 100}\right] \approx 14.07°$。

【08421】机器中需用一对模数 $m = 4$mm，齿数 $z_1 = 20$，$z_2 = 59$ 的外啮合渐开线直齿圆柱齿轮传动，安装中心距 $a' = 160$mm。试问：

（1）在保证无侧隙传动的条件下，能否根据渐开线齿轮的可分性，用渐开线标准直齿圆柱齿轮实现该传动？

（2）能否利用斜齿圆柱齿轮机构实现该传动？若能，计算出螺旋角 β_1 及 β_2。

（3）能否利用直齿圆柱变位齿轮机构实现该传动？若能，计算出两个齿轮变位系数之和 x_1+x_2。

解：

（1）标准中心距为

$$a = \frac{m}{2}(z_1+z_2) = \frac{4}{2}\times(20+59) = 158\,\text{mm}$$

实际中心距同标准中心距相差 2mm，若不允许有齿侧间隙，则不能利用渐开线标准直齿圆柱齿轮机构实现该传动。

（2）可以用斜齿圆柱齿轮机构实现该传动。

$$\cos\beta = \frac{m}{2a}(z_1+z_2) = \frac{4}{2\times160}\times(20+59) = 0.9875，得 \beta \approx 9.0687° \approx 9°4'7''。$$

因为是外啮合，$\beta_1 = -\beta_2$，所以 $\beta_1 = -\beta_2 = 9°4'7''$（负号表示旋向相反）。

（3）可以用直齿圆柱变位齿轮机构实现该传动。

$$(x_1+x_2) = \frac{z_1+z_2}{2\tan\alpha}(\text{inv}\,\alpha' - \text{inv}\,\alpha)$$

式中：

$$\alpha' = \arccos\left(\frac{a}{a'}\cos\alpha\right) = \arccos\left(\frac{158}{160}\cos20°\right) \approx 21.883° \approx 21°52'59'$$

$$\text{inv}\,\alpha' = \tan\alpha' - \alpha' = \tan21.883° - \frac{21.883°}{180°}\times\pi \approx 0.019723$$

$$\text{inv}\,\alpha = \tan\alpha - \alpha = \tan20° - \frac{20°}{180°}\times\pi \approx 0.014904$$

则 $x_1+x_2 = \dfrac{20+59}{2\tan20°}\times(0.019723-0.014904) \approx 0.523$。

第9章 轮系及其设计

一、内容提要

（一）轮系的分类
（二）轮系传动比的计算
（三）行星轮系各轮齿数的确定

二、本章重点

（一）轮系的分类

根据轮系在运转时各齿轮的轴线相对于机架是否运动，可将轮系划分为以下几类。

1. 定轴轮系

当轮系运转时，其各轮的轴线相对于机架的位置固定不动的称为定轴轮系，定轴轮系又可分为以下两种。

（1）平面定轴轮系：各齿轮都是在一个平面内或在彼此平行的平面内运转的。它主要是由直齿圆柱齿轮和斜齿圆柱齿轮（平行轴安装）所组成的轮系。

（2）空间定轴轮系：各齿轮不都是在一个平面内或在彼此平行的平面内运转的。它主要是由蜗轮蜗杆、锥齿轮、斜齿圆柱齿轮（交错轴安装）所组成的轮系。

2. 周转轮系

当轮系运转时，凡至少有一个齿轮的轴线是绕另一个齿轮的轴线旋转的，称该轮系为周转轮系。轴线不动的齿轮称为太阳轮（或称中心轮，用 K 表示），轴线转动的齿轮称为行星轮，支持行星轮的构件称为行星架（或称系杆，用 H 表示）。太阳轮和行星架的公共轴线称为周转轮系的主轴线。凡是轴线与主轴线重合而又承受外力矩的构件称为基本构件。

周转轮系根据其基本构件的不同，又可分为 2K-H 型、3K 型、K-H-V（V 表示输出构件）型。其中，2K-H 型和 K-H-V 型是最基本的周转轮系，不可再分。2K-H 型根据啮合情况和行星轮公用与否又可分为 NGW、NW、WW、NN 4 种类型，其中，N 表示内啮合，W 表示外啮合，G 表示公用行星轮。

周转轮系按其自由度数又可分为两种基本类型：差动轮系（具有两个自由度的轮系），要求轮系的基本构件中有两个作为输入；行星轮系（具有一个自由度的轮系），要求轮系的基本构件中有一个作为输入。

3. 复合轮系

复合轮系是由基本周转轮系与定轴轮系或者几个基本周转轮系组合而成的，其中，由定轴轮系和基本周转轮系组合而成的轮系称为混合轮系，由几个基本周转轮系组成的轮系称为复合周转轮系。

（二）轮系传动比的计算

在轮系中输入轴与输出轴之间的角速度之比称为轮系传动比。

1. 定轴轮系传动比计算

平面定轴轮系的传动比等于组成该轮系的各对啮合齿轮传动比的连乘积，其大小等于各对啮合齿轮中所有从动轮齿数的连乘积与所有主动轮齿数的连乘积之比，即

$$i_{1n} = \frac{\omega_1}{\omega_n} = \frac{\text{所有从动轮齿数的连乘积}}{\text{所有主动轮齿数的连乘积}} = \frac{z_2 z_4 \cdots z_n}{z_1 z_3 \cdots z_{n-1}}$$

对于平面定轴轮系，各轮的轴线互相平行，因此各轮的转向有正负之分，输入齿轮与输出齿轮转向之间的关系可用 $(-1)^m$ 表示，m 为外啮合的次数。若 m 为偶数，则输入齿轮与输出齿轮转向相同；若 m 为奇数，则转向相反。平面定轴轮系输入齿轮与输出齿轮的转向还可在图上用逐一画箭头的方法标出来。

对于空间定轴轮系，各轮的轴线不是互相平行的，各轮的转向不能说是相同或相反的，所以这种轮系中各轮的转向必须在图上用箭头标出，而不能用 $(-1)^m$ 来确定。

在定轴轮系中，若某一齿轮存在两次啮合，一次作为主动轮，一次作为从动轮，则在计算传动比时，其齿数必在分子和分母上同时出现，因而对传动比的大小没有影响，这样的齿轮称为惰轮（或过轮）。惰轮虽然不影响传动比的大小，但能改变从动轮的转向，还可以联接距离较远的两个轴，而使齿轮的尺寸不至于过大。

2. 周转轮系传动比计算

在周转轮系中，由于行星轮既绕自己的轴线转（自转），又随着行星架绕着轮系的主轴线转（公转），因此周转轮系各构件之间的传动比不能直接用求解定轴轮系的方法来求。为了求解周转轮系的传动比，应设法将问题转化成求解定轴轮系的传动比，也就是说设法让行星架相对不动。为此，可采用转化机构法，即给周转轮系加上一个附加的公共转速（$-\omega_H$），根据相对运动原理可知，各构件之间的相对运动关系并不改变，但此时行星架角速度为零，周转轮系就转化为一个假想的定轴轮系，通常称这个假想的定轴轮系为周转轮系的转化轮系。借助于该转化定轴轮系就可以求解原周转轮系的传动比了，有如下关系式：

$$i_{mn}^H = \frac{\omega_m - \omega_H}{\omega_n - \omega_H} = \pm \frac{\text{在转化轮系中由} m \text{到} n \text{各从动轮齿数的乘积}}{\text{在转化轮系中由} m \text{到} n \text{各主动轮齿数的乘积}}$$

在使用上式时要注意以下几点。

（1）上式中，ω_m、ω_n、ω_H 为代数相加减，因此只适合于轴线互相平行的构件之间的传动比计算。计算时应代入相应的正、负号，计算所得的结果亦为代数值，即同时得出输出构件的角速度大小和方向。

（2）传动比前的正、负号取决于转化轮系中轮 m 到轮 n 的转向是否相同，相同取正号，

相反取负号。若转化定轴轮系为平面定轴轮系，则可用 $(-1)^m$ 来表示，也可用画箭头的方法来确定正、负号。若转化定轴轮系为空间定轴轮系，则只能用画箭头的方法来确定正、负号。

（3）若轮系是差动轮系，式中需给出两个基本构件的角速度，才能求出另一个基本构件的角速度，从而求出任意两个基本构件的角速度比。

在差动轮系中，m、n 表示两个可动的太阳轮，若固定其中一个，就变为行星轮系。当 m 固定时，有公式：

$$i_{nH} = 1 - i_{nm}^H$$

当 n 固定时，有公式：

$$i_{mH} = 1 - i_{mn}^H$$

以上两式表明：在行星轮系中，活动太阳轮对行星架的传动比等于 1 减去转化定轴轮系中活动太阳轮与原固定不动的太阳轮之间的传动比。这对于求解由行星轮系组成的复合轮系很方便。

3．复合轮系传动比计算

复合轮系传动比计算的关键是将其划分为基本轮系，然后为各基本轮系列出相应的计算式，再联立求解，即可得出复合轮系的传动比。

而轮系划分的关键是要先找出轮系中的周转轮系部分。为此，先要找出在运转中轴线不固定的行星轮及与之用转动副相联的行星架，然后再找出与行星轮相啮合、轴线固定不动的太阳轮。每一个行星架，连同行星架上的行星轮和与之相啮合的太阳轮就组成一个周转轮系。而且每一个行星架对应一个周转轮系。划分出周转轮系后，剩下的便是计算定轴轮系部分。

复合轮系常有以下几种基本联接方式。

（1）串联式复合轮系：由定轴轮系与一个或几个基本周转轮系串联而成，或几个基本周转轮系之间串联组成，其特点是前一个基本轮系的从动轴与后一个基本轮系的主动轴相固联。因此，各部分传动比可独立运算。

（2）并联式复合轮系：由差动轮系和一个定轴轮系或行星轮系并联而成，其特点是差动轮系中有两个基本构件由定轴轮系或行星轮系所封闭，故又称为封闭式复合轮系。因此，各部分轮系的传动比必须联立求解。

（3）装载式复合轮系（或称卫星轮系）：在一个周转轮系上又装载着另一个周转轮系，其特点是具有双重系杆，至少有一个行星轮同时绕两个运动轴线转动。因此，其传动比计算需要进行两次转化。

（三）行星轮系各轮齿数的确定

设计行星轮系时，各轮齿数的选择应满足 4 个条件。对于不同的轮系，这 4 个条件的具体表达式不尽相同，下面以各齿轮均为标准齿轮的 2K-H 型中的 NGW 型、内齿轮固定的行星轮系为例加以说明。

（1）保证实现给定的传动比（满足传动比条件）。

$$z_3 = (i_{1H} - 1)z_1$$

（2）保证基本构件的轴线重合（满足同心条件）。

$$z_2 = (z_3 - z_1)/2 = z_1(i_{1H} - 2)/2$$

上式表明，行星轮系两个中心轮齿数应同时为偶数或同时为奇数。
（3）满足 K 个行星轮均布安装（满足装配条件）。
$$N = (z_1 + z_3)/K$$
上式表明，行星轮系两个中心轮齿数之和应为行星轮数的整数倍。
（4）保证相邻行星轮不致相互碰撞（满足邻接条件）。
$$(z_1 + z_2)\sin\frac{180°}{K} > z_2 + 2h_a^*$$

为了设计时便于选择各轮齿数，通常可把前 3 个条件合并为一个总的装配公式：
$$z_1 : z_2 : z_3 : N = z_1 : \frac{z_1(i_{1H} - 2)}{2} : z_1(i_{1H} - 1) : \frac{z_1 i_{1H}}{K}$$

确定齿数时，应根据上式选定 z_1 和 K。选择时必须使 N、z_2 和 z_3 均为正整数。确定各轮齿数和行星轮数后，再代入上式验算是否满足邻接条件。若不满足，则应减少行星轮数或增加齿轮的齿数。

三、典型例题

【例 9-1】在图 9-1 所示的轮系中，已知构件 1 为双头左旋蜗杆，各轮齿数 $z_2=z_7=40$，$z_3=z_5=18$，$z_4=z_6=36$，$z_8=20$，$n_1=2000$r/min，$n_8=1800$r/min，n_1 和 n_8 的转向如图 9-1 所示，试求 n_6 及其转向。

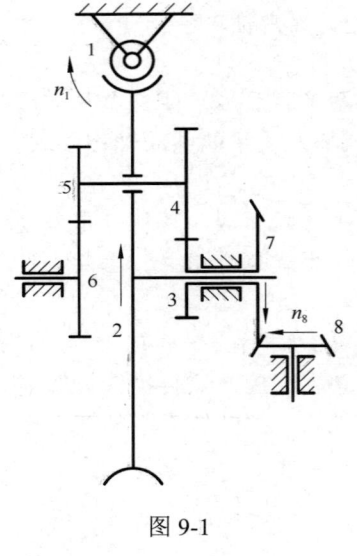

解：

该轮系有两个输入，属于差动轮系。它是由蜗杆 1、蜗轮 2 组成的定轴轮系，锥齿轮 7、锥齿轮 8 组成的定轴轮系和 3、4 - 5、6、2 组成的差动轮系所组成，所以该轮系属于混合轮系。

（1）在由 1、2 组成的定轴轮系中，有
$$i_{12} = \frac{n_1}{n_2} = \frac{z_2}{z_1} = \frac{40}{2} = 20$$
$$n_2 = \frac{n_1}{i_{12}} = \frac{2000}{20} = 100\text{r/min} \tag{9-1}$$

图 9-1

n_2 的转向用左手法则来判断，如图 9-1 所示。

（2）在由 7、8 组成的定轴轮系中，有
$$i_{87} = \frac{n_8}{n_7} = \frac{z_7}{z_8} = \frac{40}{20} = 2$$
$$n_7 = n_3 = \frac{n_8}{i_{87}} = \frac{1800}{2} = 900\text{r/min} \tag{9-2}$$

n_7 的转向通过画箭头的方法确定，如图 9-1 所示。

（3）在由 3、4 - 5、6、2 组成的差动轮系中，有
$$i_{36}^2 = \frac{n_3 - n_2}{n_6 - n_2} = \frac{z_4 z_6}{z_3 z_5} = \frac{36 \times 36}{18 \times 18} = 4 \tag{9-3}$$

（4）将式（9-1）和式（9-2）代入式（9-3）得
$$\frac{900 - (-100)}{n_6 - (-100)} = \frac{1000}{n_6 + 100} = 4$$

在代入数值时，先假设轮 3（或轮 2）的转向为正，则轮 2（或轮 3）的转向为负，如图 9-1 所示。解得 n_6=150r/min，方向与轮 3 假设相同。

由本题的解题过程可知复合轮系的传动比和转速计算的 3 大步骤：划清轮系；分别计算定轴轮系和周转轮系；联立求解。式（9-3）中的转速为代数运算，所以要注意正、负号。

【例 9-2】 在图 9-2 所示的电动三爪卡盘传动轮系中，已知各轮的齿数分别为 $z_1=6$，$z_2=z_2'=25$，$z_3=57$，$z_4=56$。试求传动比 i_{14}。

解：

该轮系为 3K 型周转轮系，3K 型周转轮系不是基本周转轮系，它可以分解成 3 个 2K-H 型基本周转轮系：行星轮系 1-2-3-H、差动轮系 1-2-2'-4-H、行星轮系 3-2-2'-4-H。其中，只有两个是独立的，任取两个联立求解可得 i_{14}。

（1）由行星轮系 1-2-3-H 得

$$i_{1H} = 1 - i_{13}^H = 1 - (-1)\frac{z_3}{z_1} = 1 + \frac{z_3}{z_1} \quad (9\text{-}4)$$

（2）由行星轮系 3-2-2'-4-H 得

$$i_{4H} = 1 - i_{43}^H = 1 - \frac{z_{2'}z_3}{z_4 z_2} \quad (9\text{-}5)$$

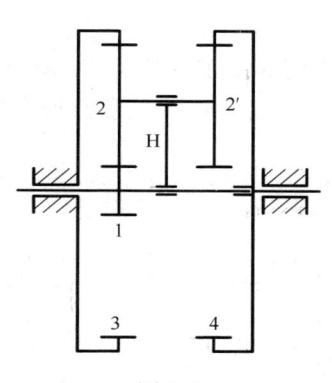

图 9-2

（3）联立式（9-4）和式（9-5），得

$$i_{14} = \frac{i_{1H}}{i_{4H}} = \left(1 + \frac{z_3}{z_1}\right) \bigg/ \left(1 - \frac{z_{2'}z_3}{z_4 z_2}\right) = \frac{(z_1+z_3)z_4 z_2}{(z_4 z_2 - z_{2'}z_3)z_1} = \frac{(6+57) \times 56 \times 25}{(56 \times 25 - 25 \times 57) \times 6} = -588$$

上式表明齿轮 1 与 4 的转向相反。

【例 9-3】 在图 9-3 所示的轮系中，已知各轮齿数 $z_1=z_2=z_{2'}=z_5=20$，$z_4=60$，$z_{4'}=55$，$z_6=25$，n_1=66r/min，方向如图 9-3 所示。（1）计算该轮系的自由度；（2）求系杆 H 的转速大小及方向。

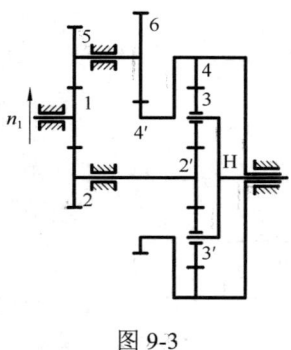

图 9-3

解：

（1）轮系的自由度为

$$F = 3n - (2P_l + P_h) = 3 \times 6 - (2 \times 6 + 5) = 1$$

（2）系杆 H 的转速大小和方向

该轮系属于并联式复合轮系，是由定轴轮系 2'-2-1-5-6-4' 和 2K-H 型的差动轮系 2'-3-4-H 所组成的。差动轮系中的两个太阳轮由定轴轮系来封闭。

① 在由 1、2 组成的定轴轮系中，有

$$i_{12} = \frac{n_1}{n_2} = -\frac{z_2}{z_1} = -1$$

$$n_2 = -n_1 = n_{2'} = -66\text{r/min} \quad (9\text{-}6)$$

② 在由 1-5-6-4' 组成的定轴轮系中，有

$$i_{14'} = \frac{n_1}{n_{4'}} = (-1)^2 \frac{z_5 z_{4'}}{z_1 z_6} = \frac{20 \times 55}{20 \times 25} = \frac{11}{5}$$

$$n_{4'} = n_4 = \frac{n_1}{i_{14'}} = 66 \times \frac{5}{11} = 30\text{r/min} \quad (9\text{-}7)$$

179

③ 在由 2′-3-4-H 组成的周转轮系中，有

$$i_{2'4}^H = \frac{n_{2'} - n_H}{n_4 - n_H} = -\frac{z_4}{z_{2'}} = -\frac{60}{20} = -3 \tag{9-8}$$

④ 将式（9-6）和式（9-7）代入式（9-8）得

$$\frac{-66 - n_H}{30 - n_H} = -3$$

解得 $n_H = 6$ r/min，方向同齿轮 1。

【例 9-4】在图 9-4 所示的轮系中，已知各轮齿数为 $z_1 = 30$，$z_2 = z_4 = 15$，$z_{1'} = 45$，$z_{2'} = z_{4'} = 20$，$z_3 = z_5 = 40$。试求传动比 i_{31}、i_{35}。

解：该轮系由一个 2K-H 型差动轮系和一个定轴轮系所组成。差动轮系的基本构件 1 和 5 由定轴轮系封闭，整个混合轮系的自由度为 1。

（1）在差动轮系 1-2-2′-3-5 中，有

$$i_{13}^5 = \frac{n_1 - n_5}{n_3 - n_5} = -\frac{z_2 z_3}{z_1 z_{2'}} = -\frac{15 \times 40}{30 \times 20} = -1 \tag{9-9}$$

因为该周转轮系的转化机构为空间定轴轮系，所以上式齿数比前的正、负号只能用画箭头的方法来确定。

（2）在定轴轮系 1′-4-4′-5 中，有

$$i_{1'5} = \frac{n_{1'}}{n_5} = \frac{n_1}{n_5} = (-1)^2 \frac{z_4 z_5}{z_{1'} z_{4'}} = \frac{15 \times 40}{45 \times 20} = \frac{2}{3} \tag{9-10}$$

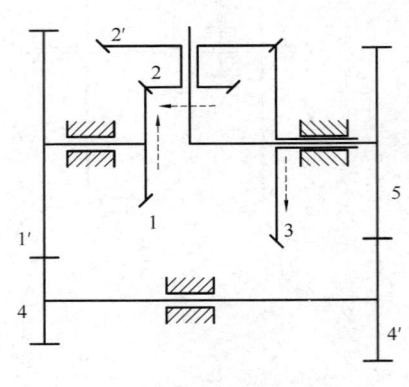

图 9-4

上式表明齿轮 1 与 5 的转向相同。

（3）联立式（9-9）和式（9-10），得

$$\frac{n_1 - 3n_1/2}{n_3 - 3n_1/2} = -1, \quad i_{31} = 2$$

$$\frac{2n_5/3 - n_5}{n_3 - n_5} = -1, \quad i_{35} = \frac{4}{3}$$

上两式表明差动轮系的 3 个基本构件转向相同。

【例 9-5】在图 9-5 所示的轮系中，已知各轮的齿数如下：$z_1 = 100$，$z_2 = 20$，$z_3 = 20$，$z_5 = 150$，$z_7 = 120$，$z_8 = 20$，$z_9 = 40$，$z_{10} = 20$，$z_{11} = 40$，各轮的模数均为 $m = 2$mm，且各轮都是标准直齿圆柱齿轮。试求轴Ⅰ和轴Ⅱ的传动比 $i_{ⅠⅡ}$。

解：该轮系由一个 3K 型周转轮系和一个定轴轮系所组成。其中，3K 型周转轮系为差动轮系，中心轮 5 和 7 由定轴轮系封闭。3K 型周转轮系又可分解为两个独立的 2K-H 型周转轮系，这样整个复合轮系可分解成：由齿轮 8、9-10、11 组成的定轴轮系，由齿轮 5、4、3-6、7 和系杆 H 组成的 NN 型周转轮系，由齿轮 1、2-3、4、5 和系杆 H 组成的 NN 型周转轮系。

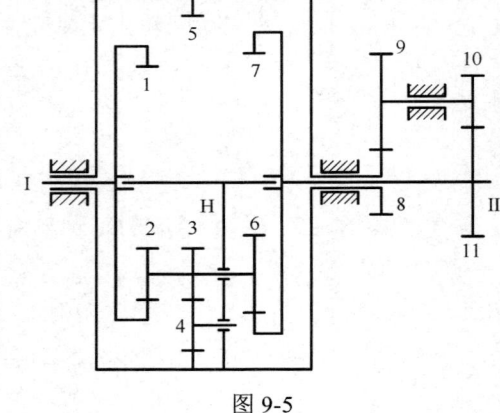

图 9-5

(1) 在由齿轮 8、9-10、11 组成的定轴轮系中，有

$$i_{8\,11} = \frac{n_8}{n_{11}} = \frac{n_5}{n_{\mathrm{II}}} = \frac{n_5}{n_7} = (-1)^2 \frac{z_9 z_{11}}{z_8 z_{10}} = \frac{40 \times 40}{20 \times 20} = 4$$

$$n_5 = 4n_{\mathrm{II}} = 4n_7 \tag{9-11}$$

上式表明齿轮 5 与 7 的转向相同。

(2) 在由齿轮 5、4、3-6、7 和系杆 H 组成的 NN 型周转轮系中，有

$$i_{75}^{\mathrm{H}} = \frac{n_7 - n_{\mathrm{H}}}{n_5 - n_{\mathrm{H}}} = \frac{n_{\mathrm{II}} - n_{\mathrm{H}}}{n_5 - n_{\mathrm{H}}} = -\frac{z_6 z_5}{z_7 z_3}$$

由同心条件得

$$z_1 - z_2 = z_7 - z_6$$
$$z_6 = z_7 - z_1 + z_2 = 120 - 100 + 20 = 40$$
$$\frac{n_{\mathrm{II}} - n_{\mathrm{H}}}{n_5 - n_{\mathrm{H}}} = -\frac{40 \times 150}{120 \times 20} = -\frac{5}{2} \tag{9-12}$$

假设齿轮 5 的转向为正，把式（9-11）代入式（9-12），得

$$\frac{n_{\mathrm{II}} - n_{\mathrm{H}}}{4n_{\mathrm{II}} - n_{\mathrm{H}}} = -\frac{5}{2}$$

$$n_{\mathrm{H}} = \frac{22}{7} n_{\mathrm{II}} \tag{9-13}$$

上式表明轴 II 与系杆 H 的转向相同。

(3) 在由齿轮 1、2-3、4、5 和系杆 H 组成的 NN 型周转轮系中，有

$$i_{15}^{\mathrm{H}} = \frac{n_1 - n_{\mathrm{H}}}{n_5 - n_{\mathrm{H}}} = -\frac{z_2 z_5}{z_1 z_3} = -\frac{20 \times 150}{100 \times 20} = -\frac{3}{2} \tag{9-14}$$

将式（9-11）和式（9-13）代入式（9-14）得

$$\frac{n_{\mathrm{I}} - \frac{22}{7} n_{\mathrm{II}}}{4n_{\mathrm{II}} - \frac{22}{7} n_{\mathrm{II}}} = -\frac{3}{2}$$

解之得

$$i_{\mathrm{I\,II}} = \frac{n_{\mathrm{I}}}{n_{\mathrm{II}}} = \frac{13}{7}$$

上式表明轴 I 与轴 II 的转向相同。

【例 9-6】在图 9-6 所示的轮系中，轮 1 与电动机轴相联，电动机转速为 1440r/min，已知各轮齿数 $z_1 = z_2 = 20$，$z_3 = 60$，$z_4 = 90$，$z_5 = 210$，求 n_3。

解：

该轮系为双重周转轮系（又称卫星轮系），整个轮系装在构件 3 上，随之一起运动。轮系中齿轮 2 绕着 3 个轴线转动，称为卫星轮。该轮系的传动计算虽很复杂，但仍可根据相对运动原理求解。整个轮系在附加一个公共转速 $-n_3$ 后，转化成一个混合轮系。

(1) 在转化轮系中，1-2-3-H 为 2K-H 型行星轮系，有

$$(i_{1\mathrm{H}})^3 = 1 - (i_{13}^{\mathrm{H}})^3$$

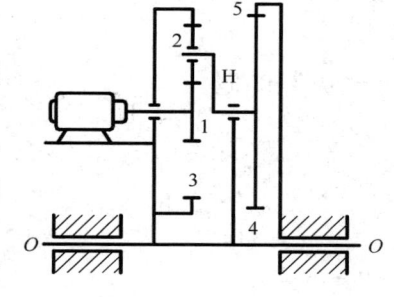

图 9-6

即
$$\frac{n_1^3}{n_H^3} = 1-(-1)\frac{z_3}{z_1} = 1+\frac{60}{20} = 4 \tag{9-15}$$

（2）在转化轮系中，轮 4、5 组成定轴轮系，有

$$\frac{n_4^3}{n_5^3} = \frac{n_4-n_3}{n_5-n_3} = \frac{z_5}{z_4} = \frac{210}{90} = \frac{7}{3}$$

由于 $n_4 = n_H$，$n_5 = 0$，因此上式转化为

$$-\frac{n_H^3}{n_3} = \frac{7}{3}, \quad n_H^3 = -\frac{7}{3}n_3 \tag{9-16}$$

（3）联立式（9-15）和式（9-16），得

$$-\frac{7}{3}n_3 = \frac{n_1^3}{4} \tag{9-17}$$

式中，n_1^3 为电动机转速，代入得

$$n_3 = -\frac{3}{28}n_1^3 = -\frac{3}{28}\times 1440 \approx -154.29 \text{ r/min}$$

上式表明轮 3 与电动机的转向相反。

四、复习思考题

1. 在给出定轴轮系主动轮的转向后，可用什么方法确定定轴轮系从动轮的转向？周转轮系中主动件、从动件的转向关系又用什么方法来确定？
2. 轮系中什么样的齿轮可以称为过轮（或惰轮）？其作用是什么？
3. 在计算行星轮系的传动比时，式 $i_{mH} = 1-i_{mn}^H$ 只有在什么情况下才是正确的？
4. 何谓周转轮系的转化机构？i_{AB}^H 是不是 A、B 两个齿轮的传动比？i_{AB}^H 为正（或为负）值是不是说明 A、B 两个齿轮的转向相同或相反？
5. 平面周转轮系中的行星轮转速能否用转化机构法求出？空间周转轮系中的行星轮转速能否用相同的方法求出？为什么？
6. 怎样从一个复合轮系中区分哪些构件组成一个周转轮系，哪些构件组成一个定轴轮系？怎样求复合轮系的传动比？
7. 在确定行星轮系各轮齿数时，必须满足哪些条件，为什么？

五、习题精解

（一）判断题

1. 定轴轮系的传动比等于各对齿轮传动比的连乘积。（　　）
2. 周转轮系的传动比等于各对齿轮传动比的连乘积。（　　）
3. 行星轮系中若系杆为原动件时可驱动中心轮，则反之不论什么情况，以中心轮为原动件时也一定可以驱动系杆。（　　）

【答案】

（二）填空题

1. 平面定轴轮系传动比的大小等于_____，从动轮的回转方向可用_____方法来确定。

2. 所谓定轴轮系是指_____，而周转轮系是指_____。

3. 在周转轮系中，轴线固定的齿轮称为_____；兼有自转和公转的齿轮称为_____；而这种齿轮的动轴线所在的构件称为_____。

4. 组成周转轮系的构件有_____、_____、_____；i_{1k} 与 i_{1k}^H 有区别，i_{1k} 是_____；i_{1k}^H 是_____；i_{1k}^H 的计算公式为_____，公式中的正、负号是按_____来确定的。

5. 行星轮系齿数与行星轮数的选择必须满足的 4 个条件是_____条件、_____条件、_____条件、_____条件。

【答案】

（三）选择题

1. 在图 9-7 所示的轮系中，给定齿轮 1 的转动方向，则齿轮 3 的转动方向_____。

（A）与 ω_1 相同；

（B）与 ω_1 相反；

（C）只根据题目给定的条件无法确定。

2. 下面给出图 9-7 所示轮系的 3 个传动比计算式，_____为正确的。

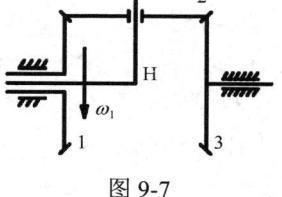

（A）$i_{12}^H = \dfrac{\omega_1 - \omega_H}{\omega_2 - \omega_H}$；　　（B）$i_{13}^H = \dfrac{\omega_1 - \omega_H}{\omega_3 - \omega_H}$；　　（C）$i_{23}^H = \dfrac{\omega_2 - \omega_H}{\omega_3 - \omega_H}$。

图 9-7

【答案】

(四)轮系传动比计算

1. 定轴轮系

【09401】在图 9-8 所示的轮系中，已知蜗杆为单头且右旋，转速 $n_1=1440\,\text{r/min}$，转动方向如图 9-8 所示，其余各轮齿数为 $z_2=40$，$z_{2'}=20$，$z_3=30$，$z_{3'}=18$，$z_4=54$，试：

(1) 说明轮系属于何种类型；
(2) 计算齿轮 4 的转速 n_4；
(3) 在图中标出齿轮 4 的转动方向。

解：
(1) 定轴轮系。
(2) $n_4 = \dfrac{z_1 \cdot z_{2'} \cdot z_{3'} \cdot n_1}{z_2 \cdot z_3 \cdot z_4} = \dfrac{1 \times 20 \times 18 \times 1440}{40 \times 30 \times 54} = 8\,\text{r/min}$。
(3) n_4 方向为 ←。

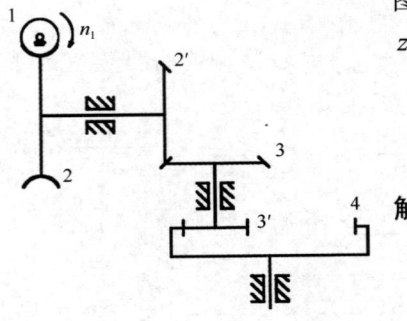

图 9-8

【09402】在图 9-9 所示的轮系中，已知各轮齿数为 $z_1=z_2=z_3=z_5=z_6=20$，已知齿轮 1、4、5、7 为同轴线，试求该轮系的传动比 i_{17}。

解：
(1) $z_4 = z_1 + 2z_2 + 2z_3 = 5z_1 = 5 \times 20 = 100$；
$z_7 = z_5 + 2z_6 = 3z_1 = 3 \times 20 = 60$。
(2) $i_{17} = (-1)^3 \dfrac{z_2 z_3 z_4 z_6 z_7}{z_1 z_2 z_3 z_5 z_6} = -\dfrac{100 \times 60}{20 \times 20} = -15$。

2. 基本周转轮系

【09403】在图 9-10 所示的万能刀具磨床工作台横向微动进给装置中，运动经手柄输入，由丝杆传给工作台。已知丝杆螺距 $P=50\,\text{mm}$，且为单头的。$z_1=z_2=19$，$z_3=18$，$z_4=20$，试计算手柄转一周时工作台的进给量 s。

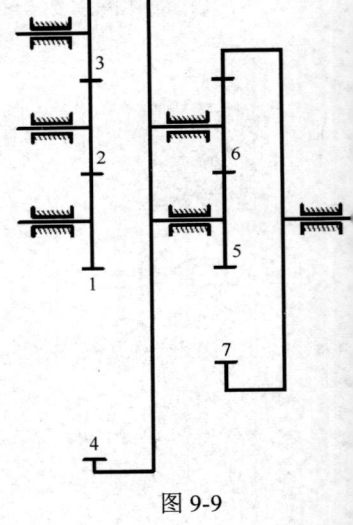

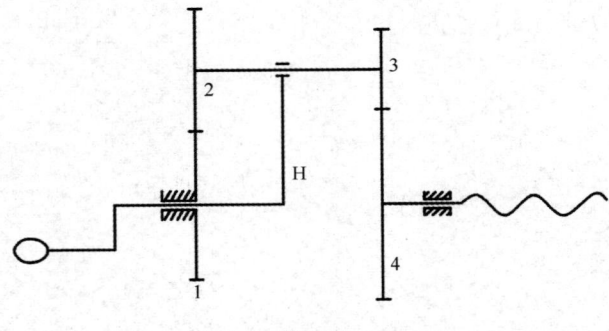

图 9-10

图 9-9

解：

184

（1）1、2、3、4、H构成行星轮系。

（2）$i_{4H} = \dfrac{\omega_4}{\omega_H} = 1 - i_{41}^H = 1 - (-1)^2 \dfrac{z_3 z_1}{z_4 z_2} = 1 - \dfrac{18 \times 19}{20 \times 19} = \dfrac{1}{10}$。

（3）因为 $\omega_4 = \left(\dfrac{1}{10}\right)\omega_H$，$P$=50mm，所以 $s = \left(\dfrac{1}{10}\right) \times 50 = 5$ mm。

【09404】在图 9-11 所示的轮系中，$z_1 = z_3 = 25$，$z_5 = 100$，$z_2 = z_4 = z_6 = 20$，试区分哪些构件组成定轴轮系？哪些构件组成周转轮系？哪个构件是转臂 H？传动比 i_{16} 等于多少？

解：

（1）5、6 组成定轴轮系，1、2、3、4、H（5）组成行星轮系，构件 5 是转臂。

（2）$i_{14}^5 = 1 - i_{15} = \dfrac{z_2 z_4}{z_1 z_3} = \dfrac{20 \times 20}{25 \times 25} = \dfrac{16}{25}$；$i_{15} = 1 - \dfrac{16}{25} = \dfrac{9}{25}$。

（3）$i_{56} = \dfrac{n_5}{n_6} = -\dfrac{z_6}{z_5} = -\dfrac{20}{100} = -\dfrac{1}{5}$。

（4）$i_{16} = i_{15} \cdot i_{56} = \dfrac{9}{25} \cdot \left(-\dfrac{1}{5}\right) = -\dfrac{9}{125}$。

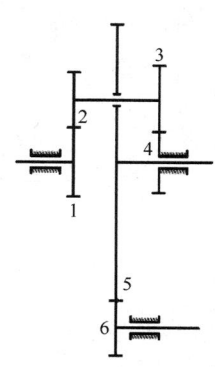

图 9-11

【09405】在图 9-12 所示的轮系中，已知各轮齿数 $z_1 = 20$，$z_2 = 40$，$z_3 = 15$，$z_4 = 60$，轮 1 的转速为 $n_1 = 120$ r/min，转向如图 9-12 所示。试求轮 3 的转速 n_3 的大小和转向。

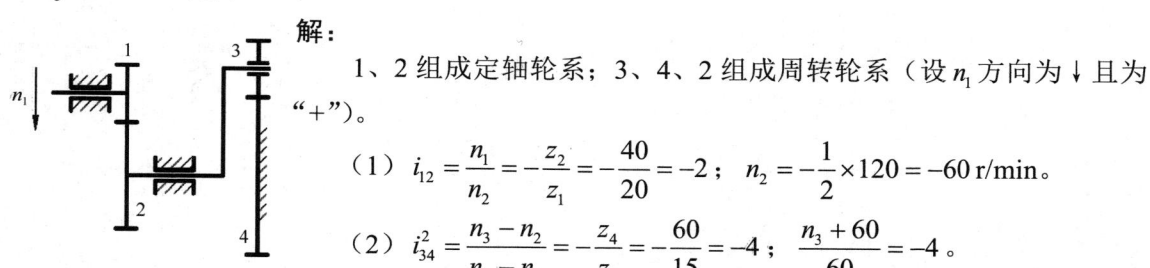

图 9-12

解：

1、2 组成定轴轮系；3、4、2 组成周转轮系（设 n_1 方向为↓且为"+"）。

（1）$i_{12} = \dfrac{n_1}{n_2} = -\dfrac{z_2}{z_1} = -\dfrac{40}{20} = -2$；$n_2 = -\dfrac{1}{2} \times 120 = -60$ r/min。

（2）$i_{34}^2 = \dfrac{n_3 - n_2}{n_4 - n_2} = -\dfrac{z_4}{z_3} = -\dfrac{60}{15} = -4$；$\dfrac{n_3 + 60}{60} = -4$。

（3）$n_3 = -300$ r/min，方向为↑。

【09406】在图 9-13 所示的起重机旋转机构中，已知电动机的转速 $n = 1440$ r/min。各轮齿数为 $z_1 = 1$（右旋），$z_2 = 40$，$z_3 = 15$，$z_4 = 180$。试确定该起重机房平台 H 的转速 n_H。

解：

（1）$\dfrac{n_1^H}{n_2^H} = \dfrac{z_2}{z_1} = 40$，设 n_1^H 方向为↑。$n_2^H = \dfrac{n_1^H}{40} = \dfrac{1440}{40} = 36$ r/min，n_2^H 方向为→。

$n_1^H = n_1 - n_H = 1440$ r/min。

（2）$i_{34}^H = \dfrac{n_3 - n_H}{n_4 - n_H} = -\dfrac{z_4}{z_3} = -\dfrac{180}{15} = -12$。

因为 $n_3 = n_2$，所以 $n_3 - n_H = n_2 - n_H = n_2^H = 36$；

因为 $\dfrac{36}{-n_H} = -12$，所以 $n_H = 3$ r/min，方向为→。

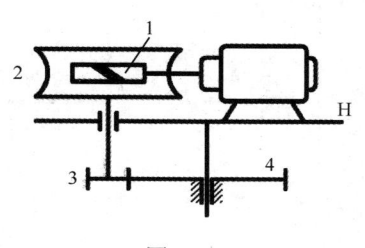

图 9-13

3. 复合周转轮系

【09407】 在图9-14所示的轮系中，各齿轮均是模数相等的标准齿轮，并已知 $z_1=34$，$z_2=22$，$z_4=18$，$z_6=88$。试求齿数 z_3 及 z_5，并计算传动比 i_{AB}。

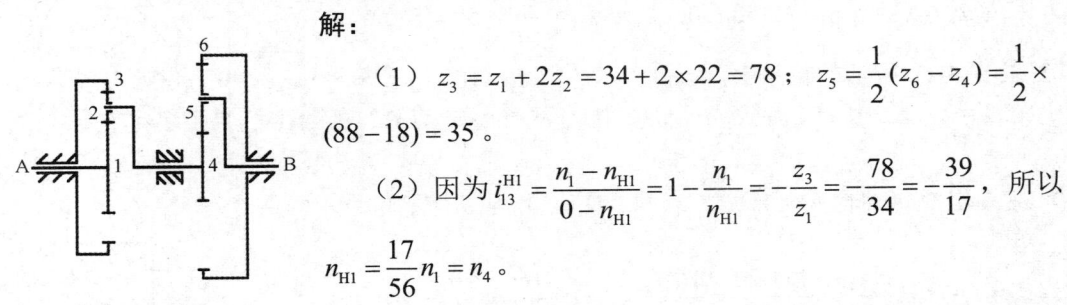

解：

（1）$z_3 = z_1 + 2z_2 = 34 + 2 \times 22 = 78$；$z_5 = \frac{1}{2}(z_6 - z_4) = \frac{1}{2} \times (88-18) = 35$。

（2）因为 $i_{13}^{H1} = \frac{n_1 - n_{H1}}{0 - n_{H1}} = 1 - \frac{n_1}{n_{H1}} = -\frac{z_3}{z_1} = -\frac{78}{34} = -\frac{39}{17}$，所以

$$n_{H1} = \frac{17}{56}n_1 = n_4。$$

图9-14

（3）因为 $i_{46}^{H2} = 1 - \frac{n_4}{n_{H2}} = -\frac{z_6}{z_4} = -\frac{88}{18} = -\frac{44}{9}$，所以 $\frac{n_4}{n_{H2}} = 1 + \frac{44}{9} = \frac{53}{9}$。

（4）$i_{AB} = i_{1H2} = i_{14} \cdot i_{4H2} = \frac{56}{17} \times \frac{53}{9} \approx 19.399$。

【09408】 在图9-15所示的周转轮系中，已知各轮齿数为 $z_1 = z_{2'} = 20$，$z_2 = z_3 = 25$，$z_4 = 70$，试求传动比 i_{13}。

解：

（1）1、2、4、H 组成行星轮系，有

$$i_{1H} = 1 - i_{14}^H = 1 - \left(-\frac{z_4}{z_1}\right) = 1 + \frac{70}{20} = \frac{9}{2}$$

（2）3、2'、2、4、H 组成行星轮系，有

$$i_{3H} = 1 - i_{34}^H = 1 - \left(-\frac{z_{2'}z_4}{z_3 z_2}\right) = 1 + \frac{20 \times 70}{25 \times 25} = \frac{81}{25}$$

（3）$i_{13} = i_{1H} \cdot i_{H3} = \frac{i_{1H}}{i_{3H}} = \frac{9 \times 25}{2 \times 81} = \frac{25}{18}$。

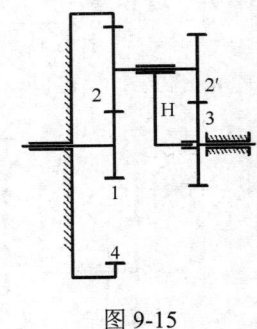

图9-15

4. 混合行星轮系

【09409】 在图9-16所示的轮系中，已知 $z_1=1$（右旋），$z_2=60$，$z_4=18$，$z_5=20$，$z_6=40$，齿轮3、4、5、6的模数和压力角分别相等，求齿数 z_3 和传动比 i_{16}。

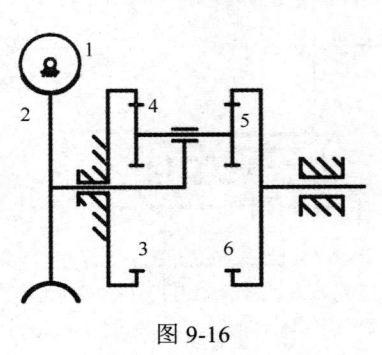

解：

（1）$z_3 = z_6 - z_5 + z_4 = 40 - 20 + 18 = 38$。

（2）$i_{12} = \frac{n_1}{n_2} = \frac{z_2}{z_1} = \frac{60}{1} = 60$。

（3）$i_{63}^2 = \frac{n_6 - n_2}{n_3 - n_2} = 1 - \frac{n_6}{n_2} = \frac{z_5 z_3}{z_6 z_4} = \frac{20 \times 38}{40 \times 18} = \frac{19}{18}$；

$$i_{62} = \frac{n_6}{n_2} = 1 - \frac{19}{18} = -\frac{1}{18}，\quad i_{26} = -18。$$

（4）$i_{16} = i_{12} \cdot i_{26} = 60 \times 18 = 1080$。

图9-16

【09410】在图 9-17 所示的轮系中，蜗杆 1 为右旋，蜗杆 7 旋向如图 9-17 所示，$z_1=z_7=1$，$z_3=99$，$z_5=101$，$z_2=z_4=z_6=z_8=100$，求 i_{18}，若 n_1 顺时针旋转，n_8 的转向如何？

解：

（1）$i_{12}=\dfrac{n_1}{n_2}=\dfrac{z_2}{z_1}=100$，$n_2$ 方向为↓。

（2）$i_{62}=1-i_{63}^2=1-\dfrac{z_5 z_3}{z_6 z_4}=1-\dfrac{101\times 99}{100\times 100}=10^{-4}$，$n_6$ 和 n_2 同方向，为↓。

（3）$i_{78}=\dfrac{z_8}{z_7}=\dfrac{100}{1}=100$，7 为左旋，所以 n_8 逆时针转动。

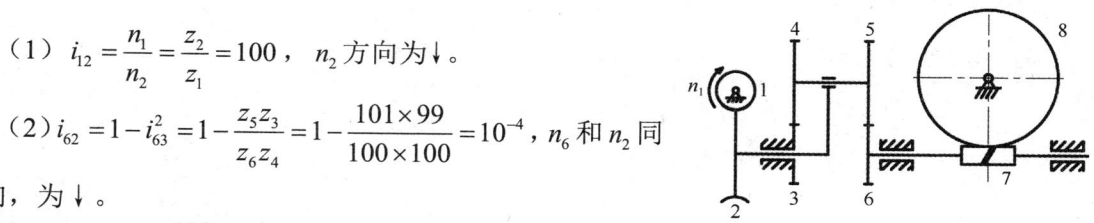

（4）$i_{18}=i_{12}\cdot i_{26}\cdot i_{78}=100\times 10^4\times 100=10^8$。

【09411】在图 9-18 所示的轮系中，已知 $z_1=z_2=30$，$z_3=40$，$z_4=20$，$z_5=18$，齿轮 3、5、6 的模数、压力角都相等，求 z_6 的齿数和传动比 i_{1H}。

解：

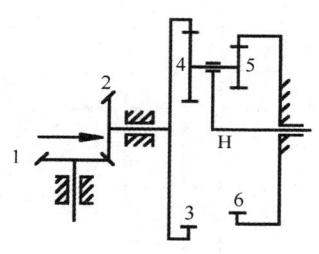

（1）$a_{56}=a_{34}$，$r_6-r_5=r_3-r_4$；
$z_6=z_3-z_4+z_5=40-20+18=38$。

（2）$i_{12}=\dfrac{z_2}{z_1}=\dfrac{30}{30}=1$，$n_2$ 方向为↓。

（3）$i_{36}^H=\dfrac{n_3-n_H}{n_6-n_H}=\dfrac{z_4 z_6}{z_3 z_5}=\dfrac{20\times 38}{40\times 18}=\dfrac{19}{18}$；
$i_{3H}=1-i_{36}^H=1-\dfrac{19}{18}=-\dfrac{1}{18}$。

（4）i_{1H} 的大小为 $i_{1H}=i_{12}\cdot i_{3H}=1\times\dfrac{1}{18}=\dfrac{1}{18}$。

5. 封闭差动轮系

【09412】在图 9-19 所示的轮系中，已知各轮齿数为 $z_1=z_3=40$，$z_2=z_{1'}=20$，$z_4=50$，$z_{4'}=15$，$z_5=75$。试求传动比 i_{15}。

解：

（1）$\dfrac{n_5-n_2}{n_3-n_2}=\dfrac{z_{4'} z_3}{z_5 z_4}=\dfrac{15\times 40}{75\times 50}=\dfrac{4}{25}$。

（2）$\dfrac{n_2}{n_1}=-\dfrac{z_1}{z_2}=-\dfrac{40}{20}=-2$，$n_2=-2n_1$；
$\dfrac{n_3}{n_1}=-\dfrac{z_{1'}}{z_3}=-\dfrac{20}{40}=-\dfrac{1}{2}$，$n_3=-\dfrac{1}{2}n_1$。

（3）联立上面两式求得 $i_{15}=\dfrac{n_1}{n_5}\approx -0.568$。

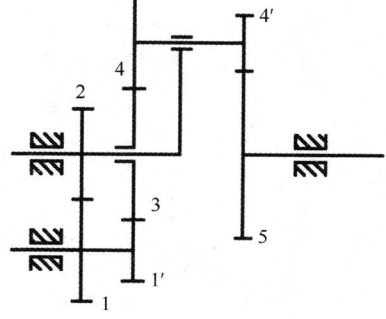

【09413】在图 9-20 所示的轮系中，齿轮 2、3、4、5 均为标准直齿圆柱齿轮，且模数相同。已知齿数为 $z_1=1$（左旋），$z_3=18$，$z_4=z_6=30$，$z_5=25$。转速 $n_1=1440$ r/min，$n_5=80$ r/min，其转向如图 9-20 所示。试计算 n_4 的大小和转向。

解：

（1）按同心条件求 z_2，则 $z_2 = z_3 + z_4 - z_5 = 18 + 30 - 25 = 23$。

（2）在定轴轮系中，求 n_6。

由 $\dfrac{n_6}{n_1} = \dfrac{z_1}{z_6}$，得 $n_6 = n_1 \dfrac{z_1}{z_6} = 1440 \times \dfrac{1}{30} = 48 \text{r/min}$，方向为 ↓。

（3）在差动轮系中，求 n_4。

设图示 n_5 方向为 "+"。

$$i_{45}^6 = \dfrac{n_4 - n_6}{n_5 - n_6} = \dfrac{n_4 - (-48)}{80 - (-48)} = \dfrac{n_4 + 48}{128} = \dfrac{z_3 z_5}{z_4 z_2} = \dfrac{18 \times 25}{30 \times 23} = \dfrac{15}{23}$$

（4）$n_4 = 35.478 \text{r/min}$，方向与 n_5 相同。

【09414】 在图 9-21 所示的轮系中，已知 $z_1 = 40$，$z_{1'} = 20$，$z_2 = 20$，$z_3 = 40$，$z_{3'} = 60$，$z_4 = 30$，$z_{4'} = 15$，$z_5 = 30$。试求传动比 i_{15}。

解：

（1）定轴轮系 1-2 及 1'-3。

$i_{12} = \dfrac{n_1}{n_2} = -\dfrac{z_2}{z_1} = -\dfrac{20}{40} = -\dfrac{1}{2}$，$n_2 = -2n_1$；

$i_{1'3} = \dfrac{n_{1'}}{n_3} = -\dfrac{z_3}{z_{1'}} = -\dfrac{40}{20} = -2$，$n_3 = -\dfrac{1}{2}n_1$。

（2）差动轮系 3'-4-4'-5-H。

因为 $i_{3'5}^H = \dfrac{n_{3'} - n_H}{n_5 - n_H} = -\dfrac{z_4 z_5}{z_{3'} z_{4'}} = -\dfrac{30 \times 30}{60 \times 15} = -1$，所以

$2n_H = n_3 + n_5$，$2n_2 = n_3 + n_5$。

（3）$i_{15} = \dfrac{n_1}{n_5} = -\dfrac{2}{7}$。

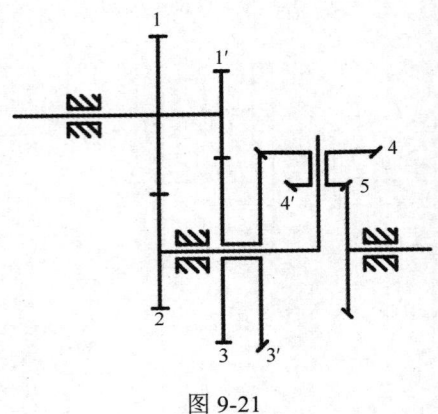

图 9-21

【09415】 图 9-22 所示为卷扬机传动机构简图，已知各轮齿数为 $z_1 = 18$，$z_2 = 19$，$z_3 = 39$，$z_{3'} = 35$，$z_4 = 130$，$z_{4'} = 18$，$z_5 = 30$，$z_6 = 78$。

（1）传动比 i_{16} 等于多少？

（2）当 $n_1 = 500 \text{ r/min}$ 时，n_6 等于多少？并确定转动方向。

（3）由于工作需要从轴 5 输出运动，试确定 n_5 等于多少？并确定转动方向。

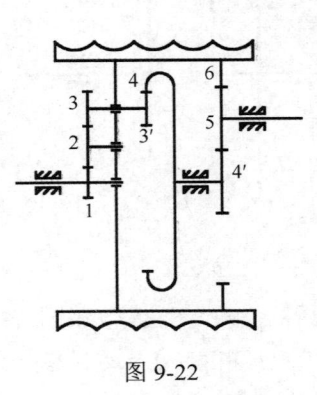

解：

（1）$i_{14}^H = \dfrac{n_1 - n_H}{n_4 - n_H} = (-1)^2 \dfrac{z_3 z_4}{z_1 z_{3'}} = \dfrac{39 \times 130}{18 \times 35} \approx 8.05$

因为 $i_{14}^6 = \dfrac{n_1 - n_6}{n_4 - n_6}$，$n_H = n_6$，所以 $i_{14}^6 = 8.05$。

因为 $i_{4'6} = \dfrac{n_4}{n_6} = -\dfrac{z_6}{z_{4'}} = -\dfrac{78}{18} \approx -4.3$，所以 $n_4 = i_{4'6} n_6 = -4.3 n_6$。

因为 $\dfrac{n_1 - n_6}{-4.3 n_6 - n_6} = 8.05$，所以 $i_{16} = \dfrac{n_1}{n_6} \approx -41.67$。

（2）$n_6 = \dfrac{n_1}{i_{16}} = -\dfrac{500}{41.67} \approx -12 \text{ r/min}$，与构件 1 的转向相反。

图 9-22

（3）$i_{56} = \dfrac{n_5}{n_6} = \dfrac{z_6}{z_5} = \dfrac{78}{30}$，$n_5 = i_{56} n_6 = \dfrac{78}{30} \times (-12) = -31.2 \text{ r/min}$，与构件 6 的转向相反。

【09416】在图 9-23 所示的轮系中，已知各轮齿数为 $z_1 = 60$，$z_2 = 30$，$z_{2'} = z_3 = 20$，$z_4 = 30$，$z_{4'} = z_5 = 18$，试求传动比 i_{51}。

解：

（1）在定轴轮系 4-3-(2'-2)-1 中，有

$$i_{41} = \dfrac{n_4}{n_1} = -\dfrac{z_{2'} z_1}{z_4 z_2} = -\dfrac{20 \times 60}{30 \times 30} = -\dfrac{4}{3} \quad (9\text{-}18)$$

（2）在差动轮系 4-5-H（1）中，有

$$i_{4'5}^{1} = \dfrac{n_4 - n_1}{n_5 - n_1} = -\dfrac{z_5}{z_{4'}} = -\dfrac{18}{18} = -1 \quad (9\text{-}19)$$

（3）联立式（9-18）和式（9-19）得

$$i_{51} = \dfrac{n_5}{n_1} = \dfrac{10}{3}$$

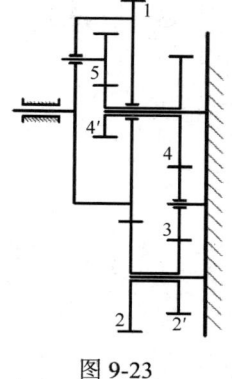

图 9-23

【09417】在图 9-24 所示的轮系中，已知各轮齿数为 $z_1 = 1$，$z_2 = 30$，$z_{2'} = 14$，$z_3 = 18$，$z_5 = 20$，$z_6 = 15$。主动轮 1 为右旋蜗杆，其转向如图 9-24 所示。

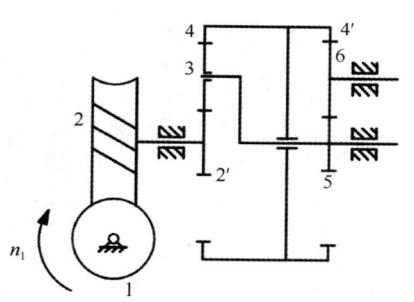

（1）分析该轮系的组合方式；
（2）求 z_4、$z_{4'}$ 及传动比 i_{14}；
（3）画出轮 2 和轮 4 的转向。

解：

（1）1-2 组成定轴轮系，2'-3-4-5（H）组成差动轮系，4'-6-5 组成定轴轮系。

（2）$z_4 = z_{2'} + 2z_3 = 14 + 2 \times 18 = 50$；$z_{4'} = z_5 + 2z_6 = 20 + 2 \times 15 = 50$。

图 9-24

（3）$i_{12} = \dfrac{n_1}{n_2} = \dfrac{z_2}{z_1} = 30$。

$$i_{2'4}^{5} = \dfrac{n_{2'} - n_5}{n_4 - n_5} = -\dfrac{z_4}{z_{2'}} = -\dfrac{25}{7} \quad (9\text{-}20)$$

$$i_{54'} = \dfrac{n_5}{n_4} = -\dfrac{z_{4'}}{z_5} = -\dfrac{5}{2} \quad (9\text{-}21)$$

（4）$n_2 = n_{2'}$，$n_4 = n_{4'}$，联立式（9-20）和式（9-21），得

$$\dfrac{n_2 - \left(-\dfrac{5}{2} n_4\right)}{n_4 - \left(-\dfrac{5}{2} n_4\right)} = -\dfrac{25}{7}$$

解之得 $i_{24} = -15$。

$i_{14} = i_{12} \cdot i_{2'4} = 30 \times 15 = 450$，$n_2$ 方向为 ↑，n_4 方向为 ↓。

第 10 章　其他常用机构及其设计

一、内容提要

（一）棘轮机构
（二）槽轮机构
（三）不完全齿轮机构
（四）螺旋机构
（五）万向铰链机构
（六）组合机构

二、本章重点

本章内容烦琐，所以学习时要抓住要领，可按如下思路去掌握：组成→工作原理→分类→优缺点及适用场合→设计要点。

（一）棘轮机构

棘轮机构是一种常用的单向间歇运动机构。

（1）组成：齿式棘轮机构由摇杆、棘爪、棘轮、止推爪和机架组成。摩擦式棘轮机构可看作以楔块代替棘爪，以摩擦轮代替棘轮。

（2）工作原理：齿式棘轮机构依靠棘爪与棘轮上的棘齿做刚性推动来实现棘轮单方向间歇运动。摩擦式棘轮机构则依靠楔块与摩擦轮的侧表面楔紧成一体来实现摩擦轮单方向间歇运动。

（3）分类：棘轮机构可分为齿式棘轮机构和摩擦式棘轮机构。齿式棘轮机构有外啮合、内啮合两类。

（4）优缺点及适用场合：齿式棘轮机构结构简单，转角调整方便，由于主动件、从动件之间是刚性推动，故转角比较准确。棘爪与棘轮之间的主、从动关系可以互换。它可以满足间歇送进、制动、超越和转换分度的工作要求。其缺点是在传递运动时其转角只能做有级的改变，工作时有冲击，噪声大，易磨损，一般只适用于低速轻载场合。摩擦式棘轮机构的结构简单，传动平稳，无噪声，棘轮转角可无级调整，主、从关系可以互换。其缺点是由于它是依靠摩擦力来传递运动的，故从动件的转角准确度较差，通常也只适用于低速轻载场合。

（5）设计要点：为保证棘爪能顺利滑入棘轮齿槽，并自动压紧齿根，应满足的条件是棘齿的倾斜角 α 应大于棘爪与棘轮齿面间的摩擦角 φ（$\alpha > \varphi$）。

（二）槽轮机构

槽轮机构也是一种常用的单向间歇运动机构。

（1）组成：槽轮机构由主动拨盘、从动槽轮和机架组成。

（2）工作原理：槽轮机构依靠主动拨盘上的拨销依次拨动槽轮上的各个导槽间歇地进行工作。

（3）分类：普通槽轮机构可分为外槽轮机构（应用较多）和内槽轮机构，特殊槽轮机构可分为不等臂长的多销槽轮机构、球面槽轮机构、偏置槽轮机构和曲线槽轮机构等。

（4）优缺点及适用场合：工作平稳，可以在较高转速下工作，选取不同的槽数和圆销数，可以获得多种不同运动系数的间歇运动。其缺点是槽轮的转角是不可调的，且不能太小，所以只能用在每次转角较大且无须经常调整的传动装置中。另外，槽轮机构的主、从动关系不能互换，结构较棘轮机构复杂，加工精度要求较高，因此制造成本较高。

（5）设计要点：①圆销在刚进入或刚退出槽轮槽口的瞬时，圆销的圆周速度方向应与槽轮径向槽的中心线方向一致，以避免圆销进入销槽时撞击销槽侧壁。②为了避免主动件与从动件脱离接触之后从动件失去控制，需设置锁住装置，当圆销离开销槽后，用锁住装置将从动槽轮加以定位。③外啮合槽轮机构的运动系数 k 应大于零，所以外啮合槽轮机构的槽数 z 应大于或等于 3。

（三）不完全齿轮机构

不完全齿轮机构是由普通齿轮机构演变而成的一种间歇运动机构。

（1）组成：不完全齿轮机构由主动轮（只有一个或几个轮齿）、从动轮和机架组成。

（2）工作原理：根据运动时间与停歇时间的要求，在从动轮上做出与主动轮轮齿相啮合的齿间。依靠主动轮的一个或几个轮齿带动从动轮，从而实现从动轮间歇回转运动。

（3）分类：不完全齿轮机构有外啮合和内啮合不完全齿轮机构及圆柱和圆锥不完全齿轮机构之分。

（4）优缺点及适用场合：不完全齿轮机构的转动和停歇的时间比例关系可以根据工作需要安排，设计较灵活；从动轮在大部分转动时间内做等角速转动，运转较平稳，承载能力较强；但冲击较大，只适用于低速、轻载场合。不完全齿轮机构常用于多工位自动机和半自动机中。

（5）设计要点：①为了减轻起动和停歇时的冲击，需安装瞬心线附加杆。②为了保证主动轮的首齿能顺利地进入啮合状态而不与从动轮的齿顶相撞，需将首齿齿顶高做适当的削减。③为了保证从动轮停歇在预定位置，主动轮的末齿齿顶高也需要做适当的修正。

（四）螺旋机构

含有螺旋副的机构称为螺旋机构。

（1）组成：螺旋机构由螺杆、螺母和机架组成。

（2）工作原理：一般情况下将螺杆的旋转运动转换为螺母的轴向移动。

（3）分类：螺旋机构可分为普通螺旋机构、微动螺旋机构（差动螺旋机构）和复式螺旋机构。

（4）优缺点及适用场合：螺旋机构可以方便地把旋转运动变为直线运动，也可以把直线运动变为旋转运动，能获得很大的减速比和力的增益。选择合适的螺纹导程角，可以使机构具有自锁性，但效率较低。因此，螺旋机构常用于起重机、压力机及功率不大的进给系统和微调装置中。

（5）设计要点：①在微动螺旋机构中，当螺杆转过 φ 角时，螺母移动的距离为 $S=(l_A-l_B)\varphi/2\pi$。②在复式螺旋机构中，当螺杆转过 φ 角时，螺母移动的距离为 $S=(l_A+l_B)\varphi/2\pi$。③对要求具有自锁性的螺旋机构和微动螺旋机构宜选用单头螺纹，并使螺纹具有较小的导程及导程角。④对于要求传递大的功率或快速运动的螺旋机构，宜采用具有较大导程角的多头螺旋。

（五）万向铰链机构

万向铰链机构是一种具有特殊功能的传动机构。

（1）组成：带有叉的两个轴和机架组成单万向铰链机构。单万向铰链机构成对使用组成双万向铰链机构。

（2）工作原理：传递两个相交轴间的运动和动力，且两个轴间的夹角在传动过程中可以变动。

（3）分类：万向铰链机构可分为单万向铰链机构和双万向铰链机构。

（4）优缺点及适用场合：万向铰链机构不仅可用于两个轴相交成某个夹角且该夹角经常变化的场合，也可用于两个平行轴之间的距离经常变化的场合。万向铰链机构结构紧凑，对制造和安装精度要求不高，能适应较恶劣的工作条件，在许多机械中均有广泛应用。

（5）设计要点：单万向铰链机构不能实现定角速比传动，为此常采用双万向铰链机构。为使双万向铰链机构的主动轴、从动轴能实现恒速比（$i\equiv1$）传动，必须遵循以下 3 个条件：①主动轴、从动轴和中间轴应位于同一平面内；②主动轴、从动轴轴线与中间轴轴线之间夹角应相等；③中间轴两端的叉面应位于同一平面内。

（六）组合机构

把几个基本机构通过特殊组合方式（如封闭式组合、特殊串联式组合等）组合起来以满足机械不同运动形式、运动规律和动力性能等方面的要求，就构成了组合机构。利用组合机构不仅能满足多种设计要求，而且能综合应用和发挥各种基本机构的特点，获得了原基本机构所不具有的一些新的性能，所以组合机构得到了广泛应用。

常见的组合机构有以下几种。

（1）联动凸轮组合机构。

此组合机构是由若干个凸轮机构组合而成的。可应用于要求从动件实现预定的运动轨迹、利用特殊形状的轨迹输送工件或做间歇送进的场合。

（2）凸轮-齿轮组合机构。

此组合机构大多是由差动轮系和凸轮机构组合而成的。可实现从动件多种预定的运动规律。例如，实现从动件多种复杂运动规律的传动；使从动件实现具有任意停歇时间的间歇运动；还可实现机构传动校正装置中所要求的特殊规律的补偿运动等。

（3）凸轮-连杆组合机构。

此组合机构是由连杆机构和凸轮机构组合而成的。可实现从动件多种预定的复杂的运动规律和运动轨迹。

（4）齿轮-连杆组合机构。

此组合机构是由齿轮机构和连杆机构组合而成的。可实现从动件多种复杂的运动规律和运动轨迹。

三、典型例题

【例 10-1】某自动机床的工作台要求有 6 个工位，转台停歇时进行工艺动作，其中，最长的一个工序为 30s。现拟采用一个槽轮机构来完成间歇转位工作。设已知槽轮机构的中心距 L=300mm，圆销半径 r=25mm，槽轮齿顶厚 b=12.5mm，试绘出其机构简图，并计算槽轮机构主动轮的转速。

解：

根据题设工作需要应采用单销六槽的槽轮机构。

（1）确定槽轮机构的几何尺寸。

拨盘圆销转臂的臂长为

$$R = L\sin\frac{\pi}{z} = 300\sin\frac{\pi}{6} = 150 \text{ mm}$$

槽轮的外径为

$$S = L\cos\frac{\pi}{z} = 300\cos\frac{\pi}{6} \approx 259.81 \text{ mm}$$

槽深为

$$h \geqslant L\left(\sin\frac{\pi}{z} + \cos\frac{\pi}{z} - 1\right) + r = 300\left(\sin\frac{\pi}{6} + \cos\frac{\pi}{6} - 1\right) + 25 \approx 135 \text{ mm}$$

锁止弧半径为

$$r' = R - r - b = 150 - 25 - 12.5 = 112.5 \text{ mm}$$

作其机构简图 10-1。

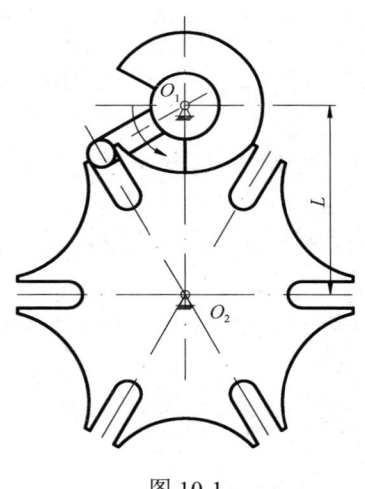

图 10-1

（2）确定拨盘的转速。

设当拨盘转一周时，槽轮的运动时间为 t_d，静止时间为 t_j，静止时间应取为 t_j=30s。

本槽轮机构的运动系数 $k=(z-2)/2z=1/3$，停歇系数 $k'=1-k=t_j/t$，由此可得拨盘转一周所需时间为

$$t = t_j/(1-k) = 30/\left(1-\frac{1}{3}\right) = 45\text{s}$$

拨盘的转速为

$$n = \frac{1}{t} \times 60 = \frac{1}{45} \times 60 = \frac{4}{3} \text{ r/min}$$

【例 10-2】某机床分度机构中的双万向铰链机构，在设备检修时，被误装成图 10-2 所示的形状。设主动轴 1 的角速度 ω_1 为常数，试求从动轴 3 的角速度 ω_3 变化的最大范围，并说明若使从动轴 3 匀速转动应采取何种改正措施？

图 10-2

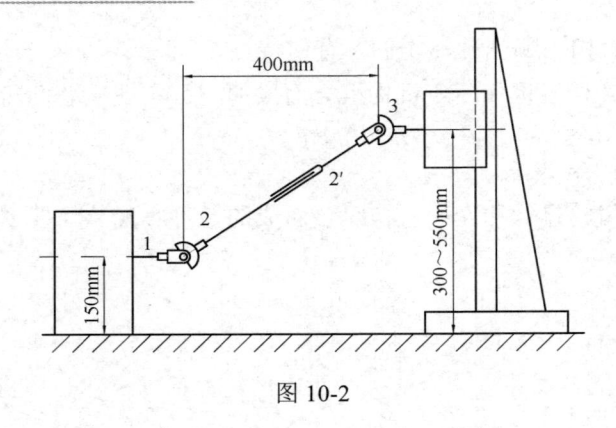

解：

（1）确定从动轴 3 的角速度 ω_3 的变化范围。

轴间夹角的变化范围为

$$\alpha_{1\min} = \alpha_{2\min} = \arctan\left(\frac{300-150}{400}\right) = 20.556°$$

$$\alpha_{1\max} = \alpha_{2\max} = \arctan\left(\frac{550-150}{400}\right) = 45°$$

当轴 1 叉面垂直于图纸平面时，有

$$\omega_3 = \omega_2/\cos\alpha = \omega_1/\cos^2\alpha = (1.141 \sim 2)\omega_1$$

当轴 1 叉面平行于图纸平面时，有

$$\omega_3 = \omega_2\cos\alpha = \omega_1\cos^2\alpha = (0.5 \sim 0.877)\omega_1$$

故从动轴 3 的角速度 ω_3 的变化范围为 $0.5\omega_1 \sim 2\omega_1$。

（2）改正措施。

应将中间轴的两个叉面装在同一平面上。

四、复习思考题

1．棘轮机构和槽轮机构各有何特点？
2．棘轮与棘爪的轴心位置应如何安排？棘轮工作齿面的倾斜角 α 应如何确定？倾斜角过小，将会出现什么问题？
3．根据运动系数的意义，为什么运动系数必须大于零而小于 1？
4．为什么槽轮机构不允许有两个以上的主动拨销同时工作？
5．外啮合与内啮合的槽轮机构的槽数为什么不能太少，也不宜太多？常取槽数为多少？
6．不完全齿轮机构中瞬心线附加杆的作用是什么？
7．为什么不完全齿轮机构主动轮的首、末两个轮齿的齿高一般需要削减？加上瞬心线附加杆后，是否仍需削减？为什么？
8．差动螺旋和复式螺旋的意义、区别和用途是什么？
9．单万向铰链机构中主动轴、从动轴之间的夹角 α 允许值为多少？为什么？
10．双万向铰链机构要满足什么条件才能保证传动比恒为 1？

11．常用的组合机构有哪几种？它们各有何特点？

五、习题精解

（一）判断题

1．在间歇运动机构中可以实现间歇时间可调的机构是棘轮机构。（   ）
2．齿式棘轮机构的转角可以实现无级调整。（   ）
3．外槽轮机构的槽轮与拨盘转向相同，而内槽轮机构的槽轮与拨盘转向相反。（   ）
4．单销外槽轮机构的运动系数总是小于0.5。（   ）
5．在不完全齿轮机构中，为了保证主动轮的首齿能顺利地进入啮合状态而不与从动轮的齿顶相碰，需将首齿齿顶做适当的削减。（   ）
6．在差动螺旋机构中，当两个旋向相同时，从动螺母的位移速度就较快。（   ）
7．当螺旋机构导程角大于摩擦角时，可以将直线运动转换成旋转运动。（   ）
8．万向铰链机构用于传递两个相交轴间的运动，但在传动过程中，两个轴之间的夹角不可变动。（   ）
9．单万向联轴节的转动不均匀系数随两个轴夹角 β 的增大而减小。（   ）
10．在满足所需的安装条件时，双万向铰链机构的主动轴、中间轴和从动轴的转速相等，即 $\omega_1 = \omega_2 = \omega_3$。（   ）

【答案】

（二）填空题

1．欲将匀速回转运动转变成单向间歇回转运动，采用的机构有_____、_____、_____、_____等。
2．在棘轮机构中，为使棘爪能自动啮紧棘轮齿根不滑脱的条件是_____。
3．棘轮机构在工作行程中时，棘爪能顺利地滑入棘轮齿底的条件是_____。
4．对原动件转一周、槽轮只运动一次的单销外槽轮机构来说，槽轮的槽数应不小于_____。
5．主动盘单圆销、径向槽均布的槽轮机构中，槽轮的槽数愈多柔性冲击将_____；单销外槽轮机构的运动系数 k _____，而单销内槽轮机构的运动系数 k _____。
6．不完全齿轮机构在传动过程中，从动轮开始运动和终止运动的瞬时都存在刚性冲击，为改善此缺点，可以在两个齿轮上加装_____。
7．在螺旋机构中，差动螺旋可以得到_____位移，而复式螺旋可以得到_____位移。
8．差动螺旋机构两个螺旋的旋向应_____，为了得到从动件小的移动量，两个螺旋导程的差应愈_____愈好。
9．单万向铰链机构两个轴的瞬时角速度比是_____，变化的幅度与_____的大小有关。

10. 要使传递平行轴或相交轴的双万向联轴节瞬时角速比是常数，其必要条件是_____、_____。

【答案】

（三）选择题

1. 在下述间歇运动机构中，_____机构更适应于高速工作的情况。
   (A) 凸轮；　　　(B) 不完全齿轮；　　　(C) 棘轮；　　　(D) 槽轮。
2. 人在骑自行车时能够实现不蹬踏板的自由滑行，这是_____机构实现超越运动的结果。
   (A) 凸轮间歇运动；　(B) 不完全齿轮；　　(C) 棘轮；　　　(D) 槽轮。
3. 在棘轮外加装棘轮罩，用以遮盖摇杆摆角范围内的一部分棘齿，是为了改变_____的大小。
   (A) 棘轮每次转过角度；　　　　　(B) 摇杆摆动；
   (C) 棘爪转角。
4. 电影放映机是利用_____机构实现胶片画面的依次停留，从而使人们通过视觉暂留获得连续场景。
   (A) 槽轮；　　　(B) 不完全齿轮；　　　(C) 棘轮。
5. 只有一个曲柄销的外槽轮机构，槽轮运动的时间和停歇的时间之比为_____。
   (A) 大于1；　　(B) 等于1；　　　(C) 小于1。
6. 在不完全齿轮机构中，为防止从动轮在停歇期间游动，两个齿轮轮缘处各有_____起定位作用。
   (A) 锁止弧；　　(B) 瞬心线附加杆；　　(C) 削减的齿顶。
7. 螺旋机构要求具有自锁性，这时适宜选择_____。
   (A) 大导程角的多头螺纹；　　　　(B) 大导程角的单头螺纹；
   (C) 小导程角的多头螺纹；　　　　(D) 小导程角的单头螺纹。
8. 螺旋机构要求传递大的功率或快速运动时，宜选用_____。
   (A) 大导程角的多头螺纹；　　　　(B) 大导程角的单头螺纹；
   (C) 小导程角的多头螺纹；　　　　(D) 小导程角的单头螺纹。
9. 单万向联轴器的主动轴 1 以等角速度 $\omega_1 = 157.081\,\text{rad/s}$ 转动，从动轴 2 的最大瞬时角速度 $\omega_{2\max} = 181.382\,\text{rad/s}$，则两个轴夹角 α 为_____。
   (A) 30°；　　　(B) 60°；　　　(C) 15°30′。
10. 用单万向联轴节传递两个相交轴之间的运动时，其传动比为变化值；若用双万向联轴节时，其传动比_____。
    (A) 是变化值；　(B) 一定是定值；　　(C) 在一定条件下才是定值。

【答案】

（四）分析与计算题

【10401】轴 1、2、3 三轴线共面，轴 1 与轴 2 以万向联轴节 A 相联，轴 2 与 3 以万向联轴节 B 相联，各叉面位置如图所示。试写出在图 10-3 所示位置时轴 3 角速度 ω_3 与轴 1 角速度 ω_1 以及角 α_A、α_B 的关系。

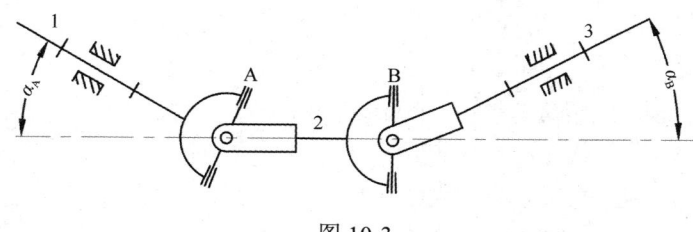

图 10-3

解：
$\omega_3 = \omega_1 / (\cos\alpha_A \cdot \cos\alpha_B)$。

【10402】在图 10-4 所示的螺旋机构中，已知螺旋副 A 为右旋，导程 $L_A = 2.8$ mm；螺旋副 B 为左旋，导程 L_B 为 3 mm，C 为移动副。试问螺杆 1 转多少转时才使螺母 2 相对构件 3 移动 10.6 mm。

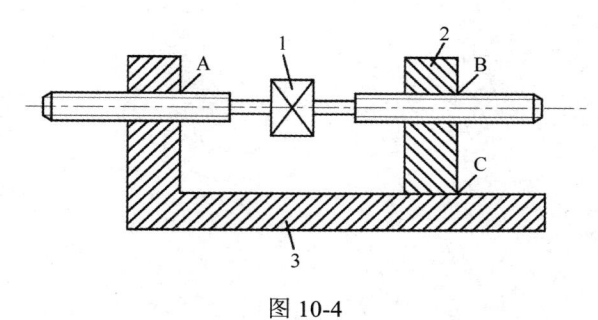

图 10-4

解：
螺母 2 的位移方程为 $\vec{s}_2 = \vec{s}_1 + \vec{s}_{21}$。

杆 1 右旋 1 转，s_1 左移 2.8 mm；同时由相对运动原理，s_{21} 也左移 3 mm，所以 $s_2 = 2.8 + 3 = 5.8$ mm。

又因为 $10.6 \div 5.8 \approx 1.83$，所以杆 1 转 1.83 转使螺母 2 相对于杆 3 移动 10.6 mm。

【10403】螺旋机构如图 10-5 所示，已知 A 右旋，导程 $L_A = 6$ mm；B 左旋，导程 $L_B = 54$ mm；$\omega_1 = 2$ rad/s。试求：
(1) v_2 的大小和方向；
(2) ω_3 的大小和方向。

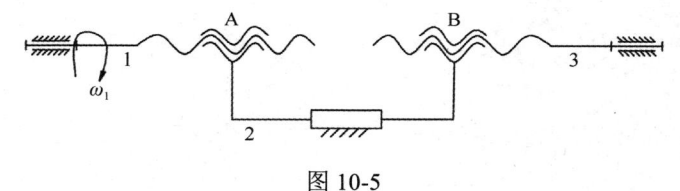

图 10-5

解：

（1） $v_2 = \omega_1 \dfrac{L_A}{2} = 2 \times \dfrac{6}{2} = 6$ mm/s，方向指向左。

（2） $\omega_3 = \dfrac{v_2}{L_B} \times 2\pi = \dfrac{6}{54} \times 2\pi = \dfrac{2\pi}{9}$ rad/s，与 ω_1 反向。

第 11 章 计算机编程在机构分析与设计中的应用

一、内容提要

（一）平面连杆机构的运动分析
（二）凸轮机构轮廓曲线的设计

二、本章重点

（一）平面连杆机构的运动分析

平面连杆机构的运动分析，即在已知机构尺寸和原动件运动规律的情况下，确定机构中其他构件上某些点或其他构件的运动，包括轨迹、位移、速度、加速度和构件的角位移、角速度、角加速度。本章要求掌握铰链四杆机构和铰链六杆机构的运动分析。

用解析法进行平面连杆机构运动分析的关键是建立机构的位置方程式（列出各运动量与机构运动尺寸之间的关系式）。常用的解析法有矢量法、复数矢量法及矩阵法等，平面连杆机构属于闭环机构，采用封闭向量多边形法求解较为简便。首先建立机构封闭矢量方程式，然后对时间求一阶导数得到角速度方程，对时间求二阶导数得到角加速度方程。

每个平面连杆机构运动分析的 MATLAB 程序都有由主程序和子程序两部分组成，程序设计流程如图 11-1 所示。

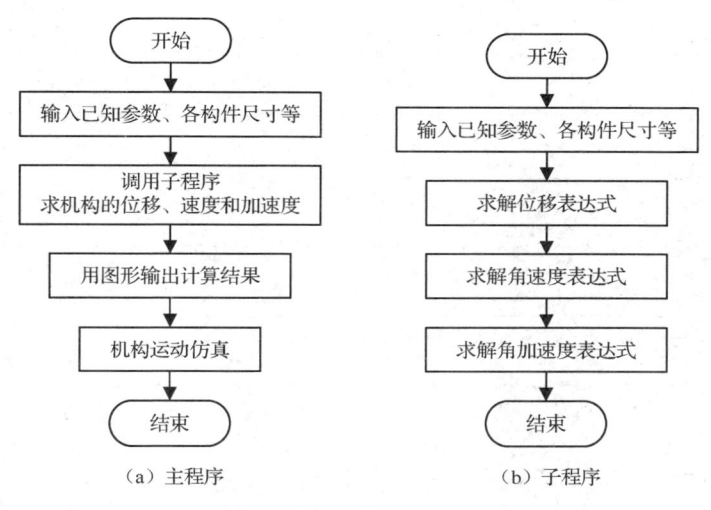

图 11-1 平面连杆机构运动分析的程序设计流程

子程序的任务是求机构在某一位置时,各构件的位移、速度和加速度;主程序的任务是求机构在一个工作循环内各构件的位移、速度和加速度的变化规律,用运动线图表示。

(二)凸轮机构轮廓曲线的设计

用解析法设计凸轮机构轮廓曲线,就是根据工作所要求的推杆运动规律和已知的机构参数,求凸轮机构轮廓曲线的方程式,其关键是建立推杆的运动规律和凸轮机构轮廓曲线(简称凸轮廓线)的关系方程。

1. 推杆常用的运动规律

推杆的运动规律是指推杆在运动时,其位移、速度和加速度随时间的变化规律。推杆常用运动规律主要有等速、等加速等减速、余弦加速度和正弦加速度等运动规律,其计算公式如表 11-1 所示,其中,凸轮的任意转角用 δ 表示,推程运动角和回程运动角分别用 δ_0 和 δ'_0 表示。

表 11-1 推杆常用运动规律的计算公式

运 动 规 律	推程运动方程式	回程运动方程式
等速运动	$s = h\dfrac{\delta}{\delta_0}$	$s = h - h\dfrac{\delta}{\delta'_0}$
	$v = h\omega/\delta_0$	$v = -h\omega/\delta'_0$
等加速等减速运动	$0 < \delta \leq \delta_0/2$	$0 < \delta \leq \delta'_0/2$
	$s = 2h\delta^2/\delta_0^2$	$s = h - 2h\delta^2/\delta'^2_0$
	$v = 4h\omega\delta/\delta_0^2$	$v = -4h\omega\delta/\delta'^2_0$
	$a = 4h\omega^2/\delta_0^2$	$a = -4h\omega^2/\delta'^2_0$
	$\delta_0/2 < \delta \leq \delta_0$	$\delta'_0/2 < \delta \leq \delta'_0$
	$s = h - \dfrac{2h}{\delta_0^2}(\delta_0 - \delta)^2$	$s = 2h(\delta'_0 - \delta)^2/\delta'^2_0$
	$v = 4h\omega(\delta_0 - \delta)/\delta_0^2$	$v = -4h\omega(\delta'_0 - \delta)/\delta'^2_0$
	$a = -4h\omega^2/\delta_0^2$	$a = 4h\omega^2/\delta'^2_0$
余弦加速度运动(简谐运动)	$s = \dfrac{h}{2}[1 - \cos(\pi\delta/\delta_0)]$	$s = \dfrac{h}{2}[1 + \cos(\pi\delta/\delta'_0)]$
	$v = \dfrac{\pi h\omega}{2\delta_0}\sin(\pi\delta/\delta_0)$	$v = -\dfrac{\pi h\omega}{2\delta'_0}\sin(\pi\delta/\delta'_0)$
	$a = \dfrac{\pi^2 h\omega^2}{2\delta_0^2}\cos(\pi\delta/\delta_0)$	$a = -\dfrac{\pi^2 h\omega^2}{2\delta'^2_0}\cos(\pi\delta/\delta'_0)$
正弦加速度运动(摆线运动)	$s = h\left[\dfrac{\delta}{\delta_0} - \dfrac{1}{2\pi}\sin\left(\dfrac{2\pi\delta}{\delta_0}\right)\right]$	$s = h - h\left[\dfrac{\delta}{\delta'_0} - \dfrac{1}{2\pi}\sin\left(\dfrac{2\pi\delta}{\delta'_0}\right)\right]$
	$v = \dfrac{h\omega}{\delta_0}\left[1 - \cos\left(\dfrac{2\pi\delta}{\delta_0}\right)\right]$	$v = -\dfrac{h\omega}{\delta'_0}\left[1 - \cos\left(\dfrac{2\pi\delta}{\delta'_0}\right)\right]$
	$a = \dfrac{2\pi h\omega^2}{\delta_0^2}\sin\left(\dfrac{2\pi\delta}{\delta_0}\right)$	$a = -\dfrac{2\pi h\omega^2}{\delta'^2_0}\sin\left(\dfrac{2\pi\delta}{\delta'_0}\right)$

2. 程序设计

根据反转法原理,可以建立推杆的运动规律和凸轮廓线的关系表达式。建立凸轮廓线的直角坐标方程的一般步骤如下。

（1）画出基圆及推杆的起始位置，并定出推杆在理论廓线上的起始位置 B_0 点，然后建立直角坐标系。

（2）根据反转法，求出推杆反转 δ 角时推杆尖端 B 点的坐标方程，得理论廓线方程。

（3）求出理论廓线上点 B 处的法线及法线与实际廓线的交点 B'，B' 点的坐标方程即实际廓线方程。

凸轮廓线设计的基本程序流程如图 11-2 所示，首先输入凸轮结构参数，其次计算推杆的运动规律，接下来计算凸轮理论廓线和实际廓线上点的坐标，最后绘制凸轮廓线。

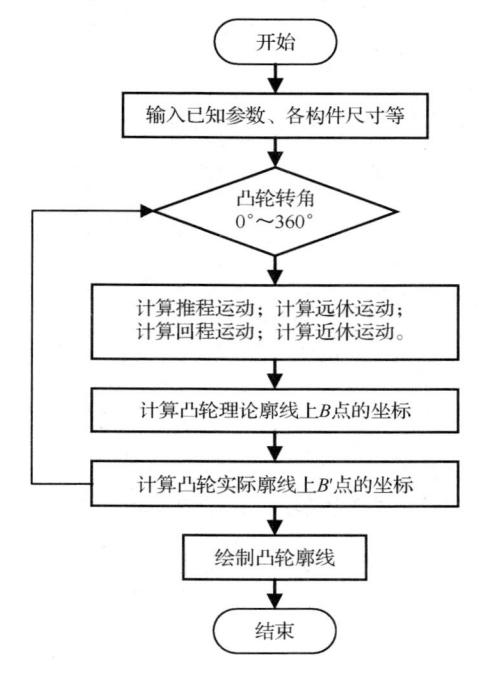

图 11-2　凸轮廓线设计的基本程序流程

三、典型例题

【例 11-1】铰链四杆机构的运动分析。图 11-3 所示为铰链四杆机构的运动简图，已知各构件的尺寸 $l_1 = 101.6$ mm，$l_2 = 254$ mm，$l_3 = 177.8$ mm，$l_4 = 304.8$ mm，原动件 1 以角速度 $\omega_1 = 250$ rad/s 逆时针转动，计算连杆 2 和摇杆 3 的角位移、角速度及角加速度，并绘制出运动线图。

解：

1. 数学模型的建立

为了对机构进行运动分析，建立图 11-3 所示的直角坐标系，将各构件表示为杆矢，为求解方便将各杆矢用指数形式的复数表示。

1）位置分析

如图 11-3 所示，由封闭图形 $ABCDA$ 可写出机构各杆矢所构成的封闭方程：
$$l_1 + l_2 = l_3 + l_4$$

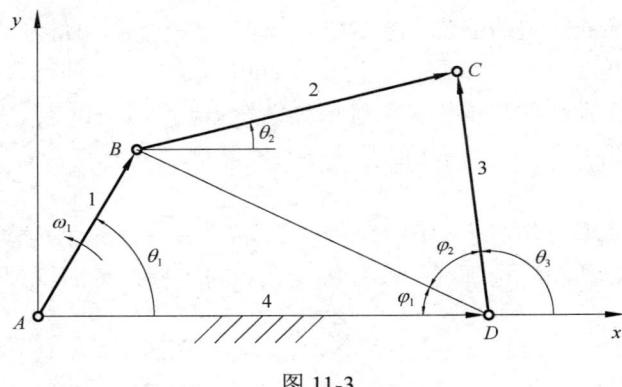

图 11-3

其复数形式表示为

$$l_1 e^{i\theta_1} + l_2 e^{i\theta_2} = l_4 + l_3 e^{i\theta_3}$$

将上式的实部和虚部分离，得

$$\begin{cases} l_1 \cos\theta_1 + l_2 \cos\theta_2 = l_4 + l_3 \cos\theta_3 \\ l_1 \sin\theta_1 + l_2 \sin\theta_2 = l_3 \sin\theta_3 \end{cases}$$

由于上式是一个非线性方程组，直接求解比较困难，在这里借助几何方法进行求解，在图中连接 BD，由此得

$$l_{BD}^2 = l_1^2 + l_4^2 - 2l_1 l_4 \cos\theta_1$$

$$\varphi_1 = \arcsin\left(\frac{l_1}{l_{BD}}\sin\theta_1\right); \quad \varphi_2 = \arccos\left(\frac{l_{BD}^2 + l_3^2 - l_2^2}{2l_{BD}l_3}\right)$$

$$\theta_2 = \arcsin\left(\frac{l_3 \sin\theta_3 - l_1 \sin\theta_1}{l_2}\right); \quad \theta_3 = \pi - \varphi_1 - \varphi_2$$

2）速度分析

将封闭方程的复数形式对时间 t 求一次导数，得速度关系表达式：

$$l_1 \omega_1 e^{i\theta_1} + l_2 \omega_2 e^{i\theta_2} = l_3 \omega_3 e^{i\theta_3}$$

将上式的实部和虚部分开，得

$$\begin{cases} l_1 \omega_1 \cos\theta_1 + l_2 \omega_2 \cos\theta_2 = l_3 \omega_3 \cos\theta_3 \\ l_1 \omega_1 \sin\theta_1 + l_2 \omega_2 \sin\theta_2 = l_3 \omega_3 \sin\theta_3 \end{cases}$$

若用矩阵形式来表示，则上式可写为

$$\begin{bmatrix} -l_2 \sin\theta_2 & l_3 \sin\theta_3 \\ l_2 \cos\theta_2 & -l_3 \cos\theta_3 \end{bmatrix} \begin{bmatrix} \omega_2 \\ \omega_3 \end{bmatrix} = \omega_1 \begin{bmatrix} l_1 \sin\theta_1 \\ -l_1 \cos\theta_1 \end{bmatrix}$$

解上式即可求得两个角速度 ω_2、ω_3。

3）加速度分析

将封闭方程的复数形式对时间 t 求二次导数，可得加速度关系表达式：

$$\begin{bmatrix} -l_2 \sin\theta_2 & l_3 \sin\theta_3 \\ l_2 \cos\theta_2 & -l_3 \cos\theta_3 \end{bmatrix} \begin{bmatrix} \alpha_2 \\ \alpha_3 \end{bmatrix} + \begin{bmatrix} -\omega_2 l_2 \cos\theta_2 & \omega_3 l_3 \cos\theta_3 \\ -\omega_2 l_2 \sin\theta_2 & \omega_3 l_3 \sin\theta_3 \end{bmatrix} \begin{bmatrix} \omega_2 \\ \omega_3 \end{bmatrix} = \omega_1 \begin{bmatrix} \omega_1 l_1 \cos\theta_1 \\ \omega_1 l_1 \sin\theta_1 \end{bmatrix}$$

解上式即可求得两个角加速度 α_2、α_3。

2. 程序设计

铰链四杆机构 MATLAB 程序由主程序 crank_rocker_main 和子程序 crank_rocker 两部分

组成，其中，主程序 crank_rocker_main 文件包含输入已知数据、调用子函数 crank_rocker、曲柄摇杆机构运动仿真这三个功能模块，子程序 crank_rocker 文件包含计算推杆的角位移、计算推杆的角速度和计算推杆的角加速度这三个操作，程序设计流程如图 11-1 所示，程序清单见附录 A-1。

3．运算结果

铰链四杆机构的运动线图如图 11-4 所示。

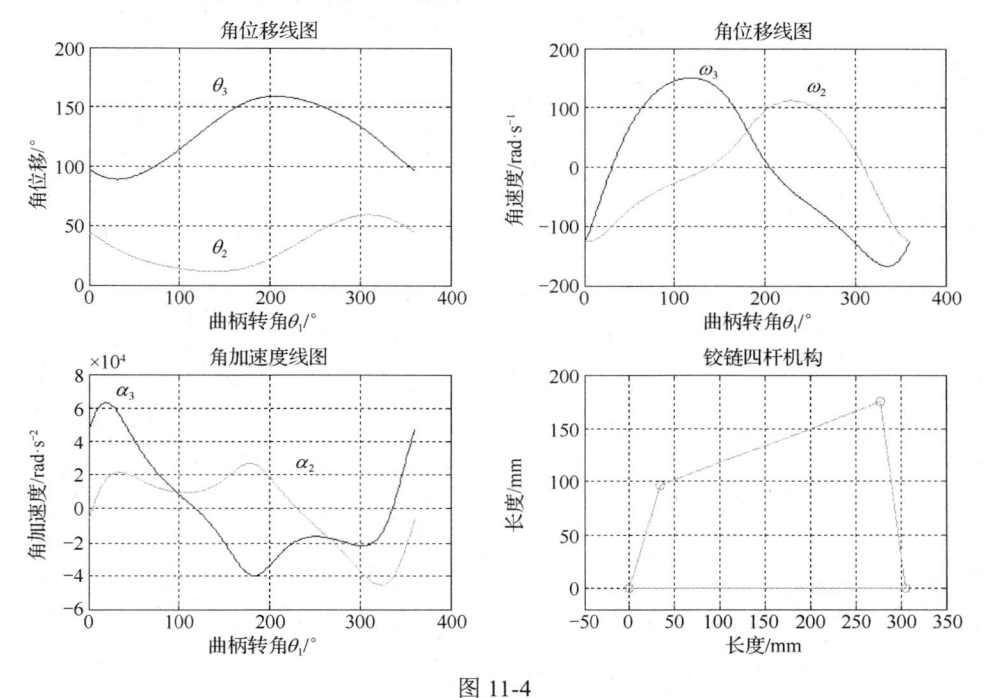

图 11-4

【例 11-2】铰链六杆机构的运动分析。图 11-5 所示为牛头刨床机构运动简图，已知各构件的尺寸 $l_1 = 125$ mm，$l_3 = 600$ mm，$l_4 = 150$ mm，$l_6 = 275$ mm，$l_6' = 575$ mm，以及原动件 1 以角速度 $\omega_1 = 1$ rad/s 逆时针转动，计算该机构中各推杆的角位移、角速度和角加速度及刨头 5 上 E 点的位置、速度和加速度，并绘制出运动线图。

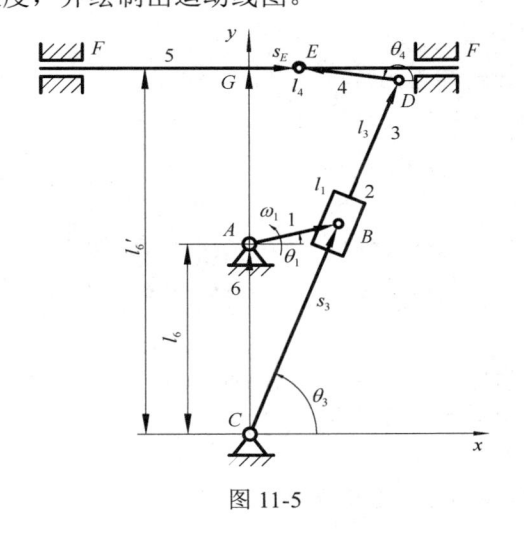

图 11-5

解：

1. 数学模型的建立

1）位置分析

建立图 11-5 所示坐标系，将机构各杆件用杆矢来表示。有 4 个未知量，为求解需要建立两个封闭方程。由封闭图形 $ABCA$ 和 $CDEGC$ 可得一个方程组：

$$\begin{cases} l_6 + l_1 = s_3 \\ l_3 + l_4 = l_6' + s_E \end{cases}$$

其复数形式表示为

$$\begin{cases} l_6 e^{i\frac{\pi}{2}} + l_1 e^{i\theta_1} = s_3 e^{i\theta_3} \\ l_3 e^{i\theta_3} + l_4 e^{i\theta_4} = l_6' e^{i\frac{\pi}{2}} + s_E \end{cases}$$

将上式的实部和虚部分离，得

$$\begin{cases} l_1 \cos\theta_1 = s_3 \cos\theta_3 \\ l_6 + l_1 \sin\theta_1 = s_3 \sin\theta_3 \\ l_3 \cos\theta_3 + l_4 \cos\theta_4 - s_E = 0 \\ l_3 \sin\theta_3 + l_4 \sin\theta_4 = l_6' \end{cases}$$

求解上式可得

$$\theta_3 = \arctan[(l_6 + l_1 \sin\theta_1)/l_1 \cos\theta_1]; \quad s_3 = l_1 \cos\theta_1 / \cos\theta_3$$

$$\theta_4 = \arcsin[(l_6' - l_3 \sin\theta_3)/l_4]; \quad s_E = l_3 \cos\theta_3 + l_4 \cos\theta_4$$

2）速度分析

将方程组的复数形式对时间 t 求一次导数，写成矩阵形式，得速度关系表达式：

$$\begin{bmatrix} \cos\theta_3 & -s_3 \sin\theta_3 & 0 & 0 \\ \sin\theta_3 & s_3 \cos\theta_3 & 0 & 0 \\ 0 & -l_3 \sin\theta_3 & -l_4 \sin\theta_4 & -1 \\ 0 & l_3 \cos\theta_3 & l_4 \cos\theta_4 & 0 \end{bmatrix} \begin{bmatrix} v_{23} \\ \omega_3 \\ \omega_4 \\ v_E \end{bmatrix} = \omega_1 \begin{bmatrix} -l_1 \sin\theta_1 \\ l_1 \cos\theta_1 \\ 0 \\ 0 \end{bmatrix}$$

3）加速度分析

将方程组的复数形式对时间 t 求二次导数，得加速度关系表达式：

$$\begin{bmatrix} \cos\theta_3 & -s_3 \sin\theta_3 & 0 & 0 \\ \sin\theta_3 & s_3 \cos\theta_3 & 0 & 0 \\ 0 & -l_3 \sin\theta_3 & -l_4 \sin\theta_4 & -1 \\ 0 & l_3 \cos\theta_3 & l_4 \cos\theta_4 & 0 \end{bmatrix} \begin{bmatrix} a_{23} \\ \alpha_3 \\ \alpha_4 \\ a_E \end{bmatrix}$$

$$= -\begin{bmatrix} -\omega_3 \sin\theta_3 & -v_{23} \sin\theta_3 - s_3 \omega_3 \cos\theta_3 & 0 & 0 \\ \omega_3 \cos\theta_3 & v_{23} \cos\theta_3 - s_3 \omega_3 \sin\theta_3 & 0 & 0 \\ 0 & -l_3 \omega_3 \cos\theta_3 & -l_4 \omega_4 \cos\theta_4 & 0 \\ 0 & -l_3 \omega_3 \sin\theta_3 & -l_4 \omega_4 \sin\theta_4 & 0 \end{bmatrix} \begin{bmatrix} v_{23} \\ \omega_3 \\ \omega_4 \\ v_E \end{bmatrix} + \omega_1 \begin{bmatrix} -l_1 \omega_1 \cos\theta_1 \\ -l_1 \omega_1 \sin\theta_1 \\ 0 \\ 0 \end{bmatrix}$$

2．程序设计

铰链四杆机构 MATLAB 程序由主程序 six_bar_main 和子程序 six_bar 两部分组成，程序设计流程如图 11-1 所示，程序清单见附录 A-2。

3．运算结果

牛头刨床机构的运动线图如图 11-6 所示。

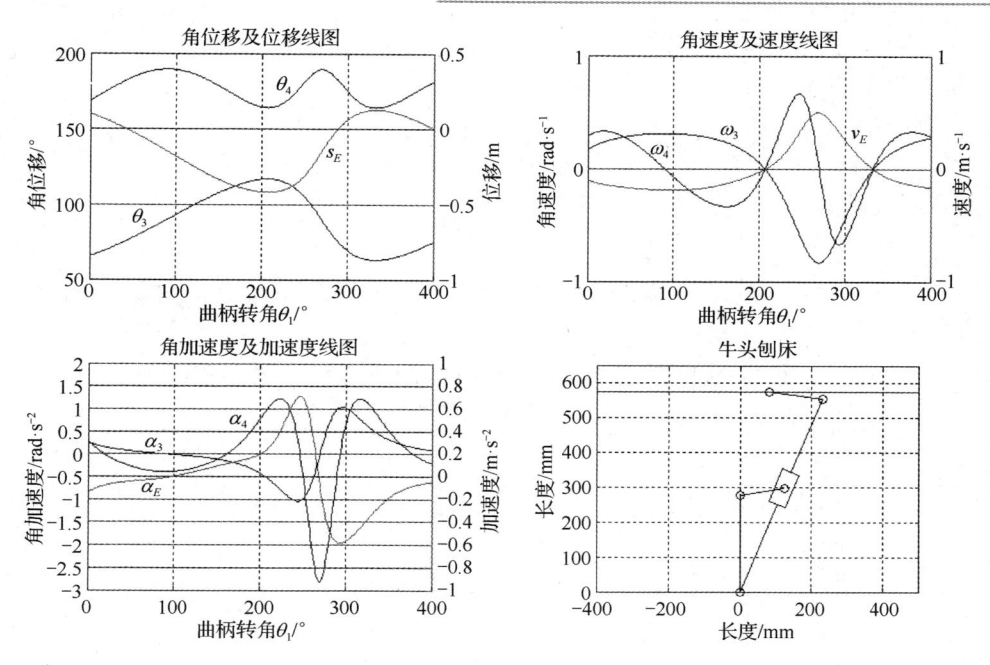

图 11-6

【例 11-3】如图 11-7 所示，已知偏距 $e = 10 \text{ mm}$，基圆半径 $r_0 = 40 \text{ mm}$，滚子半径 $r_r = 10 \text{ mm}$，凸轮的推程运动角为 $100°$，远休止角为 $60°$，回程运动角为 $90°$，近休止角为 $110°$。推杆在推程以等加速等减速运动规律上升，升程 $h = 60 \text{ mm}$，回程以简谐运动规律返回原处，凸轮以逆时针方向回转，推杆偏于凸轮回转中心的右侧。

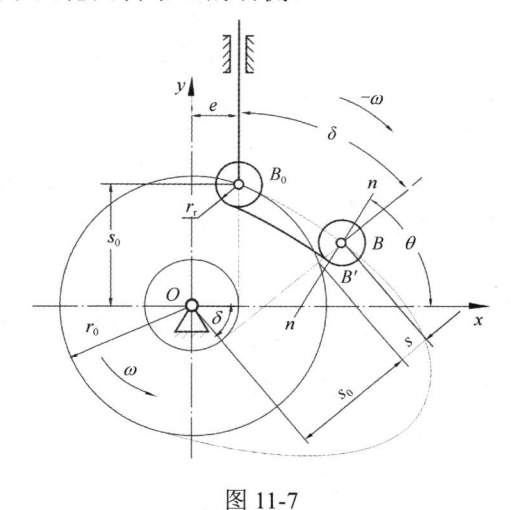

图 11-7

解：

1. 凸轮廓线的数学模型

由图 11-7 可求出偏置直动滚子推杆盘形凸轮理论廓线上 B 点的直角坐标为

$$\begin{cases} x = (s_0 + s)\sin\delta + e\cos\delta \\ y = (s_0 + s)\cos\delta - e\sin\delta \end{cases}$$

式中，$s_0 = \sqrt{r_0^2 - e^2}$。实际廓线上 B' 点的直角坐标为

$$\begin{cases} x' = x \mp r_r \cos\theta \\ y' = y \mp r_r \sin\theta \end{cases}$$

其中，$\tan\theta$ 是理论廓线上 B 点处法线 $n-n$ 的斜率，即

$$\tan\theta = \frac{\mathrm{d}x/\mathrm{d}\delta}{-\mathrm{d}y/\mathrm{d}\delta}$$

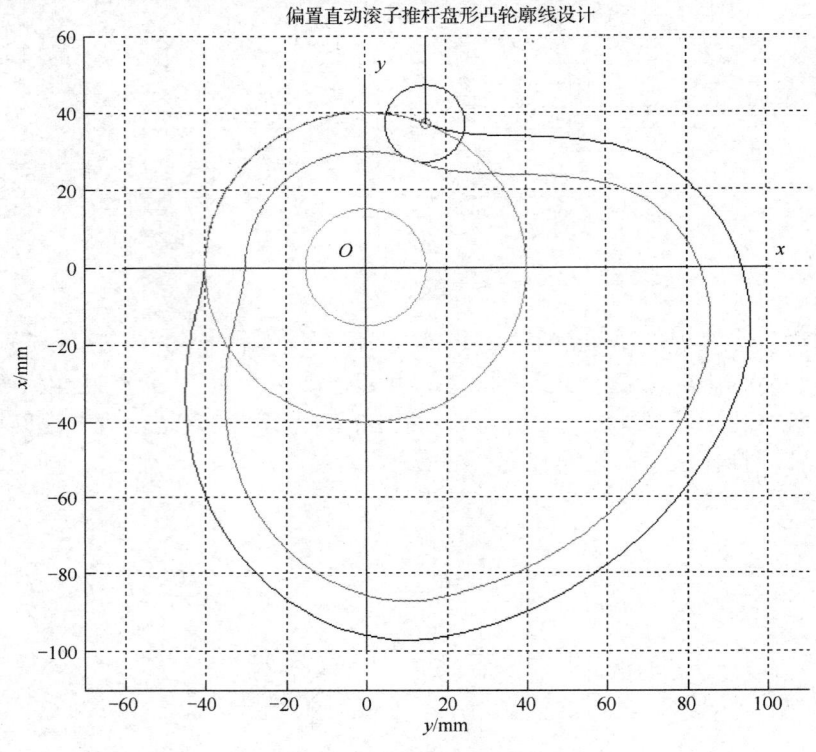

2．程序设计

偏置直动滚子推杆盘形凸轮廓线设计的程序流程如图 11-2 所示，程序清单见附录 A-3。

3．运行结果

利用 cam1 程序，得出的偏置直动滚子推杆盘形凸轮廓线如图 11-8、图 11-9 所示。

图 11-8

图 11-9

【例 11-4】 摆动滚子推杆盘形凸轮廓线的设计。如图 11-10 所示,已知中心距 $a=60$ mm,摆杆长度 $l=50$ mm,基圆半径 $r_0=25$ mm,滚子半径 $r_r=8$ mm。凸轮逆时针方向匀速转动,要求当凸轮转过180°时,推杆余弦加速度运动向上摆动25°,转过一周中的其余角度时,推杆以正弦加速度运动摆回原来的位置,试设计此曲线。

解:

1. 凸轮廓线的数学模型

由图 11-10 可求摆动滚子推杆盘形凸轮理论廓线上 B 点的直角坐标为

$$\begin{cases} x = a\sin\delta - l\sin(\delta+\varphi+\varphi_0) \\ y = a\cos\delta - l\cos(\delta+\varphi+\varphi_0) \end{cases}$$

式中,φ_0 为推杆的初始位置角,其值为

$$\varphi_0 = \arccos\sqrt{(a^2+l^2-r_0^2)/2(al)}$$

实际廓线上 B' 点的直角坐标为

$$\begin{cases} x' = x \mp r_r\cos\theta \\ y' = y \mp r_r\sin\theta \end{cases}$$

其中,$\tan\theta$ 是理论廓线上 B 点处法线 n—n 的斜率,即

$$\tan\theta = \frac{\mathrm{d}x/\mathrm{d}\delta}{-\mathrm{d}y/\mathrm{d}\delta}$$

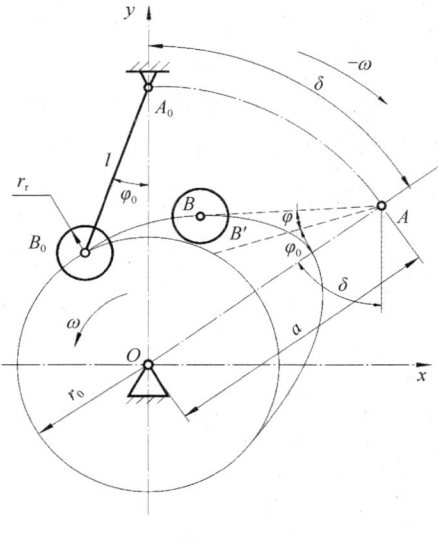

图 11-10

2. 程序设计

摆动滚子推杆盘形凸轮廓线设计的程序流程如图 11-2 所示,程序清单见附录 A-4。

3. 运行结果

图 11-11 为摆动滚子推杆盘形凸轮廓线。

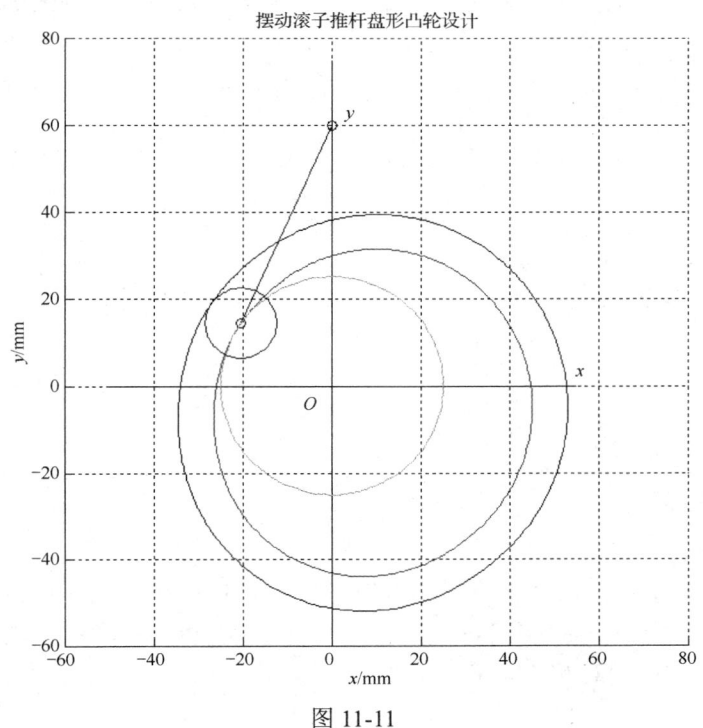

图 11-11

四、习题

1. 在图 11-12 所示的曲柄滑块机构中，AB 为原件，以 157.08rad/s 角速度逆时针旋转，曲柄和连杆的长度分别为 $l_1 = 100\text{mm}$，$l_2 = 330\text{mm}$。试确定连杆 2 和滑块的位移、速度和加速度，并绘制出运动线图。

2. 如图 11-13 所示，已知导杆机构各构件的尺寸为 $l_1 = 125\text{ mm}$，$l_3 = 600\text{ mm}$，原动件 1 以匀角速度 $\omega_1 = 1\text{ rad/s}$ 逆时针转动，确定导杆的角位移、角速度和角加速度，以及滑块在导杆上的位置、速度和加速度，并绘制出运动线图。

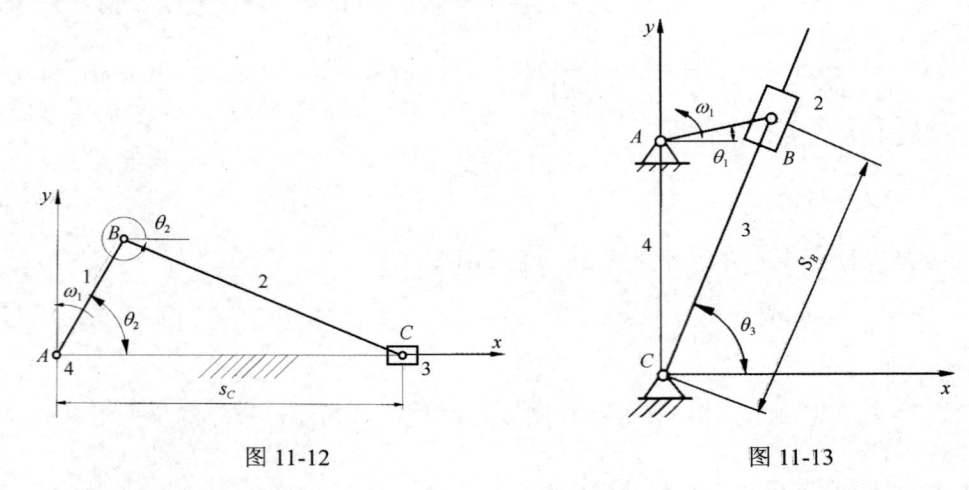

图 11-12

图 11-13

3. 在图 11-14 所示的六杆机构中，已知 $l_{AB} = 120\text{mm}$，$l_{CD} = l_{DE} = 600\text{mm}$，$l_{AC} = 380\text{mm}$，滑块的滑道与固定铰链 C 的距离为 $H = 380\text{mm}$；曲柄沿顺时针转动，其转速 $n_1 = 170\text{ r/min}$。试分析机构运转任意瞬时的各点速度、加速度，以及构件 3、4 的角速度和角加速度。

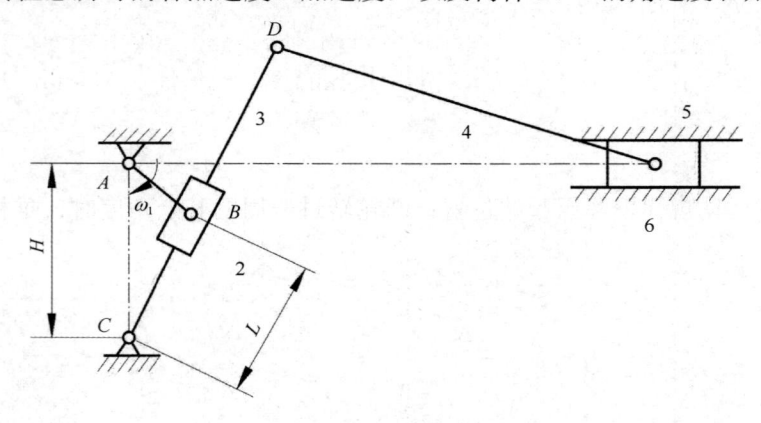

图 11-14

4. 在图 11-15 所示的摇摆送进机构中，已知各机构的尺寸为 $a = 0.09\text{m}$，$b = 0.17\text{m}$，$l_{AB} = 0.08\text{m}$，$l_{BC} = 0.26\text{m}$，$l_{DE} = 0.4\text{m}$，$l_{CD} = 0.3\text{m}$，$l_{EF} = 0.46\text{m}$；曲柄 1 的转速 $n_1 = 400\text{r/min}$。试确定当 $\varphi_1 = 0° \sim 360°$ 时滑块 5 的速度和加速度。

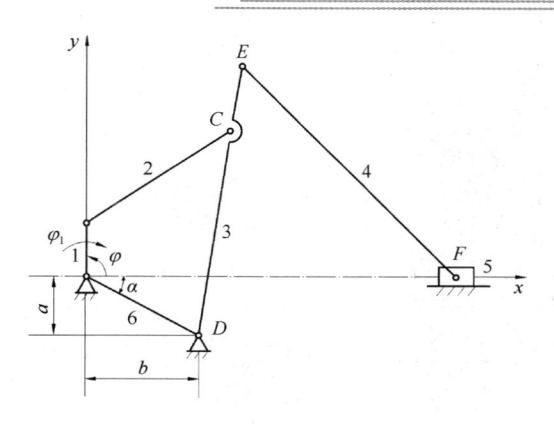

图 11-15

5．设计一对心直动平底推杆盘形凸轮机构。已知凸轮基圆半径 $r_0=30$ mm，推杆平底与导轨的中心线垂直，凸轮逆时针方向转动。当凸轮转过 120° 时推杆以余弦加速度运动上升 20mm，再转过150° 时，推杆又以余弦加速度运动回到原位，凸轮转过其余 90° 时，推杆静止不动。试设计此凸轮实际廓线。

6．设计一个偏置直动尖底推杆盘形凸轮机构。已知推杆偏于凸轮回转中心的右侧，偏距 $e=5$ mm，基圆半径 $r_0=26$ mm。凸轮逆时针匀速回转，推程运动角 $\delta_0=180°$，远休止角 $\delta_{01}=0°$，回程运动角 $\delta_0'=90°$，近休止角 $\delta_{02}=90°$，推杆推程和回程均做等速运动，推程 $h=60$ mm。

7．设计一个尖底摆动推杆盘形凸轮机构。已知凸轮轴与推杆摆动轴的中心距 $L=80$ mm，推杆长度 $l=70$ mm；凸轮基圆半径 $r_0=30$ mm，以 $\omega=$ rad/s 的角速度逆时针方向等速转动。推杆的运动规律如下：

$\varphi=0°\sim180°$ 时按等加速等减速运动规律向上摆动 $\psi_{\min}=20°$；

$\varphi=180°\sim270°$ 时按等速运动规律回到起始位置；

$\varphi=270°\sim360°$ 时推杆停止不动。

8．试设计一个偏置直动滚子推杆盘形凸轮机构的理论廓线和实际廓线。已知凸轮轴置于推杆轴线右侧，偏距 $e=20$mm，基圆半径 $r_0=50$mm，滚子半径 $r_r=10$mm。凸轮以等角速度沿顺时针方向回转，在凸轮转过角 $\delta_1=120°$ 的过程中，推杆按正弦加速度运动规律上升 $h=50$mm；凸轮继续转过 $\delta_2=30°$，推杆保持不动；其后，凸轮再回转角度 $\delta_3=60°$ 时，推杆又按余弦加速度运动规律下降至起始位置；凸轮转过一周的其余角度时，推杆又静止不动。

附　　录

第 11 章典型例题的源程序